"十四五"职业教育国家规划教材

职业教育电类系列教材

U0734202

电子技术基础

第5版 | 微课版

曾令琴 陈维克 / 主编　　薛冰 丁燕 贾玉柱 / 副主编

ELECTRICITY

人民邮电出版社

北 京

图书在版编目（CIP）数据

电子技术基础：微课版 / 曾令琴，陈维克主编. --
5版. -- 北京 ：人民邮电出版社，2024.1
职业教育电类系列教材
ISBN 978-7-115-61896-2

Ⅰ. ①电… Ⅱ. ①曾… ②陈… Ⅲ. ①电子技术－职
业教育－教材 Ⅳ. ①TN

中国国家版本馆CIP数据核字(2023)第100406号

内 容 提 要

本书以培养学生分析问题、解决问题的能力和动手能力为主导，将模拟电子技术、数字电子技术
和计算机相关知识前后呼应并有机地融为一体，是技术性很强的电子工程通用教材。全书共 9 个项目：
项目 1～项目 3 是模拟电路分析基础知识；项目 4～项目 7 是数字电路分析基础知识；项目 8 和项目 9
为计算机相关知识。

本书可作为应用型本科，职业教育本科、专科，高级技工学校信息类和电类专业的教材，也可供
相关工程技术人员和电子技术爱好者学习与参考。

◆ 主　编　曾令琴　陈维克
　　副主编　薛冰　丁燕　贾玉柱
　　责任编辑　王丽美
　　责任印制　王郁　焦志炜
◆ 人民邮电出版社出版发行　　北京市丰台区成寿寺路 11 号
　　邮编　100164　电子邮件　315@ptpress.com.cn
　　网址　https://www.ptpress.com.cn
　　三河市君旺印务有限公司印刷
◆ 开本：787×1092　1/16
　　印张：15.75　　　　　　　　　2024 年 1 月第 5 版
　　字数：374 千字　　　　　　　2025 年 6 月河北第 7 次印刷

定价：52.00 元

读者服务热线：(010)81055256　印装质量热线：(010)81055316
反盗版热线：(010)81055315

第5版 前言

编写背景

本书第 4 版为"十三五"职业教育国家规划教材和"十四五"职业教育国家规划教材。编者根据《"十四五"职业教育规划教材建设实施方案》的新要求及相关专家的意见,在我国高职高专教育电子技术基础课程教学的基本要求的指导下,决定对本书第 4 版进行必要的修订。

本书全面贯彻党的二十大精神,落实立德树人根本任务。本书设置"学海领航"栏目,旨在弘扬社会主义核心价值观、科学精神、大国工匠精神,培养创新思维,提升责任意识,激发学生自信自强、守正创新、踔厉奋发、勇毅前行的精神品质。

本书结构

在本书第 5 版的修订过程中,编者按照"项目引导、任务驱动、理实一体化"的基本原则编排内容。本书共 9 个项目,包括认识常用电子元器件、认识各种类型的放大电路、集成运算放大器、逻辑代数基础、逻辑门与组合逻辑电路、触发器、时序逻辑电路、存储器以及数/模转换器和模/数转换器。每个项目均设置以下几个环节。

➢ 项目导入:主要对项目内容进行阐述,让学生粗略地了解项目要做什么、讲什么、用什么,并指出项目学习的必要性。

➢ 学习目标:指出通过对项目的学习,学生应达到的知识水平,学生应掌握的相关技能,以及学生应具备的素养。

➢ 任务:每个项目均设置 2~4 个具体的任务,各任务均包括提出问题、知识准备、任务实施、思考与问题 4 个子环节。其中,提出问题子环节用提问的方式给出任务中需要学习和掌握的内容,隐含地提出期望达到的学习目标;知识准备子环节介绍与任务相关的知识;任务实施子环节则紧贴任务中的知识准备,较为具体地分析和解决实际工程中的某个案例或某个技术难题;思考与问题子环节用于检测学生对任务知识的掌握情况。

➢ 项目实训:根据项目学习目标设置具体实验或实训。

➢ 项目小结:对整个项目的重要知识内容进行重点概括。

➢ 项目自测题:设置与项目有关的填空题、判断题、选择题、简答题和计算题等,用来让学生自我检测对项目知识的理解和掌握程度。

本书特色

(1)在本书第 5 版的修订过程中,编者力求做到以培养电子技术应用能力为主线,以"简单易懂、必需够用"为原则,进一步突出本书的实用性。

（2）注重理论联系实际、学以致用，淡化公式推导，重在教会学生电子元器件及其外部特性、引脚识别、使用注意事项、性能简易检测等实用知识。

（3）阐述知识力争通俗易懂，因此在对放大电路、负反馈电路、集成电路、数字电路、组合逻辑电路、时序逻辑电路等基础知识的内容进行编写时，尽量降低理论深度，加入大量工程实例，力争在内容上让学生感到浅显易懂，加深本书的适用性和浅显性。

（4）本书配套丰富的立体化资源，书中针对重难点知识配备了视频，以二维码的形式插入其中，教师和学生可通过手机等移动终端扫描观看。

教学资源

为方便使用本书的教师教学和学生学习，本书不仅提供高质量的教学课件和相应的参考教案、教学大纲等，还提供各任务的思考与问题答案以及各项目自测题的详细解析，教师可登录人邮教育社区（www.ryjiaoyu.com）下载。具体提供的教学资源说明见下表。

序号	资源名称	数量与内容说明
1	教学PPT	9个，与本书9个项目对应
2	微课视频	160个，对应各项目重点、难点知识以及素质教育，便于学生复习与自学
3	教学大纲	6页，含课程性质、任务和质量标准，教学内容和要求，课程实践环节，学时分配建议，参考书与资料以及大纲说明等
4	教学计划	5页，含教学任务、内容、要求、学时安排等
5	参考教案	43页，与本书9个项目对应
6	思考与问题答案	27页，与本书9个项目中各任务的思考与问题对应
7	项目自测题详细解析	36页，与本书9个项目的项目自测题对应

教学建议

编者针对本书第5版在教学大纲中提出指导性学时分配建议:完成本书全部内容的学习，理论教学建议53学时，实践教学建议16学时，习题课及考试复习环节建议21学时，共计90学时。

编者情况

本次修订由黄河水利职业技术学院的曾令琴和湖南工业大学的陈维克任主编，黄河水利职业技术学院的薛冰、丁燕和武汉船舶职业技术学院的贾玉柱任副主编。青岛经济技术开发区职业中等专业学校的郭金慧、七台河职业学院的侯长剑和成都树德中学的赵亦悦均参与了本书的编写工作，黄河水利职业技术学院的闫曾对微课视频进行了制作剪辑工作。本书由曾令琴统稿。

本书在体例、模式以及内容的取舍上具有一定的探索性，若书中存在不妥和疏漏之处，敬请读者及时指正。

编者
2023年9月

目录

项目 1 认识常用电子元器件

项目导入

　　电子元器件是电子元件和小型机器、仪器的组成部分，其本身常由若干零件构成，可以在同类产品中通用。常见的电子元器件有二极管、三极管等。

　　电子元器件的发展史其实就是一部浓缩的电子发展史。

　　1904 年，爱迪生照明公司顾问约翰·安布罗斯·弗莱明发明了依靠热电子发射工作的二极管，开启了随后不同种类真空管技术的发展；1906 年，李·德福雷斯特发明了真空三极管，用来放大电话的声音电流；1947 年，点接触型晶体管诞生了，在电子元器件的发展史上翻开了新的一页；1950 年，具有使用价值的锗合金型晶体管诞生；1954 年，结型硅晶体管诞生。到了 20 世纪 60 年代，半导体二极管成为主角。此后，各种性能优良的电子元器件相继出现，电子元器件逐步从"真空管时代"进入"晶体管时代"和"大规模、超大规模集成电路时代"。

　　为了正确、有效地运用各种各样的电子元器件和半导体产品，相关工程技术人员需对半导体的独特性能、PN 结的形成及其单向导电性有一定的认识和了解，对电子工程中常用的二极管、三极管的外部特性和主要技术参数也必须熟悉并快速掌握，从而在工程实际中能够正确使用二极管、三极管这些常见电子元器件，并在电子技术不断飞速发展的洪流中推动电子元器件的创新和发展。

学习目标

【知识目标】

　　了解自然界中导体、绝缘体和半导体的物质结构特点；熟悉本征半导体的独特性能；理解 PN 结的形成，掌握 PN 结的单向导电性；了解半导体二极管的结构类型；理解二极管的伏安特性；掌握二极管的主要参数；了解工程实际中各种特殊用途二极管的正常工作区域；掌握各类二极管的用途和功能；了解双极型三极管（BJT）的结构组成；理解 BJT 的电流放大原理；掌握 BJT 的特性曲线内涵；了解单极型三极管的结构特点；理解单极型三极管的工作原理及其电压控制原理；掌握单极型三极管的输入、输出特性及其分区。

【技能目标】

具有正确使用晶体管手册的基本能力，掌握二极管、三极管和 MOS 管好坏及极性的正确判别方法与技能。

【素质目标】

培养严谨的科学精神和职业素养；能够正确认识基本概念及基本规律的重要性、掌握事物及问题的本质特性；能够将复杂的问题分解成基本单元，具备解决问题的基本意识。

任务 1.1　认识半导体

提出问题

什么叫半导体？半导体和导体、绝缘体有什么不同？本征半导体或杂质半导体能称为半导体器件吗？PN 结是如何形成的？半导体在当今世界有何用途？

知识准备

半导体材料是半导体工业的基础，它的发展对半导体技术的发展有极大的影响。

1.1.1　导体、绝缘体和半导体

自然界的一切物质都是由分子、原子等微粒组成的。原子又由一个带正电的原子核和在它周围高速旋转着的、带有负电的核外电子组成。不同原子的内部结构和它周围的电子数量各不相同。物质原子最外层电子数的多少，往往决定该种物质的导电性能。按照导电性能的不同，自然界的物质大体可分为以下三大类。

1. 导体

导体最外层电子数通常是 1 ~ 3 个，且距原子核较远，受原子核的束缚力较小。由于外界影响，最外层电子获得一定能量后，极易挣脱原子核的束缚而游离到空间成为自由电子。因此，导体在常温下存在大量的自由电子，具有良好的导电性能。导体结构如图 1.1（a）所示。常用的导体材料有银、铜、铝、金等。

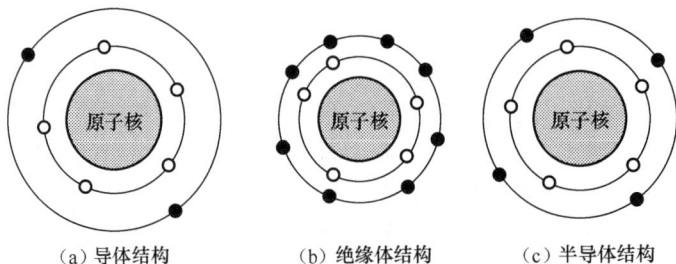

（a）导体结构　　　　（b）绝缘体结构　　　　（c）半导体结构

图 1.1　不同物质结构

2. 绝缘体

绝缘体最外层电子数往往是 6～8 个，且距原子核较近，受原子核的束缚力较强，其外层电子不易挣脱原子核的束缚。因而绝缘体在常温下具有极少的自由电子，导电性能很差或几乎不导电。绝缘体结构如图 1.1（b）所示。常用的绝缘体材料有橡胶、云母、陶瓷等。

3. 半导体

半导体最外层电子数一般是 4 个，常温下存在的自由电子数介于导体和绝缘体之间，因而在常温下半导体的导电性能介于导体和绝缘体之间。半导体结构如图 1.1（c）所示。常用的半导体材料有硅、锗、硒等。

由上述各类物质的导电性能可知，导体可使电流顺利通过，因此传输电流的导线芯都采用导电性能良好的铜、铝制成。绝缘体会阻碍电流通过，所以导线外面通常包一层橡胶或塑料等绝缘体材料来保护导线，使用时比较安全。需要理解的是，导体和绝缘体实际上并没有绝对的界限，改变条件可以进行转化。例如，导体氧化后其导电性能变差，甚至不能够导电；当绝缘体所受温度升高或湿度增大时，绝缘性能会变差。实际应用中所说的电气设备漏电现象，实质上就是绝缘性能下降所造成的。当绝缘体受潮或受高温、高压时，还有可能完全失去绝缘性能而成为导体。我们把这种现象称为绝缘击穿。

半导体的导电性能介于导体和绝缘体之间。但是，半导体能够广泛应用在电子技术中，这源于半导体自身存在的一些独特性能。

1.1.2　半导体的独特性能

半导体在不同条件下的导电性能有显著差异。例如，有些半导体对温度的反应特别灵敏，当环境温度升高时，其导电性能会增强很多。利用半导体材料的这种热敏性，人们可以把它制成自动控制用的热敏元件，如市场上销售的双金属片、铜热电阻、铂热电阻及半导体热敏电阻等。

还有一些半导体对光照敏感。当有光线照射在这些半导体上时，它们表现出像导体一样很强的导电性能；无光照时，它们又变得像绝缘体那样不导电。利用半导体的这种光敏性，人们又研制出各种自动控制用的光电元器件，如基于半导体光电效应的光电转换传感器，广泛应用于精密测量、光通信、计算技术、摄像、夜视、遥感、制导、机器人、质量检查、安全报警等装置。

半导体除了具有上述的热敏性和光敏性，还有一个更显著的性能——掺杂性：在纯净的半导体中掺入微量的某种杂质元素后，半导体的导电性能可增至掺杂之前的几十万倍乃至几百万倍。例如，在单晶硅中掺入 10^{-6}（质量分数）的三价元素硼，单晶硅的电阻率可由大约 $2×10^{3}\Omega \cdot m$ 减小到 $4×10^{-3}\Omega \cdot m$ 左右。人们正是利用半导体的这些独特性能，制成了半导体二极管、稳压二极管、三极管、场效应管、晶闸管等不同的电子器件。

1.1.3　本征半导体

1. 本征激发和本征复合

半导体材料中用得最多的是硅和锗。物质的化学性质通常是由原子结构中的最外层电子数决定的，我们把物质结构中的最外层电子称为价电子。硅

和锗的原子结构中，最外层电子数均为 4 个，因此硅和锗被称为四价元素，如图 1.2 所示。

物质不受外界影响时，原子核内所带的正电荷量与核外电子所带的负电荷量相等，整个原子呈电中性。图 1.2 中的"+4"表明原子核所带的正电荷量。

天然的硅和锗是不能制成半导体器件的，它们必须经过拉单晶工艺提炼成纯净的硅单晶体（即单晶硅）或锗单晶体（即单晶锗），这些单晶体称为本征半导体。本征半导体的晶体结构完全对称，其原子排列得非常整齐，单晶硅共价键结构如图 1.3 所示。

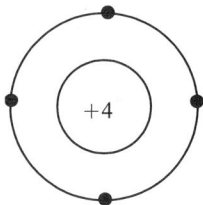

图 1.2 硅和锗的原子结构

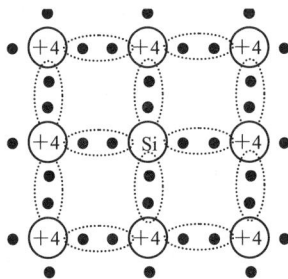

图 1.3 单晶硅共价键结构

由图 1.3 可看出，单晶硅中每个原子的最外层价电子，都成为相邻两个原子的共有价电子，每一对价电子受到相邻两个原子核的吸引被紧紧地束缚在一起，组成共价键结构。从共价键整体结构来看，每个单晶硅原子外面都有 8 个价电子，很像绝缘体的"稳定"结构。因此，在绝对零度（约–273℃）下本征半导体就像绝缘体一样不导电。

实际上，半导体材料中共价键束缚的价电子并不像绝缘体中的价电子那样被原子核束缚得很紧。当温度升高或受到光照后，共价键中一些价电子的热运动就会加剧，获得足够的能量后就会挣脱共价键的束缚游离到晶体中成为可移动的自由电子。这种由于光照、辐射、温度等热激发而使共价键中的价电子游离到空间成为自由电子载流子的现象称为本征激发，如图 1.4 所示。

本征激发下产生的自由电子载流子带负电，在外电场作用下可参与导电。自由电子载流子逆电场方向定向移动形成电流。

本征激发时，游离到空间的价电子在共价键上留下一个空位，称为"空穴"。与此同时，这个空穴很快会被相邻原子中的价电子"跳进"填补，价电子填补空穴的同时，又会留下一些新的空穴，新的空穴又会被邻近共价键中的另外一些价电子"跳进"填补……如此在本征半导体中又形成了一种新的电荷迁移现象：价电子定向连续填补空穴的本征复合现象，如图 1.5 所示。

本征复合不同于本征激发，本征激发的主要导电方式是完全脱离了共价键束缚的自由电子载流子逆着电场方向形成定向迁移，而本征复合则是由价电子填补空穴形成电荷迁移。虽然填补空穴的价电子也是逆着电场方向做定向迁移的，但其填补空穴的运动始终在共价键中进行。为区别于本征激发下自由电子载流子的运动，我们把价电子填补空穴看成是空穴顺着电场方向而形成的定向迁移，因此空穴载流子带正电，顺电场方向定向运动形成电流。即本征复合的结果是产生了另一种载流子——空穴载流子。

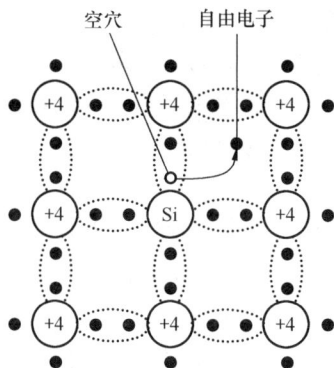

图 1.4　本征激发现象　　　　　　　图 1.5　本征复合现象

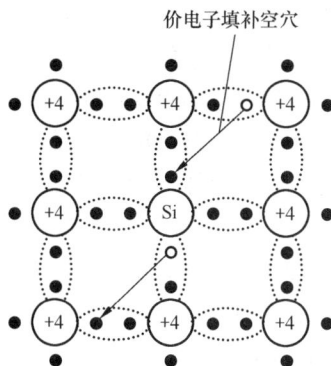

注意：由于运动具有相对性，共价键中价电子依次"跳进"空穴进行填补，也可看作空穴依次反方向移动，因此人们虚拟出了顺电场方向定向迁移的空穴载流子运动，实际上空穴本身是不能移动的。这就好比电影院座位上的人依次向前挪动，但看起来就像空座位依次向后移动，实际上座位并没有移动一样。

25℃常温下，虽然少数价电子能够挣脱共价键的束缚而产生自由电子载流子和空穴载流子，但此时这两种载流子的数量仅为每立方米单晶硅总电子数的 $1/10^{13}$。这个数据说明，常温下半导体的导电性能仍然很差。当温度升高时，本征激发产生的自由电子载流子增多，同时本征复合的机会也增加；当温度不再继续升高时，最后两种载流子的运动仍会达到新的动态平衡状态。"本征激发"和"本征复合"在一定温度下产生的自由电子和空穴两种载流子的浓度相等且不变，称作电子-空穴对。温度越高，两种载流子的数量就会越多，半导体的导电性能也就越好。大约温度每升高 8℃，单晶硅中的电子-空穴对浓度就会增加一倍；温度每升高 12℃，单晶锗中的电子-空穴对浓度约增加一倍。显然，温度是影响半导体导电性能的重要因素。

2. 半导体的导电机理

载流子是形成电流的原因。金属导体中存在着大量的自由电子载流子，在外电场作用下，金属导体中的自由电子载流子定向移动形成电流。即金属导体中只有自由电子一种载流子参与导电。

半导体由于本征激发和本征复合产生了自由电子和空穴两种载流子，因此，当外电场作用于半导体时，半导体中的自由电子载流子和空穴载流子就会同时参与导电。这一点正是半导体与金属导体在导电机理上的本质不同，同时也是半导体导电方式的独特之处。

1.1.4　杂质半导体

本征半导体中虽然有自由电子和空穴两种载流子同时参与导电，但由于数量不多，所以导电性能仍然不能和导体相比。但是，在本征半导体中掺入微量的某种杂质元素后，半导体的导电性能将极大地增强。

1. N 型半导体

在硅（或锗）的晶体中掺入少量的五价元素磷（或砷、锑），半导体中的共价键结构基本不变，只是共价键结构中某些位置上的硅原子被磷原子所取代。当这些磷原子与相邻的 4 个

硅原子组成共价键时，多余的价电子就会被挤出共价键结构，使得磷原子核对其的束缚作用变得很弱，常温下多余的价电子更容易成为自由电子。值得注意的是，杂质元素中多余价电子挣脱原子核束缚成为自由电子后，在其原来的位置上并不能形成空穴。因此在掺入五价元素的杂质半导体中，自由电子载流子的数量相对空穴载流子的数量多得多，我们把这种掺入五价元素的杂质半导体称为电子型半导体。

在电子型半导体中，虽然仍存在两种载流子，但自由电子载流子的浓度远大于空穴载流子的浓度，故把自由电子载流子称为多数载流子（简称"多子"），而把空穴载流子称为少数载流子（简称"少子"）。我们又习惯把电子型半导体称为 N 型半导体。

在 N 型半导体中，失去电子的定域杂质离子带正电。N 型半导体晶体结构如图 1.6 所示。当 N 型半导体中的杂质原子数量等于硅原子数量的 $1/10^6$ 时，杂质半导体中的自由电子载流子数量将增加几十万倍，使半导体的导电性能显著提高。

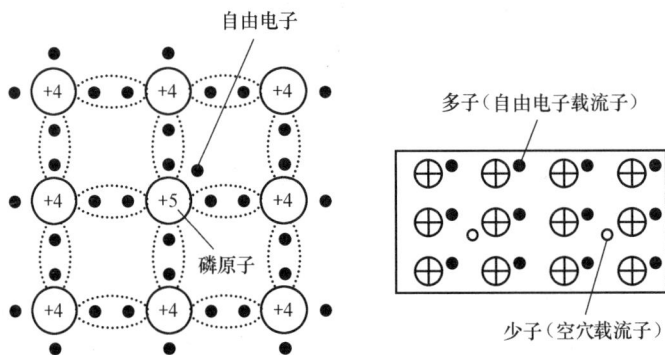

图 1.6　N 型半导体晶体结构

2．P 型半导体

在硅（或锗）的晶体内掺入少量三价元素硼（或铟、镓），硼原子只有 3 个价电子，它与周围 4 个硅（或锗）原子组成共价键时，因少一个电子而在共价键中形成一个空穴。常温下，相邻硅（或锗）原子共价键中的价电子受到热振动或在其他激发条件下获得能量时，极易"跳进"填补这些空穴，这样就在硅（或锗）原子的共价键中失去一个电子而产生一个空穴，硼原子则因接收这些价电子而成为不能移动的带负电离子。这种杂质半导体即 P 型半导体，其晶体结构如图 1.7 所示。

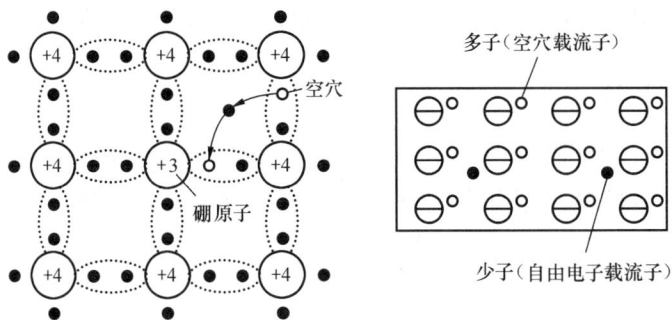

图 1.7　P 型半导体晶体结构

由结构图可看出，掺入三价元素硼的杂质半导体中，空穴载流子的数量远远多于自由电子载流子的数量，因此空穴载流子称为多数载流子（简称多子），由本征激发而产生的自由电子载流子数量相对极少，称为少数载流子（简称少子）。这种杂质半导体由于空穴载流子数量远远多于自由电子载流子数量而被称为空穴型半导体，在电子技术中习惯称为 P 型半导体。

一般情况下，杂质半导体中多数载流子的数量可达到少数载流子数量的 10^{10} 倍或更多，因此，杂质半导体比本征半导体的导电性能强几十万倍。需要指出的是，不论是 N 型半导体还是 P 型半导体，虽然都有一种载流子占多数，但多出的载流子数量与杂质离子所带电荷数量始终相平衡，即整个杂质半导体既没有失电子，也没有得电子，整个掺杂晶体仍然呈电中性。

1.1.5　PN 结及其形成过程

单一的 N 型半导体和 P 型半导体只能起电阻的作用，不能称为半导体器件。在电子技术中，PN 结是一切半导体器件的"元概念"和技术起始点。

[二维码图]
PN 结的形成

1. PN 结的形成

如果我们采用不同的掺杂工艺，在一块完整的半导体硅片两侧分别掺入三价元素和五价元素，使其一边形成 N 型半导体（N 区），另一边形成 P 型半导体（P 区），那么在两种杂质半导体的交界面两侧就会明显地存在着两种载流子的浓度差。由于浓度差，P 区浓度高的空穴载流子向 N 区扩散，N 区浓度高的自由电子载流子向 P 区扩散，从而使 N 区的多子复合掉一部分 P 区扩散来的空穴，在两区交界处留下一个干净的带电杂质离子区，称为空间电荷区。

空间电荷区中的载流子均被扩散的多子复合掉了，或者说在扩散过程中被消耗尽了，因此有时又把空间电荷区称为耗尽层。

带电离子是形成电场的原因。空间电荷区构成一个内电场，内电场的方向是从带正电的 N 区指向带负电的 P 区。显而易见，内电场的方向与多子扩散运动的方向相反，所以对扩散运动起着阻挡作用，因此空间电荷区又称为阻挡层。

一方面，PN 结形成的过程中，扩散运动越强，复合掉的多子数量越多，空间电荷区也就越宽。另一方面，空间电荷区的内电场又对扩散运动起阻挡作用，而对 N 区和 P 区中的少子漂移起推动作用，少子的漂移运动方向正好与多子的扩散运动方向相反。从 N 区漂移到 P 区的空穴补充了原来交界面上 P 区所失去的空穴，从 P 区漂移到 N 区的电子补充了原来交界面上 N 区所失去的电子，即漂移运动使空间电荷区变窄，如图 1.8 所示。

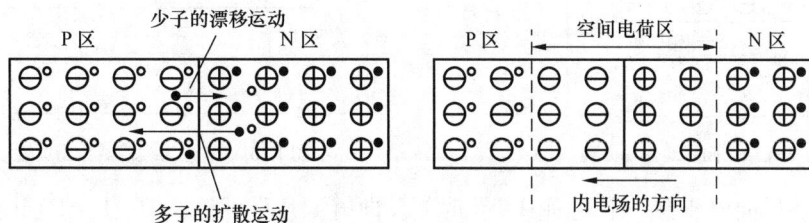

图 1.8　PN 结形成的过程

在 PN 结形成的过程中，多子的扩散运动和少子的漂移运动既相互联系又相互矛盾。初始阶段，扩散运动占优势，随着扩散运动的进行，空间电荷区不断加宽，内电场逐步加强；内电场的加强又阻碍了扩散运动，使得多子的扩散运动逐步减弱，扩散运动的减弱显然伴随着漂移运动的不断加强；最后，当扩散运动和漂移运动达到动态平衡时，空间电荷区的宽度将维持不变，PN 结形成。

PN 结中基本不存在导电的载流子，相当于介质；在 PN 结两端的 P 区和 N 区，由于导电率较高，因此相当于导体。可见，PN 结具有电容效应，其电容称为 PN 结的结电容。

2. PN 结的单向导电性

PN 结在无外加电压的情况下，扩散运动和漂移运动处于动态平衡状态，动态平衡状态下通过 PN 结的电流为零。这时，如果在 PN 结两端外加电压，扩散运动与漂移运动的平衡就会被打破。

当电源电压的正极与 P 区引出端相连，负极与 N 区引出端相连时，称为 PN 结正向偏置（简称"正偏"）。PN 结正向偏置时，外电场的方向从 P 区指向 N 区，与内电场的方向相反。正向偏置的外电场驱使 P 区的空穴进入空间电荷区抵消一部分负空间电荷，同时 N 区的自由电子进入空间电荷区抵消一部分正空间电荷，结果内电场被削弱，空间电荷区变窄。内电场的削弱使多子的扩散运动得以增强，形成较大的扩散电流（扩散电流就是我们通常所说的电流，是由多子的定向移动形成的）。在一定范围内，外电场越强，正向电流越大，PN 结对正向电流呈低电阻状态，这种情况在电子技术中称为 PN 结正向导通。PN 结正向导通作用原理如图 1.9 所示。

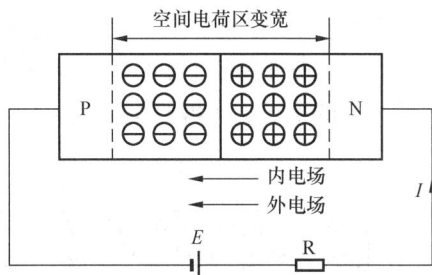

把电源的正、负极位置换一下，即 P 区接电源负极，N 区接电源正极，就构成了 PN 结反向偏置（简称"反偏"）。PN 结反向偏置时外电场与内电场方向一致，同样导致扩散运动与漂移运动平衡状态被破坏。外电场驱使空间电荷区两侧的空穴和自由电子移走，使空间电荷区变宽，内电场继续增强，造成多子的扩散运动难以进行，同时加强了少子的漂移运动，形成由 N 区流向 P 区的反向电流。由于常温下少子数量恒定且极少，相当于 PN 结的反向电阻很高，工程上通常认为反向偏置时的 PN 结基本不导电，在电子技术中称为 PN 结反向阻断。PN 结反向阻断作用原理如图 1.10 所示。

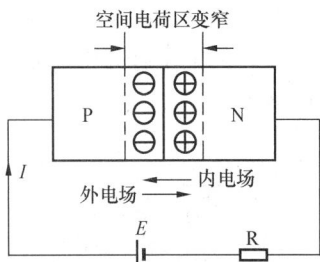

图 1.9　PN 结正向导通作用原理　　　　图 1.10　PN 结反向阻断作用原理

当外加的反向电压在一定范围内变化时，反向电流几乎不随外加电压的变化而变化，因为少子是热激发的产物。只要温度不发生变化，少子的浓度就不变，即使反向电压在允许的范围内增加再多，也无法使少子的数量增加，因此反向电流又称为反向饱和电流。值得注意的是，反向电流是造成电路噪声的主要原因之一，因此，设计电路时必须考虑温度补偿问题。

上述 PN 结"正向导通,反向阻断"作用,说明 PN 结的导电性能够被控制,这一点正是各种半导体器件的主要工作机理,也是晶体管和集成电路最基础、最重要的物理原理。毫不夸张地说,对所有以晶体管为基础的复杂电路的分析都离不开 PN 结。

在电子技术中,二极管和三极管都是最基本的元器件,二极管的核心部分是一个 PN 结,一个三极管里面包含两个 PN 结,它们的工作都离不开 PN 结的单向导通原理。

1.1.6　PN 结的反向击穿问题

PN 结反向偏置时,在一定的电压范围内流过 PN 结的反向电流很小,可忽略不计。但是,当反向电压超过某一数值时,反向电流会骤然增加,这种现象称为 PN 结反向击穿。

PN 结反向击穿分为热击穿和电击穿两种情况。热击穿由于电压很高、电流很大,消耗在 PN 结上的功率相应就很大,极易使 PN 结因过热而烧毁,即热击穿过程不可逆,是造成 PN 结永久损坏的因素。电击穿包括雪崩击穿和齐纳击穿,对硅材料的 PN 结来说,多数电击穿属于雪崩击穿,而齐纳击穿只发生在特殊的 PN 结上。击穿电压大于 7V 时多为雪崩击穿,小于 4V 时多为齐纳击穿。

1. 雪崩击穿

当 PN 结反向电压增加时,PN 结内电场随之增强。在强电场作用下,少子漂移速度加快、动能增大,致使它们在快速漂移运动过程中与中性原子相碰撞,使更多的价电子脱离共价键的束缚形成新的电子-空穴对,这种现象称为碰撞电离。新产生的电子-空穴对在强电场作用下,再去碰撞其他中性原子,又产生新的电子-空穴对。如此连锁反应,使得 PN 结中载流子的数量剧增,因而流过 PN 结的反向电流急剧增大,这种击穿称为雪崩击穿。雪崩击穿发生在掺杂浓度较低、外加反向电压较高的情况下。掺杂浓度低使 PN 结阻挡层比较宽,少子在阻挡层内漂移运动过程中与中性原子碰撞的机会比较多,发生碰撞电离的次数也比较多。同时因掺杂浓度较低,阻挡层较宽,产生雪崩击穿的电场相对较强,即外加反向电压较高,一般发生雪崩击穿时电压在 7V 以上。

2. 齐纳击穿

当 PN 结两端的掺杂浓度很高时,阻挡层很薄。在很薄的阻挡层内载流子与中性原子碰撞的机会大为减少,因而不会发生雪崩击穿。但是,因为阻挡层很薄,所以即使所加反向电压不大,也会产生较强的电场,这个电场足以把阻挡层内中性原子的价电子从共价键中拉出,产生大量的电子-空穴对,使 PN 结反向电流剧增,出现反向击穿现象,这种击穿称为齐纳击穿。齐纳击穿发生在高掺杂的 PN 结中,相应的击穿电压较低。

综上所述,雪崩击穿是一种碰撞的击穿,齐纳击穿是一种场效应的击穿,二者均属于电击穿。电击穿过程通常可逆,即击穿发生后及时把加在 PN 结两端的反向电压降低,PN 结仍可恢复到原来的状态而不会被永久损坏。

电击穿过程虽然可逆,但是当反向电压持续增加,反向电流持续增大时,PN 结的结温也会持续升高,升高至一定程度时,电击穿将转变性质成为热击穿。热击穿过程不可逆,会造成 PN 结的永久损坏,应尽量避免发生。

1.1.7　半导体的用途及发展前景

1.　半导体的用途

当今世界，用半导体材料制成的部件、集成电路均为电子工业中的重要基础产品，电子技术的各个方面也大量使用半导体材料。

例如半导体技术发展中最活跃的集成电路领域，已发展到大规模集成的阶段。在几平方毫米的硅片上就能制作几万只晶体管，可在一片硅片上制成一台微信息处理器，或完成其他较复杂的电路功能。集成电路的发展方向是实现更高的集成度和微功耗，并使信息处理速度大大加快。

另外，半导体微波器件包括接收、控制和发射器件等。毫米波段以下的接收器件已被广泛使用。在厘米波段，发射器件的功率已达到数瓦，人们正在通过研制新器件、发展新技术来获得更大的输出功率。

半导体发光、摄像器件和激光器件的发展使光电子器件成为半导体应用的另一个重要领域，它们的应用范围主要有光通信、数码显示、图像接收、光集成等。

2.　半导体的发展前景

近年来随着 5G、汽车、AI 等技术的推进，半导体行业按指数规律增长。各个国家的经济发展都需要半导体行业发展提供助力：半导体发展落后，国家发展就会受到牵制，发展空间就会受限。

就我国半导体行业情况来看，发展起步晚，但是，我国正在"迈开大步向前赶"，我国的半导体行业快速发展，年增长率居世界前列。同时我国的半导体需求巨大，也不断地推动我国半导体行业向现代化生产力要求的方向发展。

目前，全球半导体行业仍旧保持高景气度。在半导体的发展中，汽车成为重要增长极，尤其是新能源汽车销量持续旺盛，拉动模拟器件、功率器件及微控制器（Micro Controller Unit，MCU）需求。

综上所述，全球及国内半导体行业市场需求旺盛，有望继续保持高景气度，相关企业继续受益。

任务实施　探寻半导体的应用及其发展前景

请同学们在课后查阅半导体二极管、三极管的产生、发展和用途的相关资料，并联系身边所熟悉的家电及其他电器，尽量多地收集一些半导体器件的用途，并根据网上查阅的半导体发展前景资料，说一说你对世界和我国半导体行业发展的感想、展望和期待。

半导体应用的举例	对生产、生活方式的影响

你对半导体行业发展的感想、展望和期待：

思考与问题

1. 半导体有哪些独特性能？在导电机理上，半导体和金属导体有什么区别？
2. 何为本征半导体？什么是本征激发？什么是本征复合？
3. N 型半导体和 P 型半导体有什么不同？各有何特点？它们是半导体器件吗？
4. 什么是 PN 结？PN 结具有什么特性？
5. 电击穿和热击穿有什么不同？试述雪崩击穿和齐纳击穿的特点。
6. 何为扩散电流？何为漂移电流？什么是多子？什么是少子？

【学海领航】

科技兴则民族兴，科技强则国家强。目前，我国半导体存储器生产线大规模扩展，并带动全球存储器设备投资。实际需求必将极大地推动半导体器件的不断创新，作为未来的电子工程技术人员，我们必须对半导体及其常用器件有初步的了解和认识，为以后在实际工程中正确使用半导体器件打下基础。

任务 1.2   认识二极管

提出问题

你了解二极管的基本结构类型吗？二极管的伏安特性有什么特点？在选择和使用二极管时应参照哪些参数？二极管的主要用途有哪些？你了解哪些特殊二极管及其使用场合？你会检测并判断二极管的极性及好坏吗？

知识准备

二极管是最早诞生的半导体器件之一，其应用非常广泛。特别是在各种电子电路中，利用二极管和电阻、电容、电感等元器件进行合理的连接，可构成不同功能的电路。无论是在常见的收音机电路还是在其他家用电器产品或工业控制电路中，都可以找到二极管的踪迹。

1.2.1   二极管的结构类型

一个 PN 结外引两个铝电极即可构成二极管。按材料的不同二极管可分为硅二极管和锗二极管（分别简称为"硅管"和"锗管"）；按结构的不同又可分为点接触型二极管、面接触型二极管和平面型二极管 3 类。

二极管的结构类型

1. 点接触型二极管

如图 1.11（a）所示，点接触型二极管是用一根细金属触丝和一块半导体熔焊在一起构成 PN 结的，因此 PN 结的结面积很小，结电容量也很小，不能通过较大电流。但点接触型二极管的高频性能好，常常用于高频、小功率场合，如高频检波、脉冲电路及计算机里的高速开关元件等。

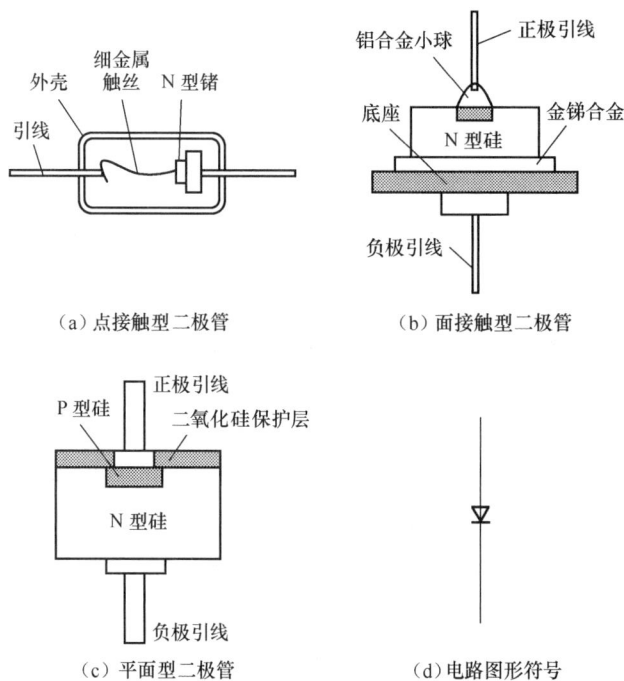

（a）点接触型二极管   （b）面接触型二极管

（c）平面型二极管   （d）电路图形符号

图 1.11   二极管的结构类型及电路图形符号

2. 面接触型二极管

如图 1.11（b）所示，面接触型二极管一般用合金方法制成较大的 PN 结，由于其结面积较大，因此结电容量也大，允许通过较大的电流（几安至几十安）。其适宜用作大功率、低频整流器件，主要用于把交流电变换成直流电的"整流"电路中。

3. 平面型二极管

如图 1.11（c）所示，这类二极管采用二氧化硅保护层，可使 PN 结不受污染，而且大大减小了 PN 结两端的漏电流。由于此类二极管表面制作平整，故而得名平面型二极管。平面型二极管的质量较好，批量生产中产品性能比较一致。平面型二极管结面积较小的常用作高频管或高速开关管，结面积较大的常用作大功率调整管。

目前，大容量的整流元件一般都采用硅管。二极管的型号中，硅管通常用 C 表示，如 2CZ31 为 N 型硅材料制成的管子型号；锗管一般用 A 表示，如 2AP1 为 N 型锗材料制成的管子型号。

普通二极管的电路图形符号如图 1.11（d）所示，P 区引出的电极为正极，又称为阳极；N 区引出的电极为负极，又称为阴极。

1.2.2   二极管的伏安特性

只有在认识二极管伏安特性的基础上，我们才能正确掌握和使用它。二极管的伏安特性曲线如图 1.12 所示。

观察二极管的伏安特性曲线可发现，当二极管两端的正向电压较小时，通过二极管的电流基本为零。这说明较小的正向电压产生的电场不足以克服 PN 结内电场对扩散运动的阻挡作用，此时，二极管仍呈高阻而处于截止状态，我们把这段区域称为死区。通常硅管死区电压的典型值取 0.5V，锗管死区电压的典型值取 0.1V。

当外加正向电压超过死区电压后，PN 结的内电场作用大大削弱而使二极管导通。处于正向导通区的普通二极管，正向电流在一定范围内变化时，其管压降基本不变。硅管导通压降一般为 0.6 ~ 0.8V，其典型值通常取 0.7V；锗管导通压降一般为 0.2 ~ 0.3V，其典型值通常取 0.3V。这些数值表明二极管的正向电流大小通常取决于半导体材料的电阻。工作在正向导通区的二极

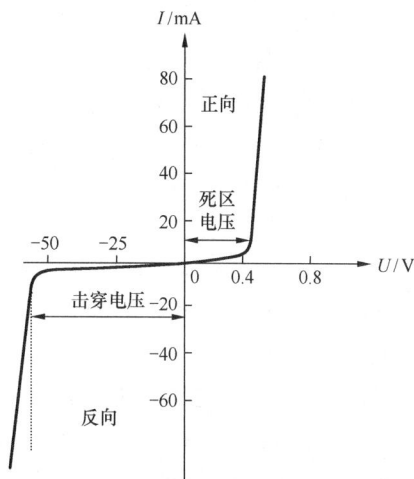

图 1.12　二极管的伏安特性曲线

管，其正向导通电流与二极管两端所加正向电压具有一一对应关系，如果正向导通区内二极管两端所加电压过高，必然造成正向电流过大而使二极管过热而损坏。所以，二极管正偏工作时，通常需加分压限流电阻。

外加反向电压低于反向击穿电压 U_{BR} 的一段区域，称为二极管的反向截止区。在反向截止区内，通过二极管的反向电流是半导体内部少子的漂移运动形成的，只要二极管的工作环境温度不变，少子数量就恒定。因此，少子漂移形成的电流又被称为反向饱和电流。反向饱和电流的数值很小，在工程实际中通常视为零。但是，半导体少子构成的反向电流对温度十分敏感，当由于光照、辐射等原因使二极管所处环境温度上升时，反向电流将随温度的增加而大大增加。

若反向电压继续增大至超过反向击穿电压 U_{BR}，反向电流会骤然增加，伏安特性曲线向下骤降，二极管失去其单向导电性，进入反向击穿区。普通二极管若工作在反向击穿区，由于反向电流很大，一般都会造成"热击穿"，热击穿使得二极管永久损坏，不能再恢复到原来的状态，即失效了。但是，利用电击穿时电流变化很大、PN 结两端电压变化却很小的特点，人们研制出了工作在反向击穿区的稳压二极管。

由上述对二极管伏安特性的分析可知，二极管属于非线性电阻元件。

1.2.3　二极管的主要参数

二极管的主要参数

二极管的参数很多，有些参数仅仅表示管子性能的优劣，而另一些参数则属于至关重要的极限参数，如二极管的最大耗散功率，使用时超过该值管子将烧损。因此，理解和掌握二极管的主要参数，可帮助我们在工程实际中正确、合理地选用二极管。

1. 最大耗散功率 P_{max}

二极管的最大耗散功率用它的极限参数 P_{max} 表示，数值上等于通过管子的电流与加在管子两端电压的乘积。过热是电子器件的大忌，二极管能耐受住的最高温度决定它的极限参数

$P_{\max}$。使用二极管时一定要注意不能超过极限参数 $P_{\max}$，否则二极管必将烧损。

2. 最大整流电流 I_{DM}

实际应用中，二极管工作在正向范围时的压降近似为一个常数，所以它的最大耗散功率通常用最大整流电流 I_{DM} 表示。最大整流电流是指二极管长期安全使用时，允许流过二极管的最大正向平均电流值，也是二极管的重要参数。

点接触型二极管的最大整流电流通常在几十毫安以下；面接触型二极管的最大整流电流可达 100mA；对大功率二极管而言可达几安。二极管使用过程中电流若超过此值，可能引起 PN 结过热而使管子烧损的问题。因此，大功率二极管为了降低结温，增强管子的负载能力，通常都要把管子安装在规定散热面积的散热器上使用。

3. 最高反向工作电压 U_{RM}

最高反向工作电压 U_{RM} 是指二极管反向偏置时允许加的最大电压瞬时值。若二极管工作时的反向电压超过此值，则二极管有可能被反向击穿而失去单向导电性。为确保安全，半导体器件手册上给出的最高反向工作电压 U_{RM} 通常为反向击穿电压的 50%~70%，即留有余量。

4. 反向电流 I_R

I_R 指二极管未击穿时的反向电流。I_R 值越小，二极管的单向导电性越好。反向电流 I_R 随温度的变化而变化较大，这一点要特别注意。

5. 最高工作频率 f_M

最高工作频率 f_M 的值由 PN 结的结电容大小决定。二极管的工作频率若超过该值，则二极管的单向导电性变差。

除上述参数外，二极管的参数还有最高使用温度、结电容等。在实际应用中，我们要认真查阅半导体器件手册，合理选用二极管。

1.2.4 二极管的应用

几乎所有的电子电路中都要用到二极管，二极管是诞生最早的半导体器件之一，在许多电路中都起着重要的作用，应用范围十分广泛。

1. 二极管整流电路

利用二极管的单向导电性，可以把正弦交变电流变换成单一方向的脉动直流电流。

图 1.13（a）所示是单相半波整流电路，变压器 Tr 的输入和输出电压 u_1、u_2 均为图 1.13（b）所示的正弦波交流电压。由于二极管的单向导电性，只有当 u_2 的正半周大于死区电压时才能使二极管 VD 导通，其余时间均被二极管阻断，因此在负载电阻 R_L 上

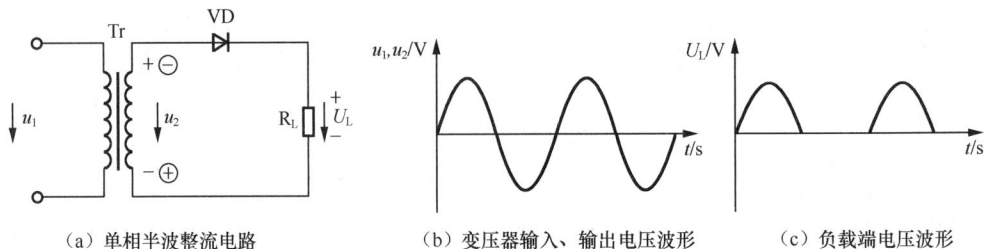

（a）单相半波整流电路　　　（b）变压器输入、输出电压波形　　　（c）负载端电压波形

图 1.13　二极管单相半波整流电路及其变压器输入、输出和负载端电压波形

产生的电压降 U_L 即负载端电压波形如图 1.13（c）所示。

2. 二极管钳位电路

图 1.14 所示为二极管钳位电路，此电路利用了二极管正向导通时压降很小的特性。

限流电阻 R 的一端与直流电源 $U(+)$ 相连，另一端与二极管阳极相连；二极管阴极连接端子为电路输入端，阳极向外引出的 F 点为电路输出端。

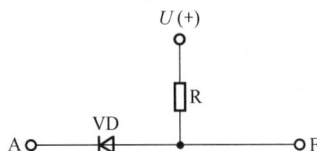

图 1.14 二极管钳位电路

当 A 点输入电位为零时，二极管 VD 正向导通。按理想二极管来分析，即二极管正向导通时压降为零，则输出端的电位被钳制在零伏，即 $V_F \approx 0V$；当 A 点输入电位较高，不能使二极管正向导通时，电阻上无电流通过，输出端的电位就被钳制在 $U(+)$。

3. 二极管双向限幅电路

利用二极管正向导通时压降很小且基本不变的特点，可以组成各种限幅电路。图 1.15（a）所示为二极管双向限幅电路，当二极管正向导通时，其正向压降基本保持不变：硅管为 0.7V，锗管为 0.3V。利用这一特点，二极管在电路中可以作为限幅元件，把信号幅度限制在一定范围内。

【例1.1】已知二极管限幅电路中输入电压 $u_i=1.4\sin(\omega t)V$，图1.15（a）所示的 VD_1、VD_2 为硅管，其正向导通压降均为0.7V。试画出输出电压 u_o 的波形。

【解】由图1.15（a）所示可看出，当 $u_i>U_D$（U_D 为二极管导通电压）时，二极管 VD_1 导通，$u_o=0.7V$；当 $u_i<U_D$ 时，二极管 VD_2 导通，$u_o=-0.7V$；当 $-0.7<u_i<0.7$ 时，两只二极管均不能导通，因此电阻上无电流通过，$u_o=u_i$。

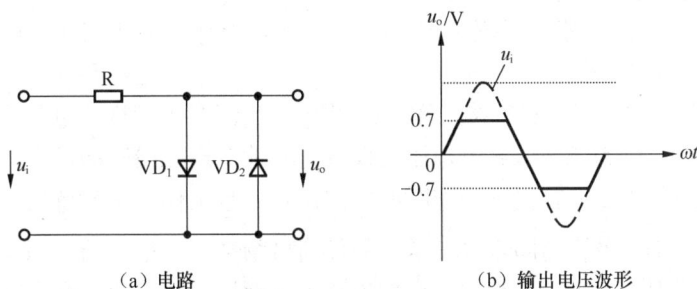

（a）电路　　　　　　　　（b）输出电压波形

图 1.15 二极管双向限幅电路

由上述分析结果可画出输出电压波形，如图1.15（b）所示。显然该电路中的二极管起到将输出电压限幅在 $-0.7 \sim 0.7V$ 的作用。

电子工程实际电路中，二极管还应用于检波、元件保护，以及在脉冲与数字电路中用作开关元件等。总之，二极管的应用非常广泛，在此不赘述。

1.2.5 特殊二极管

1. 稳压二极管

稳压二极管是电子电路特别是电源电路中常见的元器件之一。与普通二极管不同的是，稳压二极管的正常工作区域是反向齐纳击穿区，故而也称为

齐纳二极管，电路图形符号如图 1.16（a）所示。稳压二极管是由硅材料制成的特殊面接触型二极管，其伏安特性与普通二极管相似，如图 1.16（b）所示。由于稳压二极管的反向击穿可逆，因此工作时不会发生"热击穿"现象。图 1.16（b）所示的稳压二极管反向击穿伏安特性曲线比较陡直，说明其反向电压基本不随反向电流变化而变化，这就是稳压二极管的稳压特性。

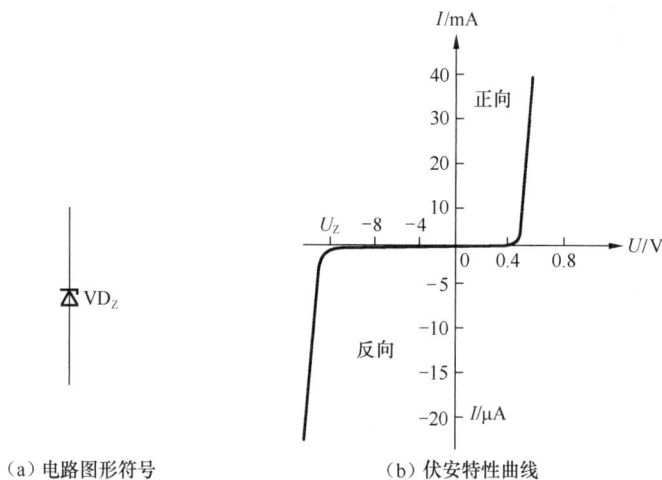

（a）电路图形符号   （b）伏安特性曲线

图 1.16   稳压二极管

由稳压二极管的伏安特性曲线可看出：稳压二极管反向电压小于其稳压值 U_Z 时，反向电流很小，可认为在这一区域内反向电流基本为零。当反向电压增大至其稳压值 U_Z 时，稳压二极管进入反向击穿工作区。在反向击穿工作区，通过管子的电流虽然变化较大（常用的小功率稳压二极管，反向击穿工作区电流一般为几毫安至几十毫安），但管子两端的电压却基本保持不变。

利用这一特性，把稳压二极管接入图 1.17 所示的稳压二极管稳压电路，其中 R 为限流电阻，R_L 为负载电阻，C 为滤波电容。稳压二极管与其他普通二极管的最大不同之处就是其反向击穿可逆特性。稳压二极管正常工作时应反向偏置，且工作在伏安特性的反向击穿区。当去掉反向电压时稳压二极管随即恢复正常。但任何事物都不是绝对的，如果反向电流超过稳压二极管的允许范围，稳压二极管同样会发生热击穿而损坏。因此，在实际电路中为确保稳压二极管工作于可逆的齐纳击穿状态而不会发生热击穿，稳压二极管的稳压电路中一般均需串入限流电阻 R，以确保工作电流不超过最大稳定电流 I_{Zmax}。这样，当输入的反向电压在超过 U_Z 范围内变化时，只要选择合适的限流电阻值 R，负载电压就会一直稳定在 U_Z。而且，当由于电源电压波动或其他原因造成电路各点电压变动时，稳压二极管可保证负载 R_L 两端的电压基本不变。

稳压二极管常用在小功率电源设备中的整流滤波电路之后，起到稳定直流输出电压的作用。除此之外，稳压二极管还常用于浪涌保护电路、电视机过压保护电路、电弧控制电路、手机电路等。例如，在手机电路中，其所用的受话器、振动器都带有线圈。当这些电路工作时，线圈的电磁感应常会导致多个很高的反向峰值电压，如果不加以限制就会引起电路损坏。而用稳压二极管构成一定的浪涌保护电路后，就可以防止反向峰值电压所引起的电路损坏。

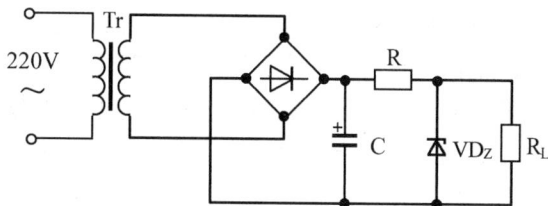

图 1.17　稳压二极管稳压电路

描述稳压二极管特性的主要参数是稳压值 U_Z 和最大稳定电流 I_{Zmax}。

稳压值 U_Z 是稳压二极管正常工作时的额定电压值。由于半导体生产的离散性，手册中给出的 U_Z 往往是一个电压范围值。例如，型号为 2CW18 的稳压二极管，其稳压值范围为 10～12V。这种型号的某个管子的具体稳压值是这个范围内的某一个确定的数值。

最大稳定电流 I_{Zmax} 是稳压二极管的最大允许工作电流。在使用时实际电流不得超过该值，超过该值时，稳压二极管将因热击穿而损坏。

除此之外，稳压二极管参数还包含以下几个。

稳定电流 I_Z：工作电压等于 U_Z 时的稳定工作电流值。

耗散功率 P_{Zm}：反向电流通过稳压二极管的 PN 结时会产生一定的功率损耗，使 PN 结的结温升高，P_{Zm} 是稳压二极管正常工作时能够耗散的最大功率。它等于稳压二极管的最大稳定电流与相应工作电压（即稳压值）的乘积，即 $P_{Zm}=U_ZI_{Zmax}$。如果稳压二极管工作时消耗的功率超过了这个数值，管子将会损坏。常用的小功率稳压二极管的 P_{Zm} 一般为几百毫瓦至几瓦。

动态电阻 r_Z：稳压二极管端电压的变化量与相应电流变化量的比值，即 $r_Z = \dfrac{\Delta U_Z}{\Delta I_Z}$。稳压二极管的动态电阻越小，则反向伏安特性曲线越陡，稳压性能越好。稳压二极管的动态电阻值一般为几欧至几十欧。

2. 发光二极管

发光二极管（Light Emitting Diode，LED）是一种能把电能直接转换成光能的固体发光元件，发明于 20 世纪 60 年代。在随后的数十年中，其基本用途是作为收录机等电子设备的指示灯。与普通二极管一样，发光二极管的管芯也是由 PN 结组成的，具有单向导电性。在发光二极管中通以正向电流，可高效率发出可见光或红外线辐射，发光二极管的电路图形符号与普通二极管类似，只是旁边多了两个向外指的箭头，如图 1.18 所示。

图 1.18　发光二极管及其电路图形符号

发光二极管两端加上正向电压时，空间电荷区变窄，引起多子的扩散运动，P 区的空穴扩散到 N 区，N 区的自由电子扩散到 P 区，扩散的自由电子与空穴相遇并复合而释放出能量。对发光二极管来说，复合时释放出的能量大部分以光的形式出现，而且多为单色光。随着正向电压的升高，正向电流增大，发光二极管产生的光通量也随之增加，光通量的最大值受发光二极管最大允许电流的限制。发光二极管的发光波长除了与使用材料有关外，还与 PN 结所掺入的杂质有关，一般用磷砷化镓材料做成的发光二极管发红光，用磷化镓材料做成的发光二极管发绿光或黄光。

发光二极管属于功率控制器件，因此其正向导通压降通常要在 1.3V 以上。由于发光二极管发射准单色光、尺寸小、寿命长且价格低廉，因此被广泛用于电子设备的通断指示灯或快速光源、光电耦合器中的发光元件、光学仪器的光源和数字电路的数码及图形显示的七段式或阵列式器件等领域。发光二极管的工作电流一般为几毫安至几十毫安。

随着发光二极管发光效能逐步提升，发光二极管的照明潜力得到充分发挥，发光二极管作为发光光源的可能性也越来越高，无疑成为近年来最受重视的光源之一。一方面凭借其轻、薄、短、小的特性，另一方面借助其封装类型的耐摔、耐振性能及特殊的发光光形，发光二极管的确给了人们一个很不一样的光源选择，但是在人们考虑提升发光二极管发光效能的同时，如何充分利用发光二极管的特性来解决将其应用在照明时可能会遇到的困难，目前已经是各国照明厂家研究的目标。有资料显示，近年来科学家开发出一种用于照明的新型发光二极管灯泡。这种灯泡具有效率高、寿命长的特点，可连续使用 10 万 h，是普通白炽灯泡寿命的 100 倍。

3. 光电二极管

光电二极管可将光信号转换成电信号，广泛应用于各种遥控系统、光电开关、光探测器，以及光电转换的各种自动控制仪器、触发器、光电耦合器、编码器、特性识别装置、过程控制器、激光接收装置等方面。在"机电一体化时代"，光电二极管已成为必不可少的电子元件。光电二极管及其电路图形符号如图 1.19 所示。

光电二极管在结构上和普通二极管相比，为了便于接收入射光，电极面积应尽量做得小一些，PN 结的结面积应尽量做得大一些，而且结深较浅，一般小于 1μm。光电二极管工作在反向偏置的反向截止区，光电二极管的管壳上有一个能入射光线的"窗口"，这个"窗口"用有机玻璃透镜进行封闭，入射光通过透镜正好射在管芯上。当没有光照时，光电二极

图 1.19 光电二极管及其电路图形符号

管的反向电流很小，一般小于 0.1μA，称为暗电流。当有光照时，携带能量的光子进入 PN 结后，把能量传给共价键上的束缚电子，使部分价电子获得能量后挣脱共价键的束缚成为电子-空穴对，称为光生载流子。光生载流子数量与光照强度成正比，光照强度越大，光生载流子数量越多，这种特性称为"光电导"。光电二极管在一般光照强度的光线照射下，所产生的电流叫作光电流。如果在外电路上接上负载，负载上就获得了电信号，而且这个电信号随着光照强度的变化而变化。

光电二极管用途很广，有用于精密测量的从紫外线到红外线的宽响应光电二极管、紫外线到可见光的光电二极管，还有用于一般测量的从可见光到红外线的光电二极管，以及普通型的陶瓷/塑胶光电二极管。精密测量光电二极管的特点是高灵敏度、高并列电阻和低电极间电容，以降低和外接放大器之间的噪声。光电二极管还常常用作传感器的光敏元件，或将光电二极管做成二极管阵列，用于光电编码，或用作光电输入机上的光电读出器件。

光电二极管的种类很多，多应用在红外线遥控电路中。为减少可见光的干扰，常采用黑色树脂封装，可滤掉 700nm 波长以下的光线。光电二极管对长方形的管子，往往做出标记角，指示受光面的方向，一般情况下引脚长的为正极。

光电二极管的管芯主要用硅材料制作。检测光电二极管好坏可用以下 3 种方法。

① 电阻测量法：用指针式万用表欧姆挡的"×100"挡位或"×1k"挡位，像测普通二极管一样，正向电阻应为 $10k\Omega$ 左右，无光照射时，反向电阻应为 ∞，然后让光电二极管见光，光线越强，反向电阻应越小。光线特强时反向电阻可降到 $1k\Omega$ 以下，这样的管子就是好的。若正反向电阻都是 ∞ 或零，说明管子是坏的。

② 电压测量法：把指针式万用表接在直流 1V 左右的挡位。红表笔接光电二极管正极、黑表笔接负极，在阳光或白炽灯照射下，其电压与光照强度成正比，一般可达 0.2～0.4V。

③ 电流测量法：把指针式万用表拨到直流 $50\mu A$ 挡位或 $500\mu A$ 挡位，红表笔接光电二极管正极、黑表笔接负极，在阳光或白炽灯照射下，短路电流可达数十微安到数百微安。

4. 变容二极管

变容二极管及其电路图形符号如图 1.20 所示。

变容二极管

PN 结的结电容 C_i 包含两部分：扩散电容 C_D 和势垒电容 C_B。其中，扩散电容 C_D 反映的是 PN 结形成过程中，外加正偏电压改变时引起扩散区内存储的电荷量变化而造成的电容效应；势垒电容 C_B 反映的则是 PN 结空间电荷

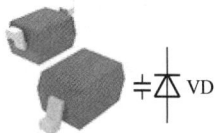

图 1.20   变容二极管及其电路图形符号

区的宽度随外加偏压而改变时，引起累积在势垒区的电荷量变化而造成的电容效应。因此，PN 结的结电容 C_i 除了与空间电荷区的宽度、PN 结两端半导体的介电常数以及 PN 结的结面积大小有关，还随工作电压的变化而变化。当 PN 结正偏时，由于扩散电容 C_D 与正偏电流近似成正比，因此 PN 结的结电容以扩散电容 C_D 为主，即 $C_i \approx C_D$；而当 PN 结反偏时，C_i 虽然很小，但 PN 结的反向电阻很大，此时 PN 结的结电容 C_i 的容抗将随工作频率的提高而降低，势垒电容 C_B 随反偏电压的增大而变化，这时 PN 结上的结电容 C_i 又以势垒电容 C_B 为主，即 $C_i \approx C_B$。在工程实际中，我们利用二极管结电容随反向电压的变化而变化的特点，在反偏高频条件下，将二极管作为可变电容使用，称之为变容二极管。

变容二极管在电子技术中通常用于高频技术中的调谐回路、振荡电路、锁相环路以及电视机高频头的频道转换和调谐电路等，正常工作时应反向偏置。制造变容二极管所用材料多为硅或砷化镓单晶，并采用外延工艺技术。

5. 激光二极管

激光二极管通过在发光二极管的 PN 结间安置一层具有光活性的半导体，构成光谐振腔，工作时应正向偏置，可发射出激光。

激光二极管

激光二极管广泛地应用于计算机的光盘驱动器，激光打印机中的打印头，激光唱机，条形码扫描仪，激光测距、激光医疗、光通信、激光指示等小功率光电设备中，在舞台灯光、激光手术、激光焊接和激光武器等领域的大功率设备中也得到广泛应用。

任务实施 检测并判断二极管的极性及好坏

判断二极管的极性时可用指针式万用表或数字万用表。

（1）用指针式万用表判断时，可用其欧姆挡，通常选用"×100"或"×1k"这两个挡位。将二极管的两个引脚与两表笔相接触，观察万用表指针的偏转情况。如果指针偏转角度很大，

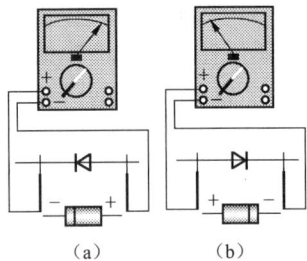

图 1.21　用指针式万用表检测二极管极性

如图 1.21（a）所示，显示阻值很小，说明与黑表笔相接触的引脚是二极管正极。反之，如果显示阻值很大，即指针基本不动，如图 1.21（b）所示，则与红表笔相接触的引脚是二极管正极。

（2）用数字万用表检测二极管的极性时，同样用欧姆挡，只是数字万用表的表笔与内部电池的连接恰好与指针式万用表相反。所以当检测到二极管导通有电流时，与红表笔相接触的引脚为二极管正极；当检测到二极管阻断无电流时，与红表笔相接触的是二极管负极。

（3）用万用表检测二极管好坏时，若如上所述出现导通和阻断状态，则二极管是好的。如果黑表笔无论与二极管哪一个极相连，指针式万用表均偏向右边（或数字万用表无论怎么与二极管引脚相接触，均显示导通），则说明被测试二极管已被击穿损坏；若出现指针式万用表的黑表笔与二极管任意一极相连时指针均不摆动（或数字万用表的表笔无论如何与两个引脚相接触，均显示不导通）的情况，那么说明被测试二极管内部已经老化、不导通，应予以更换。

显然，用万用表判断二极管极性使用的原理是二极管的单向导电性。

思考与问题

1. 二极管的伏安特性曲线上共分为哪几个区？试述各工作区的特点。

2. 为什么二极管的反向电流很小且具有饱和性？当环境温度升高时为什么又会明显增大？

3. 二极管工作在反向击穿区时，是否一定会被损坏？为什么？

4. 稳压二极管正常工作时在哪个区域？使用时应注意什么？

5. 发光二极管正常工作时在哪个区域？导通电压与普通二极管有何不同？

6. 光电二极管正常工作时在哪个区域？其通过的电流大小取决于什么？

7. 变容二极管正常工作时在哪个区域？变容二极管正偏和反偏时的结电容相同吗？

8. 理想二极管电路如图 1.22 所示，已知输入电压 $u_i = 10\sin(\omega t)$V，试画出输出电压 u_o 的波形。

9. 试判断图 1.23 所示电路中二极管各处于什么工作状态，设各二极管的导通电压为 0.7V，求输出电压 U_{AO}。

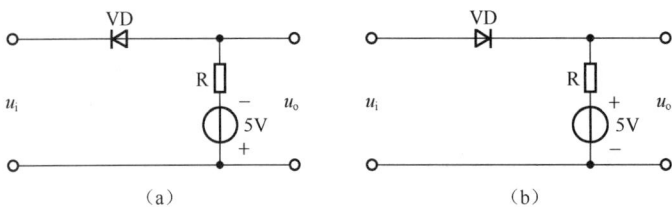

图 1.22　题 8 电路　　　　图 1.23　题 9 电路

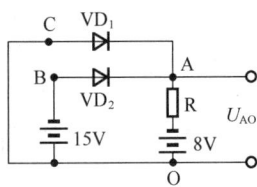

任务 1.3　认识三极管

提出问题

三极管的问世使 PN 结的应用发生了质的飞跃。作为电子世界中的未来工程技术人员，你了解双极型三极管、单极型三极管的结构组成吗？知道两类三极管分别在电子电路中主要起什么作用吗？了解两类三极管的外部特性、特点吗？你知道在工程应用中，两类三极管应参照哪些参数进行选择吗？你会检测并判断三极管的极性及好坏吗？

知识准备

三极管全称为半导体三极管，也称双极型晶体管或晶体三极管，是半导体基本元器件之一，具有电流放大作用，是电子电路的核心元件。

1.3.1　双极型三极管的结构组成

双极型三极管（Bipolar Junction Transistor，BJT）是组成各种电子线路的核心器件。由于 BJT 工作时多子和少子同时参与导电，故此得名。按照 PN 结的组合方式，BJT 可分为 NPN 型和 PNP 型两种，其结构及电路图形符号如图 1.24 所示。

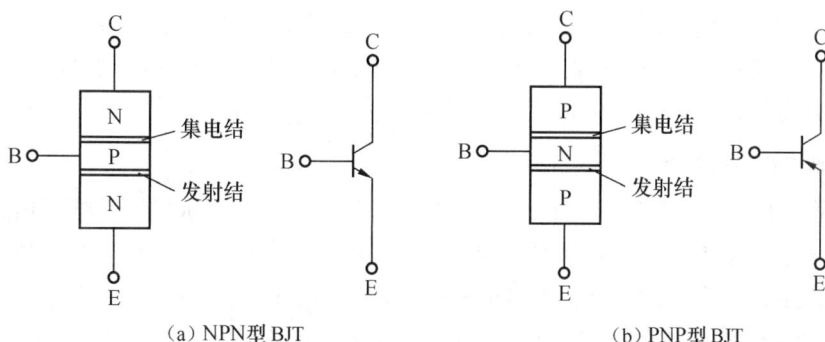

双极型三极管的结构组成

(a) NPN型 BJT　　　　　(b) PNP型 BJT

图 1.24　两种 BJT 的结构及电路图形符号

按频率高低，BJT 可分为高频管、低频管；按功率大小还可分为大功率管、中功率管和小功率管；按材料不同又可分为硅管和锗管等。

无论何种类型的 BJT，基本结构都包括发射区（E 区）、基区（B 区）和集电区（C 区），其中发射区和集电区类型相同，或同为 P 型或同为 N 型，而基区或同为 N 型或同为 P 型，因此，发射区和基区之间、基区和集电区之间必然各自形成一个 PN 结。由这 3 个区分别向外各引出一个铝电极，由发射区引出的铝电极称为发射极，由基区引出的铝电极称为基极，由集电区引出的铝电极是集电极。即 BJT 内部有 3 个区、两个 PN 结和 3 个外引铝电极。

当前国内生产的硅管多为 NPN 型（3D 系列），锗管多为 PNP 型（3A 系列）。国内生产的管子型号中，每一位都有特定含义。如 3AX31，第一位代表管子的类型，3 代表三极管，2 代表二极管；第二位代表材料和极性，A 代表 PNP 型锗材料，B 代表 NPN 型锗材料，C 代表 PNP 型硅材料，D 代表 NPN 型硅材料；第三位代表用途，X 代表低频小功率管，D 代表低频大功率管，G 代表高频小功率管，A 代表高频大功率管；后面的数字是产品的序号，序号不同，各种指标略有差异。

注意：二极管和三极管的型号第二位含义基本相同，而第三位含义不同。对二极管来说，第三位的 P 代表检波二极管，W 代表稳压二极管，Z 代表整流二极管。对进口三极管来说，第三位的含义就各有不同，需要读者在具体使用过程中留心相关资料中的说明。

1.3.2 BJT 的电流放大作用

BJT 的特性不同于二极管，BJT 在模拟电子线路中的基本功能是电流放大。

1. BJT 电流放大的内部结构特点

制造 BJT 时，有意识地使管子内部发射区具有较小的面积和较高的掺杂浓度；让基区掺杂浓度较低且做得很薄，厚度为几微米至几十微米；把集电区面积做得较大，掺杂浓度介于发射区和基区之间，这样的掺杂浓度可使发射区和基区之间的 PN 结（发射结）面积较小，集电区和基区之间的 PN 结（集电结）面积较大。上述结构特点是保证 BJT 实现电流放大的关键条件。显然，由于各区内部结构上的差异，BJT 的发射极和集电极虽然类型相同，但绝不能互换使用。

2. BJT 电流放大的外部条件

BJT 的发射区面积小且高掺杂，作用是发射足够的载流子；集电区掺杂浓度低且面积大，作用是顺利收集扩散到集电区边缘的载流子；基区制造得很薄且掺杂浓度最低，作用是传输和控制发射到基区的载流子。但 BJT 要真正在电路中起电流放大作用，还必须遵循发射结正偏、集电结反偏的外部条件。

① 发射结正偏。发射结正偏时，发射区和基区的多子很容易越过发射结互相向对方扩散。但因发射区载流子浓度远大于基区的载流子浓度，因此通过发射结的扩散电流基本上是发射区向基区扩散的多子形成的，即发射区向基区扩散的多子构成发射极电流 I_E。

另外，由于基区的掺杂浓度较低且很薄，从发射区注入基区的大量多子，只能有极少一部分与基区中的多子相"复合"。复合掉的载流子又会由基极电源不断地予以补充，这是形成基极电流 I_B 的原因。

② 集电结反偏。在基区被复合掉的载流子仅为发射区发射载流子中的极少数，剩余大部分发射载流子由于集电结反偏而无法停留在基区，继续向集电结边缘进行扩散。集电区掺杂浓度虽然低于发射区，但高于基区，且集电结的面积较发射结大很多，因此这些聚集到集电结边缘的载流子在反向电场作用下，很容易被收集到集电区，从而形成集电极电流 I_C。

以上 BJT 内部载流子运动与外部电流情况如图 1.25 所示。

根据自然界的能量守恒定律及电流的连续性原理，BJT 的发射极电流 I_E、基极电流 I_B 和集电极电流 I_C 遵循基尔霍夫电流定

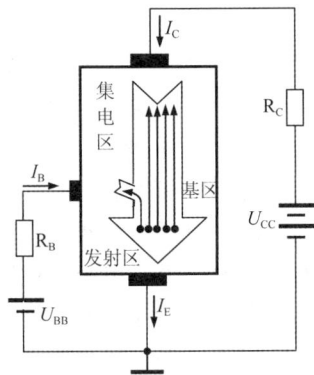

图 1.25 BJT 内部载流子运动与外部电流情况

律（Kirchhoff's Current Law，KCL），即

$$I_E = I_B + I_C \quad\quad\quad (1.1)$$

BJT 的集电极电流 I_C 稍小于 I_E，但远大于 I_B，I_C 与 I_B 的比值在一定范围内基本保持不变。特别是基极电流 I_B 有微小的变化时，集电极电流 I_C 将发生较大的变化。例如，I_B 由 40μA 增加到 50μA 时，I_C 将从 3.2mA 增大到 4mA，即

$$\beta = \frac{\Delta I_C}{\Delta I_B} = \frac{(4-3.2)\times 10^{-3}}{(50-40)\times 10^{-6}} = 80 \quad\quad (1.2)$$

式（1.2）中的 β 值称为 BJT 的电流放大倍数。不同型号、不同用途的 BJT，它们的 β 值相差较大，多数 BJT 的 β 值通常在几十至一百多的范围。

综上所述，在 BJT 中，两种载流子同时参与导电，微小的基极电流 I_B 可以控制较大的集电极电流 I_C，故人们把 BJT 称作电流控制电流源（Current Controlled Current Source，CCCS）。

由于 BJT 分为 NPN 型和 PNP 型，所以在满足发射结正偏、集电结反偏的外部条件时，对于 NPN 型 BJT，3 个外引电极的电位必定满足 $V_C>V_B>V_E$；对于 PNP 型 BJT，3 个外引电极的电位满足 $V_E>V_B>V_C$。

1.3.3 BJT 的外部特性

1. 输入特性

图 1.26 所示的实验电路是常见的共发射极放大电路。当 BJT 的集电极与发射极之间电压 U_{CE} 为常数时，输入电路中 BJT 的基极电流 I_B 与发射结端电压 U_{BE} 之间的关系为 $I_B = f(U_{BE})$，这种关系用曲线描绘，就是 BJT 的输入特性曲线，如图 1.27 所示。

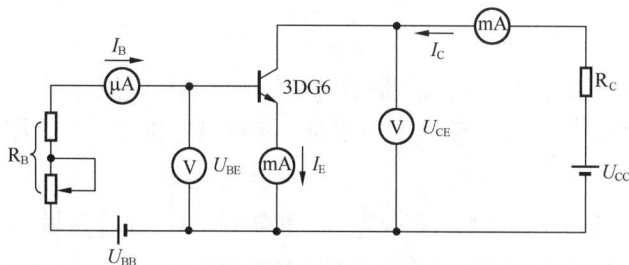

图 1.26 测量 BJT 特性的实验电路

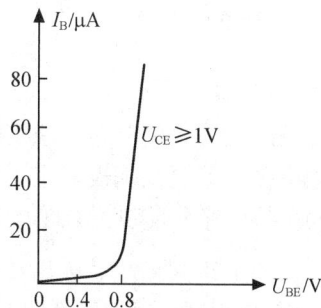

图 1.27 BJT 的输入特性曲线

假如所测 BJT 是硅管，当 $U_{CE} \geq 1V$ 时，集电结已反偏，并且内电场也足够大，而基区又很薄，足以把从发射区扩散到基区的大部分载流子拉入集电区。继续增大 U_{CE} 并保持 U_{BE} 不变时，I_B 基本稳定。即 $U_{CE}>1V$ 以后的输入特性曲线基本上与 $U_{CE}=1V$ 的特性相重合。因此，我们通常以 $U_{CE} \geq 1V$ 的输入特性作为 BJT 的输入特性。

由图 1.27 可看出，BJT 的输入特性与二极管的正向伏安特性相似，也存在一段死区。只有在发射结外加电压大于死区电压时，BJT 才会产生基极电流 I_B。通常硅管的死区电压约为 0.5V，锗管的死区电压不超过 0.2V。正常工作情况下，NPN 型硅管的 U_{BE} 典型值为 0.7V，

PNP 型锗管的 U_{BE} 典型值为 0.3V。

2. 输出特性

BJT 的基极电流 I_B 为某一常数时，输出回路中集电极电流 I_C 与 BJT 集电极和发射极之间的电压 U_{CE} 的关系特性 $I_C = f(U_{CE})$ 称为输出特性。不同的基极电流 I_B 可得到不同的输出特性曲线，所以 BJT 的输出特性曲线是图 1.28 所示的一簇曲线。

当 $I_B = 100\mu A$ 时，U_{CE} 超过一定的数值（约 1V）以后，从发射区扩散到基区的多子数量大致一定。这些多子的绝大多数被拉入集电区而形成集电极电流，以致当 U_{CE} 继续增大时，集电极电流 I_C 不再有明显的增加，集电极电流不随 U_{CE} 的增大而变化的现象，说明集电极电流在 BJT 电流放大时具有恒流特性。

当基极电流 I_B 减小时，如 $I_B = 80\mu A$、$I_B = 60\mu A$、…、$I_B = 20\mu A$、$I_B = 0\mu A$ 等情况下，对应的集电极电流 I_C 也随之减小，输出特性曲线依次下移，如图 1.28 所示。

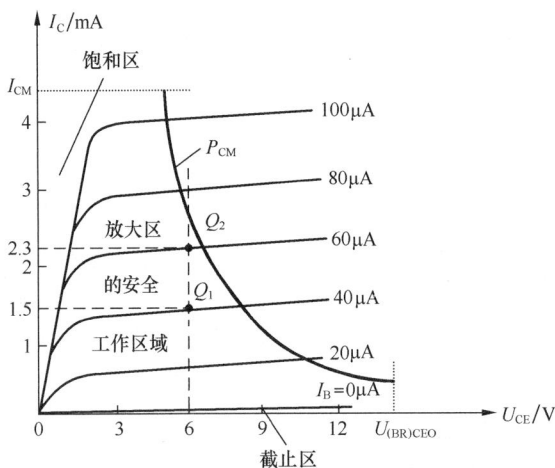

图 1.28　BJT 的输出特性曲线

输出特性曲线中 I_B 是微安级，I_C 是毫安级，不同的基极电流对应不同的集电极电流，但是集电极电流要比基极电流变化大得多，当基极电流减小到零时，集电极电流也基本为零。即输出特性充分反映了 BJT 的以小控大作用。

由图 1.28 可看出，输出特性曲线上划分出了放大区、截止区和饱和区 3 个工作区域。

- 放大区：输出特性曲线近于水平的部分是放大区。放大区有两个特点：一是 BJT 在放大区遵循 $I_C = \beta I_B$，即集电极电流 I_C 的大小主要受基极电流 I_B 的控制；二是随着 BJT 输出电压 U_{CE} 的增加，曲线会微微上翘。这是因为 U_{CE} 增加时，基区有效宽度变窄，使载流子在基区复合的机会减少，在 I_B 不变的情况下，I_C 将随 U_{CE} 的增加而略有增加。BJT 工作于放大区的典型特征是发射结正偏、集电结反偏。

- 截止区：输出特性曲线中 $I_B = 0\mu A$ 以下区域称为截止区。在截止区内，NPN 型硅管 $U_{BE} < 0.5V$ 时，就开始截止，工程实际中为了可靠截止，常使 $U_{BE} \leqslant 0V$。所以 BJT 工作在截止区的显著特征是发射结电压为零或反偏。

- 饱和区：输出特性曲线与纵轴之间的区域称为饱和区。在饱和区内，因 I_B 的变化对 I_C 的影响较小，所以 BJT 的电流放大能力大大减弱，两者不再符合以小控大的 β 倍数量关系。BJT 工作在饱和区的显著特点是发射结和集电结均为正偏，饱和区通常 $U_{CE}<1V$。

1.3.4　BJT 的主要技术参数

为保证 BJT 的安全及防止其性能变坏或烧损，规定了 BJT 正常工作时电流、电压和功率的极限值，使用时要求不能超过任一极限值。常用的极限参数有以下几个。

BJT 的主要技术参数

1. 集电极最大允许电流 I_{CM}

当集电极电流增大时，BJT 的 β 值就要减小。当 $I_C = I_{CM}$ 时，BJT 的 β 值通常下降到正常额定值的 2/3。我们把 I_{CM} 称为集电极最大允许电流，显然，当 $I_C > I_{CM}$ 时，说明 BJT 的电流放大能力减弱，但并不意味 BJT 一定会因过流而损坏。

2. 集电极-发射极反向击穿电压 $U_{(BR)CEO}$

BJT 基极开路时，集电极与发射极之间的最大允许电压称为集电极-发射极反向击穿电压 $U_{(BR)CEO}$。为保证 BJT 的安全与电路的可靠性，一般应取集电极电源电压为

$$U_{CC} \leqslant \left(\frac{1}{2} \sim \frac{2}{3}\right) U_{(BR)CEO} \tag{1.3}$$

3. 集电极最大允许耗散功率 P_{CM}

BJT 工作时，管子两端的压降为 U_{CE}，集电极的电流为 I_C，管子的耗散功率 $P_C = U_{CE} \times I_C$。如果使用中温度过高，BJT 会性能恶化甚至被损坏，所以对集电极损耗有一定的限制，规定所消耗的最大功率不能超过集电极最大允许耗散功率 P_{CM} 值。如果超过 P_{CM} 值，BJT 就会因过热而损坏。在图 1.28 所示输出特性曲线上所作的 P_{CM} 曲线以内的平顶区域才是 BJT 的安全工作区域。P_{CM} 值的大小通常与管子的散热条件有关，增加散热片可提高 P_{CM} 值。

1.3.5　单极型三极管概述

单极型三极管与 BJT 相比，无论是内部的导电机理还是外部的特性曲线都截然不同。单极型三极管属于一种较为新型的半导体器件，尤为突出的是，单极型三极管具有高达 $10^7 \sim 10^{15}\Omega$ 的输入电阻，几乎不取用信号源提供的电流，因而具有功耗小、体积小、重量轻、热稳定性好、制造工艺简单且易于集成化等优点。这些优点扩大了单极型三极管的应用范围，尤其在大规模和超大规模的数字集成电路中，单极型三极管得到了更为广泛的应用。

根据结构的不同，单极型三极管分为结型管和绝缘栅型管两大类。

结型管是利用半导体内部的电场效应控制管子输出电流大小的；绝缘栅型管则利用半导体表面的电场效应来控制漏极输出电流的大小。两种管子都是利用电场效应起到以小控大作用的，因此电子技术中通常又把单极型三极管称作场效应管（Field Effect Transistor，FET）。两类场效应管中，绝缘栅型场效应管制造工艺更为简单，更便于集成化，且性能优于结型场效应管，因而在集成电路及其他场合获得了更为广泛的应用。本项目中，我们仅以绝缘栅型场效应管为例，向读者介绍 FET 的结构组成和工作原理。

1.3.6 绝缘栅型场效应管的结构组成

绝缘栅型场效应管也称金属-氧化物-半导体场效应管（MOSFET 或 MOS 管），按其工作状态可分为增强型和耗尽型两类，每类又有 N 沟道和 P 沟道之分。图 1.29（a）所示为增强型 N 沟道 MOS 管结构，它以一块掺杂浓度较低、电阻率较高的 P 型硅半导体薄片作为衬底，并在其表面覆盖一层很薄的二氧化硅（SiO_2）绝缘层。再将二氧化硅绝缘层刻出两个窗口，通过扩散工艺在 P 型硅衬底中形成两个高掺杂浓度的 N^+ 区，并用金属铝向外引出两个电极，分别称为漏极 D 和源极 S。然后在半导体表面漏极 D 和源极 S 之间的绝缘层上制作一层金属铝，由此向外引出的电极称为栅极 G。最后在 P 型硅衬底上引出一个电极 B 作为衬底引线。

由于此类场效应管的栅极和其他电极之间相互绝缘，因此称其为 MOS 管。MOS 管采用了金属铝作为引出电极，以二氧化硅作为绝缘介质。

增强型 N 沟道 MOS 管电路图形符号如图 1.29（b）所示，耗尽型 N 沟道 MOS 管电路图形符号如图 1.29（c）所示。观察电路图形符号可看出：增强型 MOS 管衬底箭头相连的是虚线，耗尽型 MOS 管衬底箭头相连的是实线；衬底箭头指向里时为 N 沟道 MOS 管，若衬底箭头的指向背离虚线（或实线），则为 P 沟道 MOS 管。

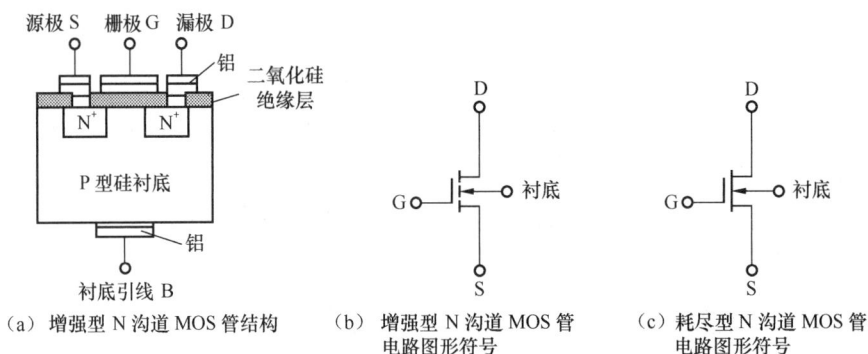

（a）增强型 N 沟道 MOS 管结构　　（b）增强型 N 沟道 MOS 管
电路图形符号　　（c）耗尽型 N 沟道 MOS 管
电路图形符号

图 1.29　MOS 管

1.3.7 MOS 管的主要技术参数

1. 开启电压 U_T

开启电压 U_T 是增强型 MOS 管的参数，即 MOS 管导通时的电压。栅极和源极之间的电压（简称为"栅源电压"）U_{GS} 小于 U_T 的绝对值时，MOS 管不能导通。

2. 输入电阻 R_{GS}

输入电阻 R_{GS} 是 MOS 管的栅源输入电阻的典型值，对于 MOS 管，输入电阻 R_{GS} 取值范围为 $1 \sim 100 M\Omega$。由于高阻态，所以基本可认为无电流输入。

3. 最大漏极功耗 P_{DM}

MOS 管的最大漏极功耗可由 $P_{DM} = U_{DS}I_D$ 决定，与晶体管的耗散功率 P_{CM} 相当。MOS 管

正常使用时不得超过此值，否则将会因过热而造成管子的损坏。

1.3.8　MOS 管的工作原理

以增强型 N 沟道 MOS 管为例，由图 1.30（a）所示可以看出，MOS 管的源极和衬底是连在一起的（大多数管子在出厂前已连接好），增强型 MOS 管的 N^+ 源区、P 型硅衬底和 N^+ 漏区三者之间形成了两个背靠背的 PN^+ 结，漏区和源区被 P 型硅衬底隔开。当栅源电压 $U_{GS}=0V$ 时，不管漏极和源极之间的电压（简称为"漏源电压"）U_{DS} 极性如何，总有一个 PN^+ 结反向偏置，此时反向电阻很高，不能形成导电沟道；若栅极悬空，即使在漏极和源极之间加上电压 U_{DS}，也不会产生漏极电流 I_D，此时 MOS 管处于截止状态。

1. 导电沟道的形成

如果在栅极和源极之间加正向电压 U_{GS}，情况就会发生变化，如图 1.30（b）所示。栅源电压 $U_{GS} \neq 0V$ 时，栅极铝层和 P 型硅衬底间相当于以二氧化硅层为介质的平板电容。由于 U_{GS} 的作用，在介质中会产生一个垂直于半导体表面、由栅极指向 P 型硅衬底的电场。二氧化硅绝缘层很薄，即使 U_{GS} 很小，也能让该电场高达 $10^5 \sim 10^6 V/cm$ 数量级的强度。这个强电场排斥空穴、吸引自由电子，把靠近二氧化硅绝缘层一侧的 P 型硅衬底中的空穴排斥开，留下不能移动的负离子形成耗尽层；若 U_{GS} 继续增大，耗尽层将随之加宽；同时 P 型硅衬底中的电子受到电场力的吸引向上运动到表层，除填补空穴、形成负离子的耗尽层外，还在 P 型硅衬底表面形成一个 N 型薄层，称为反型层，该反型层将两个 N^+ 区连通，成为连接漏极和源极之间的 N 型导电沟道，即 N 沟道。我们把能够形成导电沟道的栅源电压 U_{GS} 称为开启电压，用 U_T 表示。

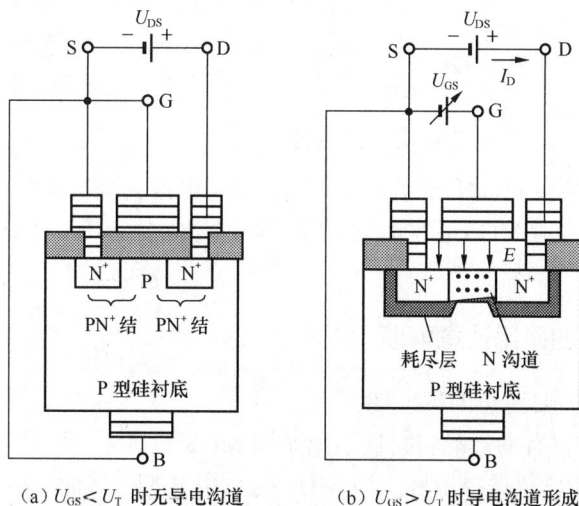

（a）$U_{GS} < U_T$ 时无导电沟道　　　（b）$U_{GS} > U_T$ 时导电沟道形成

图 1.30　增强型 N 沟道 MOS 管导电沟道的形成

可见，场效应管的导电沟道一旦形成，沟道中将只有一种载流子参与导电，因此场效应管称作单极型三极管。单极型三极管——MOS 管中参与导电的载流子是多数载流子，由于多数载流子不受温度变化的影响，因此 MOS 管的热稳定性要比晶体管好得多。

2. 漏源电压 U_{DS} 和栅源电压 U_{GS} 对漏极电流 I_D 的影响

很明显，在 $0V<U_{GS}<U_T$ 的范围内，MOS 管处于截止状态，漏极电流 $I_D = 0A$。当 U_{GS} 一定，且 U_{DS} 从 0V 开始增大，有 $U_{GD}=U_{GS}-U_{DS}<U_{GS(off)}$ 时（$U_{GS(off)}$ 为沟道开启电压），在 U_{DS} 数值变化很小的一段范围内，U_{DS} 的变化直接影响整个导电沟道的电场大小，在此区域内随着 U_{DS} 的增大，I_D 几乎呈直线上升。当 $U_{GD}=U_{GS}-U_{DS}=U_{GS(off)}$ 时，导电沟道在漏极一侧出现了夹断点，称为预夹断状态。对应预夹断状态的漏源电压 U_{DS} 和漏极电流 I_D 称为饱和电压和饱和电流，这种情况下，U_{DS} 的变化直接影响着 I_D 的变化，导电沟道相当于一个受控电阻，阻值的大小既受 U_{GS} 控制，又受 U_{DS} 控制。因此，MOS 管的特性呈现为由 U_{GS} 和 U_{DS} 控制的可变电阻。

当 U_{GS} 为某一大于 U_T 的固定值时，在漏极和源极之间加上电压 U_{DS}，且保持 $U_{DS}<U_{GS}-U_T$，即 $U_{GD}=U_{GS}-U_{DS}>U_T$。此时由于漏极和源极之间已存在导电沟道，所以会产生漏极电流 I_D。但是，当 I_D 流过导电沟道时沿导电沟道上各点产生的电压降各不相同，使得导电沟道各点电位不同：导电沟道上靠近漏极处电位最高，故该处栅极和漏极之间的电位差 $U_{GD}=U_{GS}-U_{DS}$ 最小，因此感应电荷产生的导电沟道最窄；而导电沟道上靠近源极处的电位最低，栅极和源极之间的电位差 U_{GS} 最大，所以导电沟道最宽。结果，导电沟道呈楔形，如图 1.30（b）所示。

由图 1.31 所示可知，过了输出特性曲线的可变电阻区后，U_{DS} 继续增大时，夹断时间延长，导电沟道的不均匀性随之加剧，U_{DS} 增大的部分几乎全部用于克服夹断区对 I_D 的阻力。此时从外部看，I_D 几乎不随 U_{DS} 的增大而变化，MOS 管进入恒流区。在恒流区，I_D 的大小仅由 U_{GS} 的大小来决定，MOS 管起放大作用时，就工作在此区域。在线性放大区（即恒流区），MOS 管的输出电流 I_D 仅受输入电压 U_{GS} 的控制，因此 MOS 管属于电压控制型器件。

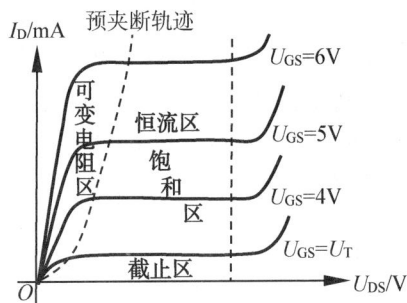

图 1.31　MOS 管的输出特性曲线及分区

如果在制造中将衬底改为 N 型半导体，漏区和源区改为高掺杂的 P^+ 型半导体，即可构成 P 沟道 MOS 管。P 沟道 MOS 管也有增强型和耗尽型之分，其工作原理的分析步骤与上述分析类似。

1.3.9　MOS 管的使用注意事项

MOS 管在使用中需要注意的事项如下。

（1）在 MOS 管中，有的产品将衬底引出（即 MOS 管有 4 个引脚），以便使用者视电路需求而任意选择源极。当 MOS 管采用 P 型衬底时，源极和衬底的连接点应接栅源电压的低电位，即保证 $U_{GS}>0V$；采用 N 型衬底时，源极和衬底的连接点应接高电位，以保证 $U_{GS}<0V$。但在特殊电路中，当源极的电位很高或很低时，为了减轻源极与衬底间电压对 MOS 管导电性能的影响，可将源极与衬底连在一起。实际上，大多数场效应管产品出厂时已经把衬底与源极连在一起了。

（2）当衬底和源极未连在一起时，场效应管的漏极和源极可以互换使用，互换后其伏安

特性不会发生明显变化。若 MOS 管在出厂时已将源极和衬底连在一起，则 MOS 管的源极与漏极就不能再互换使用，这一点在使用时必须加以注意。

（3）场效应管的栅源电压不能接反，但可以在开路状态下保存。要特别注意可能出现栅极感应电压过高而造成绝缘层击穿的问题。由于 MOS 管的输入电阻很高，使得栅极的感应电荷不易泄放，在外界电压影响下，极易导致在栅极中产生很高的感应电压，从而造成 MOS 管击穿事故。所以，MOS 管在不使用时应避免栅极悬空及减少外界感应，在储存时务必将 MOS 管的 3 个电极短接。

（4）当把 MOS 管焊到电路中或从电路板上取下时，应先用导线将各电极绕在一起。所用电烙铁必须有外接地线，以屏蔽交流电场，防止损坏 MOS 管。特别是焊接 MOS 管时，最好断电后利用其余热焊接。

任务实施　检测并判断三极管的极性及好坏

通过此任务实施，学生应学会检测三极管的好坏和估算三极管电流放大倍数的方法，学会用晶体管图示仪观察其输出特性以判断其电流放大能力及三极管的特性好坏。

用万用表测试三极管的方法如下。

（1）判断三极管的类型和基极

选用万用表欧姆挡的"×100"挡位或"×1k"挡位，红表笔所连接的是万用表内部电池的负极（即万用表表头的正极），黑表笔连接的是万用表内部电池的正极（即万用表表头的负极）。先用黑表笔与假设为基极的引脚相接触，红表笔接触另外两个引脚，观察万用表指针偏转情况。如此重复上述步骤测 3 次，其中必有一次万用表指针偏转角度都很大（或都很小）的情况，对应黑表笔（或红表笔）接触的电极就是基极，且三极管是 NPN 型（或 PNP 型）的。

原理：根据 PN 结的单向导电性，如果黑表笔接触的恰好为基极，则在红表笔与另外两极相接触时指针必定摆动都很大（或基本不动），此时说明两个 PN 结均处于导通（或截止）状态。由于黑表笔与电源正极相连，所以两个 PN 结应是正偏（或反偏），此时可判断出管子结构为 NPN 型（或 PNP 型），而与黑表笔（或红表笔）相连的电极为基极。

（2）判断集电极和发射极

选用万用表欧姆挡的"×100"挡位或"×1k"挡位，电路连接如图 1.32 所示。

让万用表的黑表笔与假设的集电极相接触，红表笔与假设的发射极相接触，而用人体电阻代替基极偏置电阻 R_B。注意两只手不能相碰，一只手捏住三极管的基极，另一只手与假设的集电极接触，观察万用表的指针偏转情况。接下来把红、黑表笔的位置互换，两只手仍然是一只手捏住基极，另一只手与黑表笔连接的电极相接触，再观察万用表指针的偏转情况。最后判定万用表指针偏转较大的假设电极是正确的。

图 1.32　用万用表检测三极管的电路连接

原理：利用三极管的电流放大原理。三极管的集电区和发射区虽然同为 N 型半导体（或 P 型半导体），但由于掺杂浓度不同和结面积不同，使用中是不能互换的，如果把集电极当作

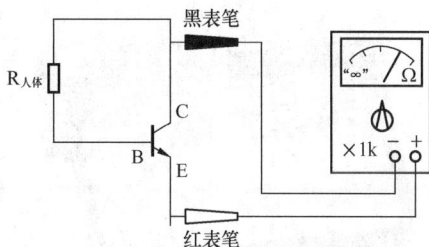

发射极使用，三极管的电流放大能力将大大减弱。因此，只有三极管发射极和集电极判断正确的情况下，连接测试时的 β 值较大（指针偏转大）；如果假设错误，β 值将小得多（指针偏转较小）。

思考与问题

1. BJT 的发射极和集电极是否可以互换使用？为什么？

2. BJT 在输出特性曲线的饱和区工作时，其电流放大系数是否也等于 β 值？

3. 使用 BJT 时，只要：①集电极电流超过 I_{CM} 值；②耗散功率超过 P_{CM} 值；③集电极-发射极电压超过 $U_{(BR)CEO}$ 值，三极管就必然损坏。上述说法哪个是对的？

4. 用万用表测量某些 BJT 的管压降得到下列几组数据，这些管子是 NPN 型还是 PNP 型？是硅管还是锗管？它们各工作在什么区域？

① $U_{BE} = 0.7V$，$U_{CE} = 0.3V$；

② $U_{BE} = 0.7V$，$U_{CE} = 4V$；

③ $U_{BE} = 0V$，$U_{CE} = 4V$；

④ $U_{BE} = -0.2V$，$U_{CE} = -0.3V$；

⑤ $U_{BE} = 0V$，$U_{CE} = -4V$。

5. BJT 和场效应管的导电机理有什么不同？为什么称 BJT 为电流控制型器件，场效应管为电压控制型器件？

6. U_{GS} 为何值时，增强型 N 沟道 MOS 管导通？U_{GD} 为何值时，漏极电流表现出恒流特性？

7. BJT 和场效应管的输入电阻有何不同？

8. 场效应管在不使用时，应注意避免什么问题？否则会出现何种事故？

9. 为什么说场效应管的热稳定性比 BJT 的热稳定性好？

项目实训　常用电子仪器的使用

1. 实训指导

（1）函数信号发生器

函数信号发生器产品类型很多，各实验室所使用的型号也各不相同。函数信号发生器是电子线路的常用仪器，如图 1.33 所示。

不论什么型号的函数信号发生器，通常都能产生正弦波、方波、三角波等几种不同的波形信号。

函数信号发生器产生的信号频率一般都能在 0.2Hz～1MHz 甚至更高频率的范围任意调节，型号不同的函数信号发生器频率调节的方法各不相同，应根据各实验室所购产品的说明书进行频率调节。

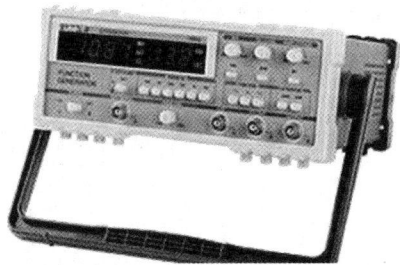
图 1.33　函数信号发生器

函数信号发生器输出信号的幅度（电压峰峰值）通常可调范围为 10mV～10V（50Ω）、20mV～20V（1MΩ），一般可以用电子毫伏表连接函数信号发生器的输出数据端子进行测量和调节，电子毫伏表测量数据为信号的有效值。

总之，函数信号发生器可为电子实验电路提供一定波形、一定频率和一定幅度的输入信号。

（2）电子毫伏表简介

图 1.34 所示为双路电子毫伏表，其是一种用于测量频率范围较宽的电子线路电压有效值的仪器。它具有输入阻抗高、灵敏度高和测量频率宽等优点，也是电子线路测量中的常用仪器。

电子线路测量技术中之所以使用电子毫伏表而不用普通电压表，是因为普通电压表只能测量工频交流电，而对于电子线路频率范围很宽的电压有效值，测量时会出现很大的误差。即普通电压表受频率影响，而电子毫伏表则对宽频率的电子线路电压有效值进行测量时，不受其影响。

通常电子毫伏表的频率响应范围为 10Hz ~ 1MHz；测量范围为 3mV ~ 300V；精度可达到 ±3%。

（3）双踪示波器

双踪示波器是一种带宽从直流（0Hz）至交流（20MHz）的便携式常用电子仪器，其产品外形如图 1.35 所示。

图 1.34　双路电子毫伏表　　　　图 1.35　双踪示波器产品外形

双踪示波器不能产生信号，但是能够对信号踪迹进行合理、准确的显示。双踪示波器可以同时显示实验电路中的输入、输出两个信号波形的踪迹，通过周期挡位可以合理选择信号显示的宽度；通过幅度挡位可以合理选择信号显示的高度，并且从挡位选择上正确读出信号的周期和幅度。

2. 实训步骤

① 认识实验台的布置及函数信号发生器、电子毫伏表、双踪示波器等常用电子仪器，熟悉其面板布置。

② 将函数信号发生器与电源连通。根据产品说明书按实训要求调出一定波形、一定频率、一定幅度的信号波。

③ 把电子毫伏表与电源相连接。选择合适的挡位，对函数信号发生器产生的信号波进行测量，调节函数信号发生器，直到使信号幅度满足实训要求的信号有效值为止。

④ 将双踪示波器与实验台电源相接通，把双踪示波器探针与双踪示波器内置电源引出端相连，观察屏幕上内置电源的波形（方波）。屏幕上横向方格指示的是波形的周期，内置电源周期为 1ms；屏幕上纵向方格指示的是内置电源电压的幅度值，内置电源电压的峰峰值为 2V。如屏幕上方波的波形显示与内置电源的相等，则表示双踪示波器可以正常使用；如指示

值与实际值有差别，应请指导教师帮助查找原因。

⑤ 按照信号的频率选择合适的周期挡位，按照信号的有效值选择合适的幅度挡位。让双踪示波器的某一踪与信号接通，观察双踪示波器中显示的信号踪迹，并根据挡位读出信号的周期和幅度。

⑥ 调节函数信号发生器产生波形的输出频率时，应以频率数码管的数值为基本依据，分别调节出符合要求的频率值（见表1.1）。

⑦ 分析实训数据的合理性，然后让指导教师审阅，合格后实验结束，断开电源、拆卸连接导线、设备复位。

3. 思考题

① 实训中为什么要用电子毫伏表来测量电子线路中的电压？为什么不能用万用表的电压挡或交流电压表来测量？

② 用双踪示波器观察波形时，要实现相关操作（移动波形位置，改变周期格数，改变显示幅度，测量直流电压），应调节哪些旋钮？

4. 实训数据记录

常用电子仪器使用的测量数据见表1.1。

表1.1 常用电子仪器使用的测量数据

电子毫伏表读出的电压/V	0.5	2.0	0.1
函数信号发生器产生的信号频率/Hz	500	1000	1500
双踪示波器 "VOLT/div" 挡位值×峰峰值波形格数			
电压峰峰值读数 U_{p-p}/V			
根据双踪示波器显示波形计算出的电压有效值/V			
双踪示波器 "TIME/div" 挡位值×周期格数			
信号周期 T 值/ms			
信号频率（$f=1/T$）/Hz			

项目小结

1. 根据导电性能的好坏，自然界物质可分为导体、绝缘体和半导体。半导体具有的独特性能是热敏性、光敏性和掺杂性。不含杂质的纯净半导体称为本征半导体；在本征半导体中掺入 $1/10^6$ 的三价或五价杂质元素后形成的半导体晶格称为杂质半导体。采用不同的掺杂工艺，通过扩散作用，将 P 型半导体与 N 型半导体制作在同一块半导体基片上，在它们的交界处形成的空间电荷区称为 PN 结，PN 结具有单向导电性以及存在反向击穿问题。

2. 根据结构差异，二极管可分为点接触型、面接触型和平面型 3 种类型。二极管的伏安特性曲线通常分为 4 个区：死区、正向导通区、反向截止区和反向击穿区。特殊二极管有稳压二极管、光电二极管、发光二极管、变容二极管、激光二极管等。

3. 由两个背靠背的 PN 结构成的半导体器件称为 BJT。BJT 可分为 PNP 型和 NPN 型两种结构，无论哪种结构，均具有 3 个区：基区、集电区和发射区。3 个铝电极：基极、集电极和发射极。两个结：集电结和发射结。当基区注入少量电流时，发射区和集电区之间就会形成较大电流，即 BJT 具有电流放大作用。BJT 是电流控制型器件，输入特性与二极管的正向特性类似，输出特性曲线划分为放大、饱和和截止 3 个区。

4. 金属-氧化物-半导体场效应管简称为 MOS 管，MOS 管分为 N 沟道和 P 沟道两类，MOS 管的两个高掺杂区一样，即使对调也不会影响器件的性能。MOS 管为电压控制型器件，一般电子电路中，MOS 管通常被用于放大电路或开关电路。

项目自测题（共 100 分，120 分钟）

一、填空题（每空 0.5 分，共 16 分）

1. N 型半导体是在本征半导体中掺入极微量的_____价元素组成的。这种半导体内的多数载流子是_____，少数载流子是_____，定域杂质离子带_____电。

2. 双极型三极管内部有_____区、_____区和_____区，有_____结和_____结及向外引出的_____极、_____极和_____极 3 个铝电极。

3. 因 PN 结具有_____性，当 PN 结正向偏置时，内、外电场方向_____，PN 结反向偏置时，内、外电场方向_____。

4. 二极管的伏安特性曲线可划分为 4 个区，分别是_____区、_____区、_____区和_____区。

5. 用指针式万用表检测二极管极性时，需选用欧姆挡的_____挡位。检测中若指针偏转角度较大，可判断与红表笔相接触的电极是二极管的_____极；与黑表笔相接触的电极是二极管的_____极。检测二极管好坏时，若两表笔位置调换前后万用表指针偏转角度都很大，说明二极管已经被_____；两表笔位置调换前后万用表指针偏转角度都很小，说明二极管已经_____。

6. BJT 由于两种载流子同时参与导电因此称为双极型三极管，属于_____控制型器件；FET 由于只有多数载流子一种载流子参与导电而称为单极型三极管，属于_____控制型器件。

7. 当温度升高时，二极管的正向电压_____，反向电压_____。

8. 稳压二极管正常工作在_____区；发光二极管正常工作在_____区；光电二极管正常工作在_____区；变容二极管正常工作在_____区。

二、判断题（每小题 1 分，共 10 分）

1. P 型半导体中的定域杂质离子呈负电性，说明 P 型半导体带负电。（　　）

2. 双极型三极管和场效应管一样，都是两种载流子同时参与导电。（　　）

3. 用万用表测试晶体管好坏和极性时，应选择欧姆挡 "×10k" 挡位。（　　）

4. 温度升高时，本征半导体内自由电子和空穴数量都增多，且增量相等。（　　）

5. 无论任何情况下，三极管都具有电流放大能力。（　　）

6. 只要在二极管两端加正向电压，二极管就一定会导通。（　　）

7. 二极管只要工作在反向击穿区，一定会被击穿而造成永久损坏。（　　）

8. 在 N 型半导体中如果掺入足够量的三价元素，可变成 P 型半导体。（　　）

9. 双极型三极管的集电极和发射极类型相同，因此可以互换使用。（　　）

10. MOS 管形成导电沟道时，总有两种载流子同时参与导电。（　　）

三、单项选择题（每小题 2 分，共 20 分）

1. 单极型半导体器件是（　　）。
　　A. 半导体二极管　　B. 双极型三极管　　C. 场效应管　　D. 稳压二极管

2. P 型半导体是在本征半导体中加入微量的（　　）元素构成的。
　　A. 三价　　B. 四价　　C. 五价　　D. 六价

3. 在杂质半导体中，多子的浓度主要取决于（　　）。
　　A. 温度　　B. 掺杂浓度　　C. 掺杂工艺　　D. 晶体缺陷

4. 稳压二极管的正常工作区是（　　）。
　　A. 死区　　B. 正向导通区　　C. 反向截止区　　D. 反向击穿区

5. PN 结两端加正向电压时，其正向电流是由（　　）而形成的。
　　A. 多子扩散　　B. 少子扩散　　C. 多子漂移　　D. 少子漂移

6. 测得 NPN 型三极管上各电极对地电位分别为 $V_E = 2.1V$、$V_B = 2.8V$、$V_C = 4.4V$，说明此三极管处在（　　）。
　　A. 放大区　　B. 饱和区　　C. 截止区　　D. 反向击穿区

7. 绝缘栅型场效应管的输入电流（　　）。
　　A. 较大　　B. 较小　　C. 为零　　D. 无法判断

8. 当 PN 结未加外部电压时，扩散电流（　　）漂移电流。
　　A. 大于　　B. 小于　　C. 等于　　D. 负于

9. 三极管超过（　　）的极限参数时，必定损坏。
　　A. 集电极最大允许电流 I_{CM}
　　B. 集电极-发射极反向击穿电压 $U_{(BR)CEO}$
　　C. 集电极最大允许耗散功率 P_{CM}
　　D. 管子的电流放大倍数

10. 若使三极管具有电流放大能力，必须满足的外部条件是（　　）。
　　A. 发射结正偏、集电结正偏　　B. 发射结反偏、集电结反偏
　　C. 发射结正偏、集电结反偏　　D. 发射结反偏、集电结正偏

四、简答题（每小题 3 分，共 18 分）

1. N 型半导体中的多子是带负电的自由电子载流子，P 型半导体中的多子是带正电的空穴载流子，因此说 N 型半导体带负电，P 型半导体带正电。上述说法对吗？为什么？

2. 某人用测电位的方法测出三极管 3 个引脚的对地电位，分别为引脚①12V、引脚②3V、引脚③3.7V，试判断管子的类型以及各引脚所属电极。

3. 齐纳击穿和雪崩击穿能否造成二极管的永久损坏？为什么？

4. 如图 1.36 所示，已知输入电压 $u_i = 10\sin(\omega t)$V，设二极管 VD 为理想二极管，试画出输入电压 u_i 的波形并在输入波形的基础上画出输出电压 u_o 的波形。

5. 二极管由一个 PN 结构成，三极管则由两个 PN 结构成。那么，能否将两个二极管背靠背地连接在一起构成一个三极管？说说为什么。

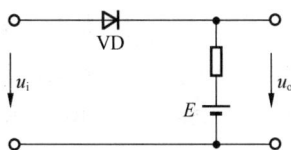

图 1.36　简答题 4 电路

6. 有 A、B、C 3 个二极管，测得它们的反向电流分别是 2μA、0.5μA 和 5μA，在外加相同的电压时，电流分别是 10mA、30mA 和 15mA。比较而言，哪个二极管的性能最好？

五、计算题（每小题 6 分，共 36 分）

1. 图 1.37 所示为三极管的输出特性曲线，试指出各区域名称并根据所给出的参数进行分析计算。

（1）$U_{CE}=3V$，$I_B=60\mu A$，I_C 为多少？

（2）$I_C=4mA$，$U_{CE}=4V$，I_{CB} 为多少？

（3）$U_{CE}=3V$，$I_B=40\sim60\mu A$，β 为多少？

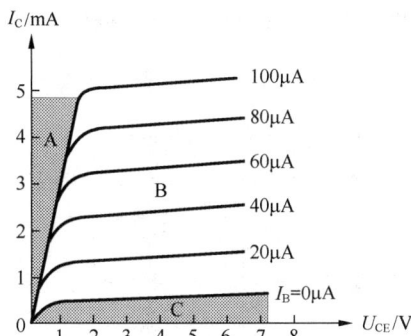

图 1.37　计算题 1 输出特性曲线

2. 已知 NPN 型三极管的输入、输出特性曲线如图 1.38 所示，根据给出的参数进行分析计算。

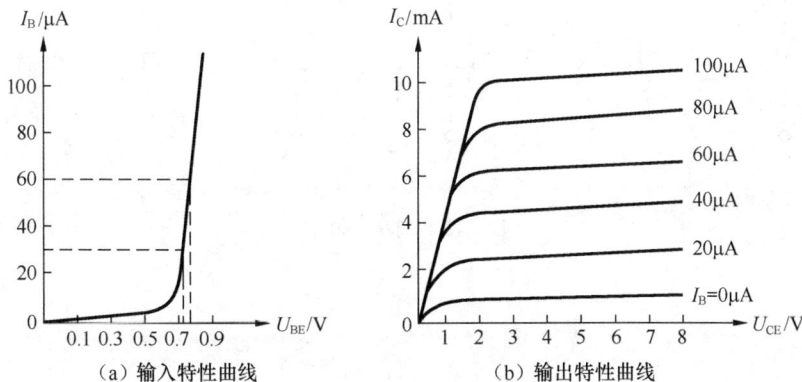

（a）输入特性曲线　　　　（b）输出特性曲线

图 1.38　计算题 2 特性曲线

（1）$U_{BE}=0.7V$，$U_{CE}=6V$，I_C 为多少？

（2）$I_B=50\mu A$，$U_{CE}=5V$，I_C 为多少？

（3）U_{CE}=6V，U_{BE} 从 0.7V 变到 0.75V 时，求 I_B 和 I_C 的变化量，此时的 β 为多少？

3. 利用稳压二极管组成的稳压电路如图 1.39 所示，其中 R_1 是限流电阻，R_L 是负载电阻，稳压二极管 VD_Z 的稳压值为 8V，稳流值 I_Z = 5mA，I_{Zmin} = 2mA，P_{Zm} = 240mW，分析稳压二极管能否正常工作。

4. 稳压二极管稳压电路如图 1.40 所示。已知稳压二极管的稳定电压 U_Z = 6V，最小稳定电流为 I_{Zmin}=5mA，最大耗散功率 P_{Zm} = 150mW，求电路中限流电阻值 R 的取值范围。

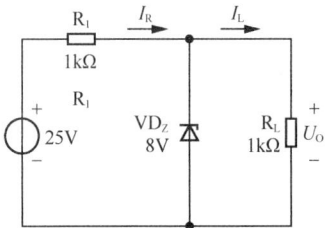

图 1.39　计算题 3 电路　　　　　　　图 1.40　计算题 4 电路

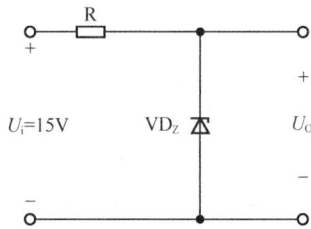

5. 由理想二极管组成的电路如图 1.41 所示，试求各电压 U 及电流 I 的大小。

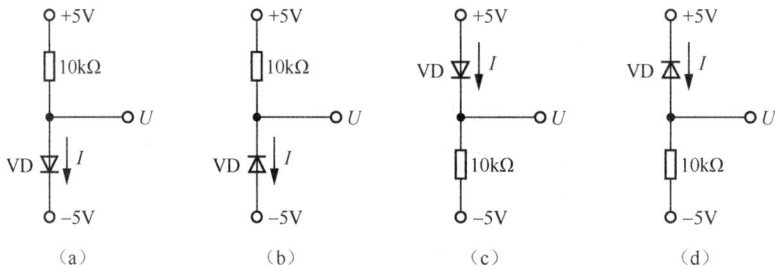

图 1.41　计算题 5 电路

6. 三极管的各极电位如图 1.42 所示，试判断各管的工作状态（截止、放大或饱和）。

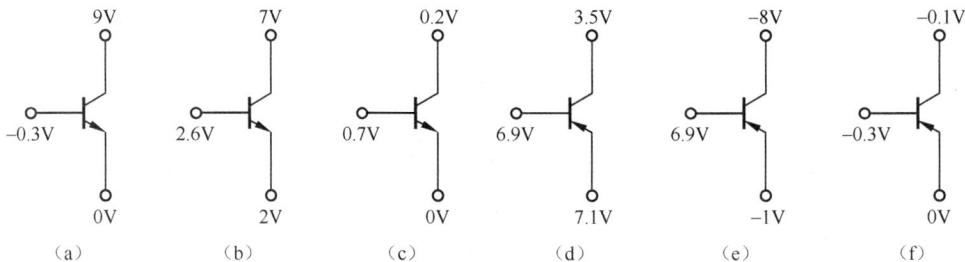

图 1.42　计算题 6 电路

项目 2

认识各种类型的放大电路

实际生活中，我们经常会把一些微弱的信号放大到便于测量和利用的程度，这就要用到放大电路。放大电路亦称为放大器，是使用最为广泛的电子电路之一，也是构成其他电子电路的基础单元电路。

放大电路的类型多种多样，按器件分，可分为电子管放大电路、晶体管分立元件放大电路、集成放大电路；按输入信号分，可分为直流放大电路和交流放大电路；按耦合方式分，可分为电容耦合放大电路、变压器耦合放大电路、直接耦合放大电路及光耦合放大电路等；按信号频率分，可分为高频放大电路、中频放大电路和低频放大电路；按输出分，又可分为电压放大器、电流放大器和功率放大器；按通频带分，可分有宽带放大电路和窄带放大电路；按电路形式分，可分有单管放大电路、推挽放大电路、差分放大电路等；按工作点分，还可分为甲类放大电路、乙类放大电路、甲乙类放大电路等。

放大电路是构成各种复杂放大电路和线性集成电路的基本单元，无论是日常使用的收音机、电视机，还是精密的测量仪器、复杂的自动控制系统，其中都有各种各样的放大电路。在这些电子设备中，常常需要将天线接收到的或是从传感器得到的微弱电信号加以放大，以便推动喇叭或测量装置的执行机构工作。因此，"放大"是模拟电路讨论的重点，放大电路的基础就是能量转换。

本项目向读者介绍的基本放大电路知识，是进一步学习电子技术的重要基础，必须予以高度重视。本书中双极型三极管简称为三极管，单极型三极管简称为场效应管，它们统称为"晶体管"。

学 习 目 标

【知识目标】

了解基本放大电路的组成原则以及放大电路各部分的作用；理解单管放大电路的工作原理；熟悉放大电路静态分析的图解法；掌握放大电路静态分析的估算法；充分理解动态情况

下放大电路的微变等效电路并掌握微变等效电路分析法；理解功放电路的技术要求，掌握交越失真、零漂、差模信号、共模信号等相关概念，熟悉功放电路和差动放大电路中的分析方法；理解放大电路中反馈的概念，掌握放大电路负反馈类型的判别方法及负反馈对放大电路性能的影响。

【技能目标】

具有运用实验法对共发射极放大电路、共集电极放大电路进行静态分析和动态分析的实验技能和正确分析实验数据的基本技能。

【素质目标】

注重培养创新意识；具备独立思考的能力和举一反三的思维习惯；学会正确的归纳总结方法。

任务 2.1　认识基本放大电路

提出问题

基本放大电路的组成原则是什么？如何理解放大电路的工作原理？什么是放大电路静态分析的估算法？如何理解放大电路的动态分析法？什么是微变等效电路，它有何作用？

知识准备

基本放大电路通常指单管的电压放大器，其输入电阻很低，一般只有几欧到几十欧，但其输出电阻很高。基本放大电路不但可以放大交流信号，也可以放大直流信号和变化非常缓慢的信号，且信号传输效率很高，具有结构简单、便于集成化等优点。

2.1.1　基本放大电路的组态及组成原则

基本放大电路一般指由一个晶体管组成的放大电路。放大电路的功能是利用晶体管的控制作用，把输入的微弱电信号不失真地放大为所需数值，实现将直流电源的能量部分转化为按输入信号规律变化且有较大能量的输出信号。放大电路实质是用较小能量去控制较大能量的一种能量转换装置。

1. 基本放大电路的组态

电子技术以晶体管为核心元件，利用晶体管的以小控大作用，可组成各种形式的放大电路。基本放大电路共有3种组态：共发射极放大电路（简称为共射放大电路）、共集电极放大电路和共基极放大电路，如图2.1所示。

无论基本放大电路为何种组态，构成电路的主要目的都相同，即让输入的微弱电信号通过放大电路后，输出信号幅度显著增强。

需要理解的是，输入的微弱电信号通过放大电路，输出时幅度得到较大增强，并非只源于晶体管的电流放大作用。晶体管的电流放大作用需要能量的支撑，晶体管只是把放大电路中直流电源提供的能量转换成信号能量，实现对能量的控制。因此，放大电路组成的原则是：

首先，必须有提供放大能量的直流电源，其设置应保证晶体管工作在线性放大状态；其次，放大电路中各元件的参数和安排，需保证被传输信号能够从放大电路的输入端尽量不衰减地输入，在信号传输过程中不发生失真；最后，信号经放大电路输出端放大输出，满足放大电路性能指标的要求。

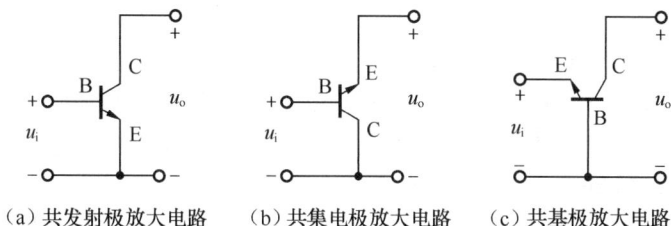

（a）共发射极放大电路　　（b）共集电极放大电路　　（c）共基极放大电路

图 2.1　基本放大电路的 3 种组态

2. 放大电路的组成原则

放大电路的组成原则如下。

① 保证放大电路的核心元件晶体管工作在放大状态，即发射结正偏、集电结反偏。

② 输入回路的设置应当使输入信号耦合到晶体管的输入电极，形成变化的基极电流 i_B，进而产生晶体管的电流控制关系，使集电极电流 $i_C = \beta i_B$。

③ 输出回路的设置应当保证晶体管放大后的电流信号能够转换成负载需要的电压形式。

④ 信号通过放大电路时不允许出现失真。

2.1.2　共射放大电路的组成

图 2.2（a）所示为双电源单管共射放大电路。实际应用中通常采用单电源供电方式，单电源单管共射放大电路如图 2.2（b）所示。

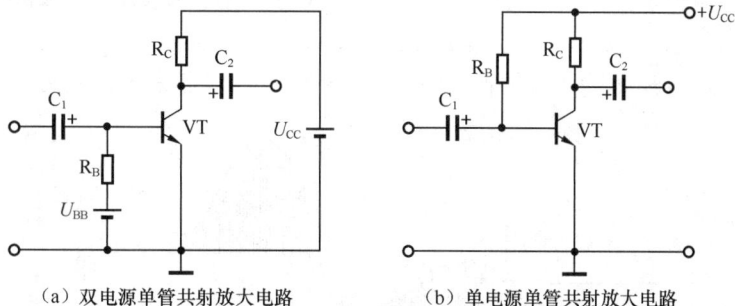

放大电路的组成
及各部分功能

（a）双电源单管共射放大电路　　　　（b）单电源单管共射放大电路

图 2.2　基极固定偏置电阻单管共射放大电路

基极固定偏置电阻单管共射放大电路的各个元器件作用如下。

1. 晶体管 VT

晶体管 VT 是放大电路的核心元件。利用晶体管基极小电流控制集电极较大电流的作用，使输入的微弱电信号通过集电极电源 U_{CC} 提供的能量，在放大电路的输出端成为一个幅度增强的电信号。

2. 集电极电源 U_{CC}

集电极电源 U_{CC} 的作用有两个：一是为放大电路提供能量；二是保证晶体管的发射结正

偏、集电结反偏。交流信号下的 U_{CC} 呈交流接地状态，数值一般为几伏至几十伏。

3. 集电极电阻 R_C

集电极电阻 R_C 的阻值一般为几千欧到几十千欧。其作用是将集电极的电流变化转换成晶体管集电极、发射极之间的电压变化，以满足放大电路负载上需要的电压放大要求。

4. 固定偏置电阻 R_B

放大电路的集电极电源 U_{CC} 通过 R_B 可产生一个直流量 I_B，作为输入电信号 i_b 的载体，使 i_b 能够不失真地通过晶体管进行放大和传输。电阻 R_B 的阻值一般为几十千欧至几百千欧，主要作用是保证晶体管的发射结处于正偏。

5. 耦合电容 C_1 和 C_2

C_1 和 C_2 在电路中的作用是"通交隔直"。电容的容抗 X_C 与频率 f 为反比关系，因此在直流情况下，电容相当于开路，使放大电路与信号源、负载之间可靠隔离；在电容量足够大的情况下，耦合电容对规定频率范围内的交流输入信号呈现的容抗极小，可视为短路，从而使交流信号无衰减地通过。实际应用中 C_1 和 C_2 均选择容量较大、体积较小的电解电容，电容值一般为几微法至几十微法。放大电路连接电解电容时，必须注意电解电容的极性不能接错。

6. 电源与参考点

放大电路中的公共端用"⊥"号标出，作为电路的参考点。在单电源供电方式中，根据电子电路的习惯画法，U_{CC} 改用 $+V_{CC}$ 表示电源正极的电位。

2.1.3 共射放大电路的工作原理

放大电路内部实际上是一个交流、直流共存的电路。

放大电路中，各电压和电流的直流分量及其注脚均采用大写英文字母表示；交流分量及其注脚均采用小写英文字母表示；而交直流叠加量采用英文小写字母表示，注脚采用大写英文字母表示。如基极电流的直流分量用 I_B 表示；交流分量用 i_b 表示；交直流叠加量用 i_B 表示。

以图 2.3 所示的固定偏置电阻单管共射电压放大器为例，说明放大电路的工作原理。

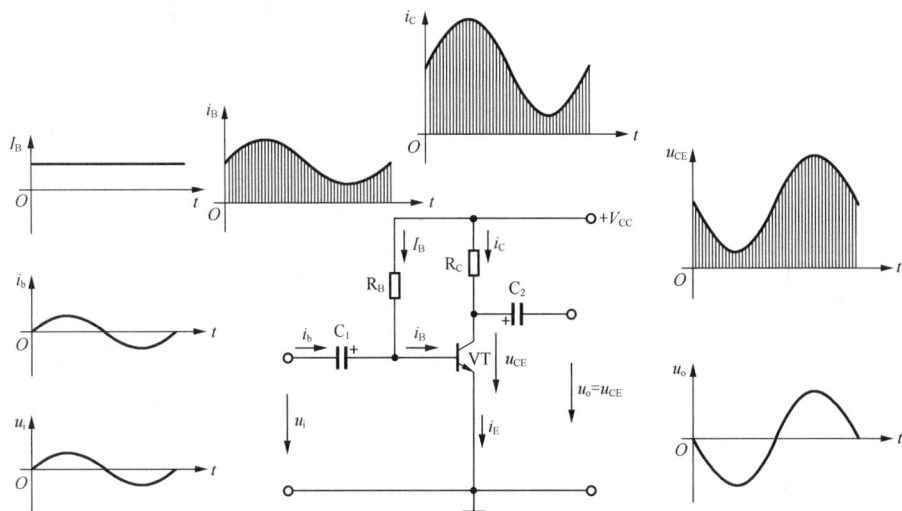

图 2.3 固定偏置电阻单管共射电压放大器放大电路的工作原理

交流信号源电压 u_i 加到放大电路输入端时，通过耦合电容 C_1 进入放大电路，转换成交流小信号电流 i_b，叠加在 I_B（直流电源+V_{CC} 在 R_B 上产生的直流载波电流）上成为随信号源变化的晶体管基极小电流 i_B。根据晶体管的以小控大作用，交直流叠加量 i_B 使晶体管集电极电流 i_C 按 βi_B 增大，通过电阻 R_C 时产生压降 $i_C R_C$。这时，集电极与发射极之间的交直流叠加量 $u_{CE}=V_{CC}-i_C R_C$。V_{CC} 不变，因此当 i_C 增大时，u_{CE} 就减小；i_C 减小时，u_{CE} 就增大。即 u_{CE} 的变化与 i_C 相反，这也正是 u_{CE} 与 i_C 反相的原因。在放大电路的输出端，交直流叠加量 u_{CE} 中的直流分量被耦合电容 C_2 滤掉，经 C_2 耦合传送到输出端的交流量成为输出电压 u_o。若电路中各元件的参数选取适当，u_o 的幅度将比 u_i 的幅度大很多，即小信号 u_i 被放大了。

显然，电路在对输入信号进行放大的过程中，无论是晶体管的输入信号电流、放大后的集电极电流还是晶体管的输出电压，都是交直流叠加量。最后经耦合电容 C_2 才滤掉直流量，从放大电路输出端提取的是放大后的交流信号电压。因此，在分析放大电路时，可以采用将交流量与直流量分开的办法，对放大电路的交流通道和直流通道分别进行分析、讨论。

2.1.4　放大电路静态分析的估算法

静态是指输入信号 $u_i=0V$ 时，仅在直流电源作用下放大电路中各电压、电流的情况。

由于耦合电容 C_1、C_2 具有通交隔直作用，因此静态时相当于开路。

静态下，晶体管各电极的电流和各电极间的电压分别用 I_{BQ}、I_{CQ}、U_{BEQ} 和 U_{CEQ} 表示，这些数据在描述放大电路特性的曲线中所对应的点称为静态工作点，用 "Q" 表示。

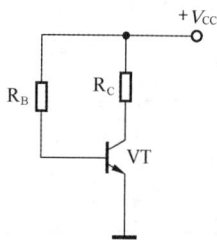

由此，可知图 2.3 所示的固定偏置的共射放大电路的直流通道如图 2.4 所示。

根据图 2.4 所示，我们可用直流分析法求出固定偏置电阻单管共射放大电路的静态工作点 Q 的相关参数为

$$I_{BQ}=\frac{V_{CC}-U_{BEQ}}{R_B}$$

$$I_{CQ}=\beta I_{BQ}$$

$$U_{CEQ}=V_{CC}-I_{CQ}R_C \qquad (2.1)$$

图 2.4　固定偏置的共射放大电路的直流通道

【例2.1】已知图2.3所示的放大电路中 $V_{CC}=10V$、$R_B=250k\Omega$、$R_C=3k\Omega$、$\beta=50$、$U_{BEQ}=0.7V$，试求该放大电路的静态工作点 Q。

【解】画出电路静态时的直流通道，如图2.4所示。利用式（2.1）可求得

$$I_{BQ}=\frac{V_{CC}-U_{BEQ}}{R_B}=\frac{(10-0.7)V}{250\times10^3\Omega}=37.2\mu A$$

$$I_{CQ}=\beta I_{BQ}=50\times37.2\mu A=1.86mA$$

$$U_{CEQ}=V_{CC}-I_{CQ}R_C$$

$$=(10-1.86\times10^{-3}\times3\times10^3)V=4.42V$$

以上 I_{BQ}、I_{CQ}、U_{CEQ} 在晶体管输出特性曲线上的交点即静态工作点 Q。

固定偏置的
共射放大电路
静态分析

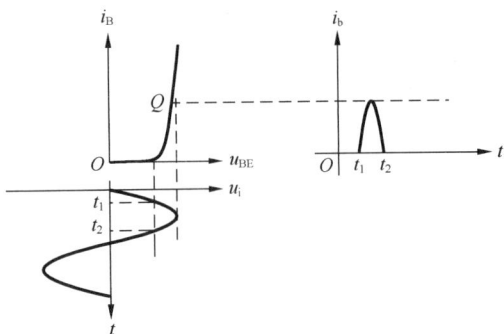

图 2.5 设置静态工作点的必要性分析

问题：为什么要设置静态工作点？

分析：如果不设置静态工作点，当输入小信号是交变的正弦量时，信号中小于和等于晶体管截止区电压的部分就不可能通过晶体管进行放大，由此造成信号传输过程中的严重失真，如图 2.5 所示。

为保证传输信号不失真地输入放大器并得到放大，必须在放大电路中设置一个合适的静态工作点。

2.1.5 分压式偏置的共射放大电路

1．电路组成

固定偏置电阻单管共射放大电路存在很大的缺点：当晶体管所处工作环境温度升高时，晶体管内部载流子运动加剧，温度 $T\uparrow \to Q\uparrow \to I_C\uparrow \to U_{CE}\downarrow \to V_C\downarrow$。当 $V_C < V_B$ 时，集电结将正偏，导致电路发生饱和失真。

为保证信号在传输过程中不受温度的影响，需要对固定偏置的共射放大电路进行改造。实际应用中一般采用分压式偏置的共射放大电路，如图 2.6 所示。

该电路通过负反馈环节能够有效地抑制温度对静态工作点产生的影响。

分压式偏置的共射放大电路与固定偏置的共射放大电路相比，基极由一个固定偏置电阻改接为两个分压式偏置电阻。这种设置需满足 $I_1 \approx I_2$ 的小信号条件。

在满足 $I_1 \approx I_2 \gg I_B$ 的小信号条件下，实际模拟电子线路中，设计流过 R_{B1} 和 R_{B2} 支路的电流远大于基极电流 I_B，因此可近似把 R_{B1} 和 R_{B2} 视为串联电阻。串联电阻可以分压，根据分压公式可确定晶体管的基极电位为

图 2.6 分压式偏置的共射放大电路

$$V_B \approx \frac{V_{CC}}{R_{B1} + R_{B2}} R_{B2} \qquad (2.2)$$

从式（2.2）可知，基极电位 V_B 与晶体管的参数无关：当温度发生变化时，只要 V_{CC}、R_{B1} 和 R_{B2} 固定不变，V_B 值就是确定的，不会受温度变化的影响。

分压式偏置的共射放大电路中，在发射极上串入一个反馈电阻 R_E 和一个射极旁路电容 C_E 的并联组合，其目的是稳定静态工作点。

以图 2.6 所示分压式偏置的共射放大电路为例进行分析。

当集电极电流 I_C 随温度升高而增大时，射极反馈电阻 R_E 上通过的电流 I_E 相应增大，使晶体管发射极对地电位 V_E 升高，因基极电位 V_B 基本不变，故晶体管的输入电压 $U_{BE} = V_B - V_E$ 减小。由晶体管输入特性曲线可知，U_{BE} 的减小必然引起基极电流 I_B 的减小，根据晶体管的电流控制原理，集电极电流 I_C 也将随之减小。

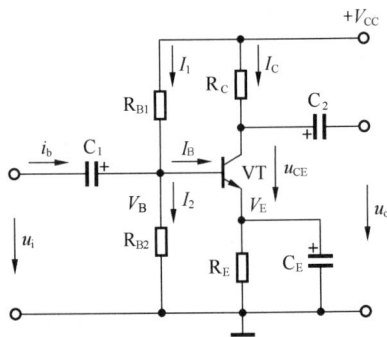

电路中的调节过程可归纳为：当环境温度变化时，$I_C\uparrow$（或↓）$\rightarrow I_E\uparrow$（或↓）$\rightarrow V_E\uparrow$（或↓）$\xrightarrow{V_B不变}U_{BE}\downarrow$（或↑）$\rightarrow I_B\downarrow$（或↑）$\rightarrow I_C\downarrow$（或↑），静态工作点 Q 基本维持不变。显然，分压式偏置的共射放大电路在温度变化时具有自调节能力，从而有效地抑制了温度变化对静态工作点造成的影响。

射极反馈电阻 R_E 的数值通常为几十欧至几千欧，它不但能够对直流信号产生负反馈作用，同样可对交流信号产生负反馈作用，从而造成电压增益下降过多。为了不使交流信号被削弱，一般在 R_E 的两端并联一个约为几十微法的较大射极旁路电容 C_E。C_E 由于本身的隔直通交作用，对直流相当于开路，静态工作点不会受到影响；对要放大的交流信号而言，R_E 被 C_E 短路，发射极可看成交流"接地"，不会影响到交流信号放大的传输。

2. 估算法求解分压式偏置的共射放大电路的静态工作点

估算静态工作点时，一般硅管净输入电压 U_{BE} 取 0.7V，锗管净输入电压 U_{BE} 取 0.3V。

分压式偏置的共射放大电路静态工作点的估算法如下。

① 应用式（2.2）求出基极电位 V_B。

② 应用式（2.3）求出静态工作点。

$$\begin{cases} I_{CQ}\approx I_{EQ}=\dfrac{V_B-U_{BE}}{R_E} \\[3mm] I_{BQ}=\dfrac{I_{CQ}}{\beta} \\[3mm] U_{CEQ}\approx V_{CC}-I_{CQ}(R_C+R_E) \end{cases} \qquad (2.3)$$

【例2.2】 估算图2.7所示电路的静态工作点。已知电路中各参数分别为 V_{CC}=12V、R_{B1}=75kΩ、R_{B2}=25kΩ、R_C=2kΩ、R_E=1kΩ、β=57.5。

【解】 首先画出放大电路的直流通路，如图2.7所示。

由式（2.2）可求得基极电位为

$$V_B\approx\frac{V_{CC}}{R_{B1}+R_{B2}}R_{B2}=\frac{12V}{(75+25)\text{k}\Omega}\times25\text{k}\Omega=3V$$

由式（2.3）可求得静态工作点为

$$I_{CQ}\approx I_{EQ}=\frac{V_B-U_{BE}}{R_E}=\frac{(3-0.7)V}{1\text{k}\Omega}=2.3\text{mA}$$

$$I_{BQ}=\frac{I_{CQ}}{\beta}=\frac{2.3\text{mA}}{57.5}=0.04\text{mA}=40\mu\text{A}$$

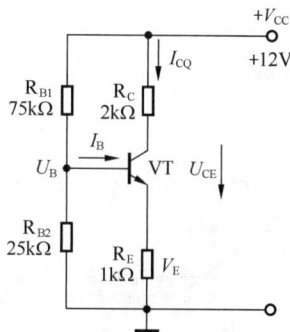

图 2.7　分压式偏置的共射放大电路的直流通路

$$U_{CEQ}\approx V_{CC}-I_{CQ}(R_C+R_E)=12V-2.3\text{mA}\cdot(2+1)\text{k}\Omega=5.1V$$

由此得出静态工作点 Q＝{40μA,2.3mA,5.1V}。

3. 图解法求解分压式偏置的共射放大电路的静态工作点

利用晶体管的输入、输出特性曲线求解静态工作点的方法称为图解法。

图解法是分析非线性电路的一种基本方法，它能直观地分析和了解静态值的变化对放大

电路的影响。图解法求解静态工作点一般有以下几步。

① 从电子手册或晶体管图示仪中查出相应晶体管的输出特性曲线。

② 在输出特性曲线上令 $I_C=0A$，得出 $U_{CE}=V_{CC}-I_CR_C=V_{CC}$ 的一个特殊点；再令 $U_{CE}=0V$，得出 $I_C=V_{CC}/R_C$ 的另一个特殊点。

③ 用直线将上述两个特殊点相连即得到直流负载线。

选择 I_{BQ} 静态值，例如 $I_{BQ}=40\mu A$，则直流负载线与 $I_{BQ}=40\mu A$ 的交点 Q 就是静态工作点。Q 在横轴及纵轴上的投影分别为 U_{CEQ} 和 I_{CQ}，如图 2.8 所示。

可见，I_{BQ} 的大小直接影响静态工作点的位置。因此，在给定的 V_{CC} 和 R_C 不变的情况下，静态工作点的合适与否取决于基极电流 I_B。

当选择 I_B 较大时，静态工作点由 Q 点沿直流负载线上移至 Q_1 点，显然 Q_1 点距离饱和区较近，因此易使信号正半周进入晶体管的饱和区而造成饱和失真。当选择 I_B 较小时，静态工作点由 Q 点沿直流负载线下移至 Q_2 点，由于 Q_2 点距离截止区较近，因此易使信号负半周进入晶体管的截止区而造成截止失真。

显然，静态工作点设置得不合适，信号会在传输和放大过程中发生饱和失真或截止失真，失真是直接影响信号传输和放大质量的严重问题，这是放大电路不允许的。为防止发生上述失真，放大电路必须设置一个合适的静态工作点，这也是放大电路保证传输质量的必要条件。

除基极电流对静态工作点有影响外，影响静态工作点的因素还有电压波动、晶体管老化和温度变化等。其中温度变化对静态工作点的影响最大。当环境温度发生变化时，几乎所有的晶体管参数都会随之改变。这些改变都会引起晶体管集电极电流 I_C 的变化：温度升高时，晶体管内部的载流子运动加剧，I_C 增大，从而导致静态工作点沿直流负载线上移，造成放大电路的饱和失真，如图 2.9 中虚线所示。

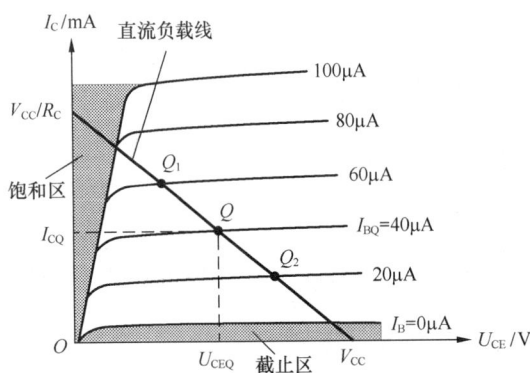

图 2.8 图解法求解静态工作点 Q

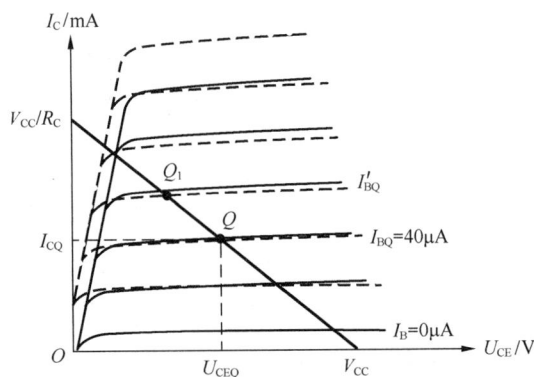

图 2.9 温度变化对静态工作点的影响

静态分析的图解法有助于加深我们对"放大"作用本质的理解。但直流通道的估算法比图解法简便，所以分析和计算静态工作点时常用估算法。

2.1.6 共射放大电路的动态分析

放大电路仅在交流输入信号作用下工作的状态称为动态。

动态分析是在静态分析的基础上进行的，动态放大电路中的电流和电压均为交流量。动态分析的对象是放大电路中各电压、电流的交流分量；动态分析的目的是找出输入电阻 r_i、输出电阻 r_o、交流电压放大倍数 A_u 与放大电路参数之间的关系。

动态分析时将图 2.10 左边所示电路的直流电源 V_{CC} 视为"交流接地"、耦合电容在交流情况下视为短路，均按"交流短路"处理，由此可获得图 2.10 右边所示的分压式偏置的共射放大电路的交流通道。

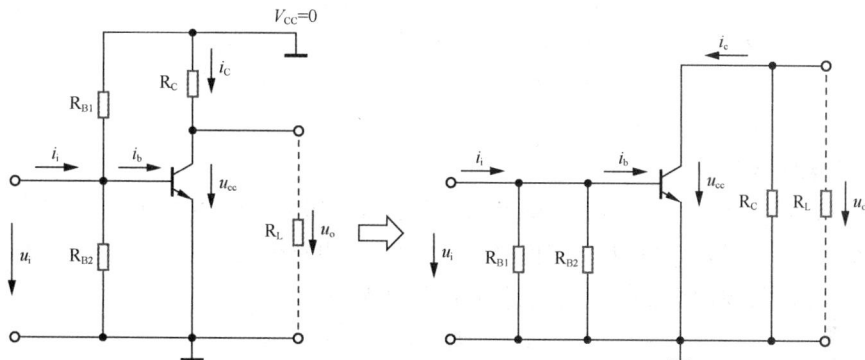

图 2.10　分压式偏置的共射放大电路的交流通道

2.1.7　微变等效电路分析法

微变等效电路分析法的基本思想：把非线性元件晶体管在小信号条件下用等效的线性模型替代，从而把非线性放大电路转化为线性放大电路，然后运用线性电路分析法对放大电路进行动态分析。

非线性元件转化为线性元件的条件是满足"小信号"条件，即输入电信号 u_i 变化范围很小，通常应小于 10mV。满足这种"微变"条件时，晶体管的特性曲线在静态工作点 Q 附近可以用直线代替。

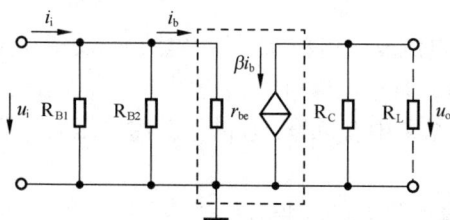

图 2.11　分压式偏置的共射放大电路的微变等效电路

分压式偏置的共射放大电路的微变等效电路如图 2.11 所示。

微变等效电路中虚线框所包围的部分是晶体管的微变等效模型。其中电阻 r_{be} 为晶体管对交流信号呈现的动态电阻，在小信号情况下，r_{be} 可视为一个常数。晶体管的动态等效电阻值 r_{be} 与静态工作点 Q 的位置有关。对低频、小功率晶体管而言，r_{be} 常用式（2.4）来估算

$$r_{be} = 300\Omega + (\beta+1)\frac{26mV}{I_E} \qquad (2.4)$$

由于晶体管的输出电流 i_c 是受基极小电流 i_b 控制的，且在放大状态下具有恒流特性，因此可以用电流控制的受控电流源来表示，受控电流源的电流值等于集电极电流 $i_c = \beta i_b$。

1. 输入电阻 r_i 的计算

放大电路的输入电阻 r_i，用来衡量放大电路对输入信号源的影响。由图 2.11 可知

$$r_{i} = \frac{u_{i}}{i_{i}} = R_{B1}//R_{B2}//r_{be} \qquad (2.5)$$

对需要传输和放大的信号源而言，放大电路相当于负载，负载电阻就是放大电路的输入电阻。输入电阻 r_i 的大小决定了放大器向信号源取用电流的大小。需要放大的信号通常为微弱的信号电压，信号电压源总是存在内阻的，我们希望放大电路的输入电阻 r_i 尽量大些，这样从信号源取用的电流就会相对小一些，从而把输入信号电压的衰减降到最低。由式（2.5）可看出，尽管两个基极分压电阻值较大，但由于晶体管输入等效动态电阻 r_{be} 较小，仅为几百欧至几千欧，且 $R_{B1}//R_{B2} \gg r_{be}$，所以共射放大电路的输入电阻 $r_i \approx r_{be}$。

注意：放大电路的输入电阻 r_i 虽然在数值上近似等于晶体管的输入电阻 r_{be}，但它们具有不同的物理意义，概念上不能混同。

2. 输出电阻 r_o 的计算

放大电路的输出电阻 r_o，对放大电路所带负载或后级放大电路来说，相当于一个电源的内阻。单级放大电路的输出电阻 r_o 是用来衡量本级放大电路带负载能力的性能指标。如图 2.11 所示，可直接观察到共射电压放大器电路的输出电阻为

$$r_o = R_C \qquad (2.6)$$

一般情况下，人们希望放大器的输出电阻 r_o 尽量小一些，以便向负载输出电流后，输出电压没有较大的衰减。而且，放大器的输出电阻 r_o 越小，负载电阻值 R_L 的变化对输出电压的影响就越小，放大器的带负载能力也就越强。

3. 电压放大倍数 A_u 的计算

放大电路的主要任务是对输入的小信号进行电压放大，因此电压放大倍数 A_u 是衡量放大电路性能的重要指标。在放大电路的实验中，我们可把 A_u 定义为输出电压的幅值与输入电压的幅值之比。对图 2.11 所示的微变等效电路，假设负载电阻 R_L 开路，应用线性电路的分析方法可求得电压放大倍数为

$$A_u = \frac{u_o}{u_i} = \frac{-\beta i_b R_C}{i_b r_i} \approx \frac{-\beta R_C}{r_{be}} = -\beta \frac{R_C}{r_{be}} \qquad (2.7)$$

可见，共射放大电路的电压放大倍数与晶体管的电流放大倍数 β、动态电阻 r_{be} 及集电极电阻 R_C 有关。由于晶体管的电流放大倍数 β 远大于 1，且集电极电阻 R_C 远大于 r_{be}，因此，共射电压放大器具有很强的信号放大能力。式（2.7）结果中有负号，反映了共射电压放大器的输出与输入是反相关系这一特点。

当共射放大电路输出端带上负载 R_L 后，电路的电压放大倍数变为

$$A_u' \approx \frac{-\beta i_b R_C // R_L}{i_b r_{be}} = -\beta \frac{R_C'}{r_{be}} \qquad (2.8)$$

式（2.8）说明共射放大电路带上负载后，电路的电压放大能力下降，即共射放大电路的带负载能力不强。若 r_{be} 和 R_C' 一定，则 A_u' 与 β 成正比。

4. 共射电压放大器电路的特点

① 电路的输入电阻 r_i 近似等于晶体管的动态等效电阻 r_{be}，数值较小。

② 输出电阻 r_o 等于放大电路的集电极电阻 R_C，数值较大。

③ 电压放大倍数 A_u 很大，说明共射组态的放大电路具有很强的信号放大能力。

上述特点决定了共射放大电路的最佳适用场合为：多级放大电路的中间级，用来放大。

任务实施　动态分析法应用实例

【例2.3】试求图2.7所示电路中的电压放大倍数A_u、输入电阻r_i和输出电阻r_o。若接上R_L = 3kΩ的负载电阻，电压放大倍数A_u'为多少？

【解】由例2.2可知I_E=2.3mA，所以

$$r_{be} = 300\Omega + (\beta+1)\frac{26mV}{I_E} = 300\Omega + (57.5+1)\frac{26mV}{2.3mA} \approx 961\Omega$$

电路的输入电阻：$r_i \approx r_{be}$=961Ω。

电路的输出电阻：r_o=R_C=2kΩ。

电路的电压放大倍数为

$$A_u = -\beta\frac{R_C}{r_{be}} = -57.5\frac{2}{0.961} \approx -120$$

当接上R_L=3kΩ的负载电阻后，电压放大倍数A_u'为

$$A_u' = -\beta \times \frac{R_C /\!/ R_L}{r_{be}} = -57.5 \times \frac{2\times3/(2+3)}{0.961} \approx -71.8$$

此例反映了共射放大电路带上负载后，其电压放大能力减小的事实。说明共射组态的放大电路虽然放大能力很强，但带负载能力较差。

思考与问题

1. 放大电路的基本概念是什么？放大电路中能量的控制与转换关系如何？

2. 基本放大电路的组成原则是什么？以共射组态基本放大电路为例加以说明。

3. 说明共射电压放大器中输入电压与输出电压的相位关系。

4. 放大电路中对电压、电流的符号是如何规定的？

5. 如果共射电压放大器中没有集电极电阻 R_C，会得到放大电压吗？

6. 影响静态工作点的因素有哪些？其中哪个因素影响最大？如何防范？

7. 放大电路中为什么要设置静态工作点？静态工作点不合适会对放大电路产生什么影响？

8. 静态时耦合电容 C_1、C_2 两端有无电压？若有，其电压极性和大小如何确定？

9. 放大电路的失真包括哪些？失真情况下，集电极电流的波形和输出电压的波形有何不同？消除这些失真一般应采取什么措施？

10. 试述 R_E 和 C_E 在放大电路中所起的作用。

11. 对图 2.12 所示各电路，分析其中哪些具有正常放大交流信号的能力，为什么？

12. 电压放大倍数的概念是什么？电压放大倍数是如何定义的？共射放大电路的电压放大倍数与哪些参数有关？

13. 试述放大电路输入电阻的概念。为什么总是希望放大电路的输入电阻 r_i 尽量大一些？

14. 试述放大电路输出电阻的概念。为什么总是希望放大电路的输出电阻 r_o 尽量小一些？

15. 何为放大电路的动态分析？简述动态分析的步骤，说出微变等效电路分析法的思想。

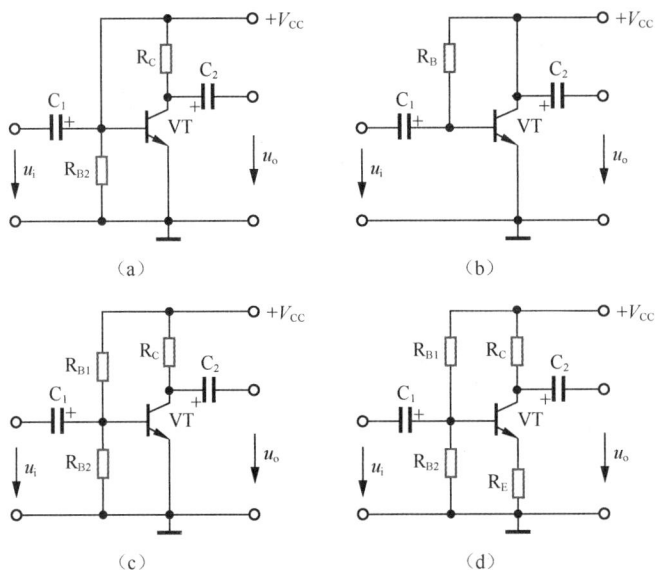

图 2.12　题 11 电路

【学海领航】

科技创新始终是一个国家发展的重要力量，也始终是推动人类社会进步的重要力量。在变压器的发展方面，我国自主研发的 ±1100kV 换流变压器单台容量创造了世界纪录。请查阅资料了解 ±1100kV 换流变压器的相关知识，分析其优势及应用场景。

任务 2.2　认识共集电极放大电路

提出问题

共集电极放大电路的组成特点是什么？共集电极放大电路的静态分析、动态分析是什么？共集电极放大电路的特点有哪些？共集电极放大电路通常应用在哪些场合中？

知识准备

共集电极放大电路是从发射极输出信号的，且输出信号的波形和相位基本与输入信号相同，因而又称为射极跟随器。电子工程技术中，常把共集电极放大电路用作缓冲器。

2.2.1　电路的组成

利用 $i_B = \dfrac{i_E}{1+\beta}$ 的关系，把输入信号由晶体管的基极输入，把负载电阻接在发射极上，即可构成图 2.13 所示的共集电极放大电路。

观察图 2.13 可知，对交流信号而言，直流电源 $V_{CC}=0V$，集电极相当于"接地"端，而"接地"端是输入回路与输出回路的公共端，因此把这种电路称为共集电极放大电路。还可看出，电路的输出信号取自发射极，所以共集电极放大电路又被称为射极输出器。

2.2.2 静态工作点

静态时，将放大电路中的各电容均当作"直流开路"处理，且输入、输出信号置零，由此可画出共集电极放大电路的直流通道，如图 2.14 所示。

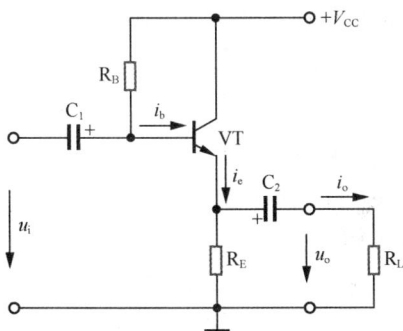

图 2.13 共集电极放大电路 　　　　图 2.14 共集电极放大电路的直流通道

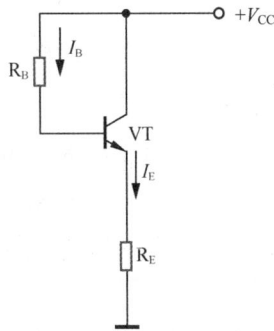

由图 2.14 可得

$$V_{CC}=I_BR_B+U_{BE}+(1+\beta)I_BR_E$$

基极电流为

$$I_{BQ}=\frac{V_{CC}-U_{BE}}{R_B+(1+\beta)R_E}\approx\frac{V_{CC}}{R_B+(1+\beta)R_E} \tag{2.9}$$

集电极电流为

$$I_{CQ}=\beta I_{BQ}\approx I_{EQ} \tag{2.10}$$

晶体管输出电压为

$$U_{CEQ}=V_{CC}-I_{EQ}R_E$$
$$\approx V_{CC}-I_{CQ}R_E \tag{2.11}$$

由此得出共集电极放大电路的静态工作点 Q。

2.2.3 动态分析

1. 电压放大倍数

当电路输入端加有小信号交流电压 u_i 时，动态分析可将直流电源 V_{CC} 按"交流接地"处理，电路中的耦合电容 C_1、C_2 按"交流短路"处理，由此可画出图 2.15 所示的共集电极放大电路的交流微变等效电路。其中电压放大倍数为

$$A'_u=\frac{u_o}{u_i}=\frac{(1+\beta)R'_L}{r_{be}+(1+\beta)R'_L}\approx\frac{\beta R'_L}{r_{be}+\beta R'_L}<1 \tag{2.12}$$

不接入负载电阻 R_L 时，电压放大倍数为

$$A_u=\frac{u_o}{u_i}=\frac{(1+\beta)R_E}{r_{be}+(1+\beta)R_E}\approx\frac{\beta R_E}{r_{be}+\beta R_E}<1 \tag{2.13}$$

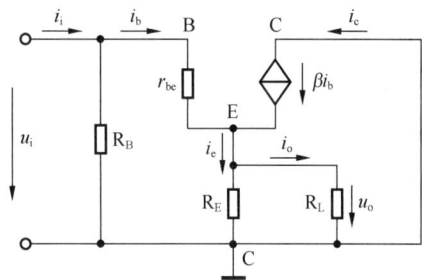

图 2.15　共集电极放大电路的交流微变等效电路

上述两式中，$\beta R'_L$（或 βR_E）$\gg r_{be}$，故 A_u 小于 1 且约等于 1，即输出电压 u_o 近似等于输入电压 u_i。虽然共集电极放大电路电压无放大，但因 $i_e=(1+\beta)i_b$，所以电路中仍有电流放大和功率放大作用。此外，由于共集电极放大电路输出电压跟随输入电压变化且相位相同，因此共集电极放大电路又称为电压跟随器。

共集电极放大电路的分析

2. 输入电阻 r_i

在不接入负载 R_L 的情况下，共集电极放大电路的输入电阻为

$$r_i=R_B//[r_{be}+(1+\beta)R_E]\approx R_B//(1+\beta)R_E \tag{2.14}$$

若接入负载电阻 R_L，则 $R'_L=R_E//R_L$，电路输入电阻为

$$r'_i=R_B//[r_{be}+(1+\beta)R'_L] \tag{2.15}$$

可见，共集电极放大电路的输入电阻值要比共射放大电路的输入电阻值大得多，通常可高达几十千欧至几百千欧。

3. 输出电阻 r_o

共集电极放大电路输出电压与输入电压近似相等，当输入信号电压的大小一定时，输出信号电压的大小跟随输入信号电压变化而变化，与输出端所接负载基本无关。即具有恒压输出特性，输出电阻很低，其大小约为

$$r_o\approx\frac{r_{be}}{\beta} \tag{2.16}$$

共集电极放大电路的输出电阻值一般为几十欧，比共射放大电路的输出电阻值低得多。

2.2.4　电路特点和应用实例

综上所述，共集电极放大电路的突出特点如下：
① 电压放大倍数小于 1 且约等于 1，且输出电压与输入电压同相位；
② 输入电阻高；
③ 输出电阻低。

虽然共集电极放大电路的电压放大倍数小于且约等于 1，但是它的输入电阻高，当信号源或多级放大电路的前级提供给放大电路同样大小的信号电压时，较高的输入电阻使所需提供的电流减小，从而减轻信号源的负担。共集电极放大电路常用在多级放大电路的输出端，这是因为它具有输出电阻很低的特点，低输出电阻可以减小负载变动时对输出电压的影响，使输出电压基本保持不变，由此增强放大电路的带负载能力。另外，共集电极放大电路可用作阻抗变换器。利用它输入电阻高的特点，可减小对前级放大电路的影响；而输出电阻低的特点有利于与后级输入电阻较小的共射放大电路相配合，以达到阻抗匹配目的。此外，还可把共集电极放大电路用作隔离级，以减少后级电路对前级电路的影响。

图 2.16 所示是串联型晶体管稳压电源，虚线框内为稳压电路。

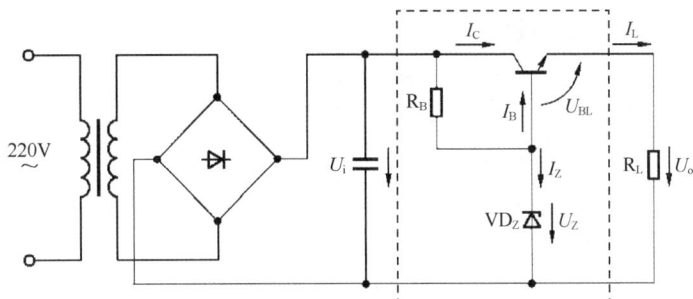

图 2.16　串联型晶体管稳压电源

220V 交流电压经变压器变换成所需要的交流电压，经桥式整流和电容滤波后，输入电压 U_i 加到稳压电路的输入端。晶体管接成射极输出电路形式，负载 R_L 接到晶体管的发射极。稳压二极管 VD_Z 和电阻 R_1 组成基极稳压电路，使晶体管的基极电位稳定为 U_Z。晶体管的发射结电压为

$$U_{BE}=U_Z-U_o$$

电路的稳压原理：假如由于某种原因使输出电压 U_o 降低，因 $V_B=U_Z$ 不变，故 U_{BE} 增加，使 I_B 和 I_C 均增加，U_{CE} 减小，从而使输出电压 $U_o=U_i-U_{CE}$ 回升，然后基本维持不变。整个过程可表示为

$$U_o\downarrow (V_B=U_Z)\rightarrow U_{BE}\uparrow\rightarrow I_B\uparrow\rightarrow I_C\uparrow\rightarrow U_{CE}\downarrow (U_o=U_i-U_{CE})\rightarrow U_o\uparrow$$

如果 U_o 升高，调整过程与上述相反，同样可起到稳压作用。

这种把调整用的晶体管与负载串联的稳压电路，称为串联型晶体管稳压电路。由于它采用射极输出，故可输出较大的电流，而且输出电阻小、稳压性能好。

共集电极放大电路在检测仪表中也得到了广泛应用，用共集电极放大电路作为检测仪表输入级，可以减小对被测电路的影响，提高测量精度。

目前，半导体集成技术飞速发展，集成稳压电源已获得广泛的应用。大多数集成稳压电源都采用串联型稳压电路，它将稳压电路中的主要元件甚至全部元件都集成在一个芯片内，其体积小、可靠性高、价格便宜、使用方便。

图 2.17 所示为 W7800 系列三端集成稳压器的外形和连接电路。其集成块有 3 个引

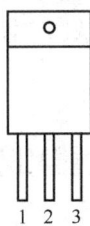

（a）外形

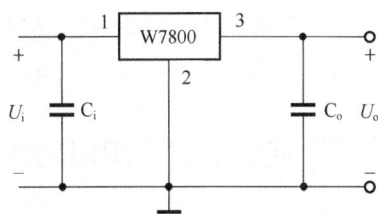

（b）连接电路

图 2.17　W7800 系列三端集成稳压器

脚，故称为三端稳压器。引脚 1 是输入端，引脚 2 是输出端，引脚 3 是公共端。其最高输入、输出电压分别为 40V、24V。连接电路中的 C_i、C_o 是外接电容，用来改善稳压器的工作性能。

任务实施　共集电极放大电路求解实例

【例2.4】已知图2.13所示电路中 $R_B=200k\Omega$，$R_E=3k\Omega$，输入电源内阻 $R_S=2k\Omega$，直流电源 $V_{CC}=+15V$，$\beta=80$，$r_{be}=1k\Omega$，试求：（1）电路的静态工作点 Q；（2）$R_L=\infty$ 时电路中的输入电阻 r_i 和电压放大倍数 A_u；（3）若接上 $R_L=3k\Omega$ 的负载电阻，电压放大倍数 A_u' 又为多少？（4）在上述两种情况下，输出电阻有变化吗？

【解】（1）求静态工作点 Q

$$I_{BQ} = \frac{V_{CC} - U_{BEQ}}{R_B + (1+\beta)R_E} \approx 32.3\mu A$$

$$I_{EQ} = (1+\beta)I_{BQ} \approx 2.62\text{mA}$$

$$U_{CEQ} = V_{CC} - I_{EQ}R_E \approx 7.14\text{V}$$

（2）求输入电阻和电压放大倍数。当 $R_L = \infty$ 时

$$r_i = R_B//[r_{be} + (1+\beta)R_E] \approx 110\text{k}\Omega$$

$$A_u = \frac{(1+\beta)R_E}{r_{be} + (1+\beta)R_E} \approx 0.996$$

（3）当 $R_L = 3\text{k}\Omega$ 时

$$r_i' = R_B//[r_{be} + (1+\beta)(R_E//R_L)] \approx 76\text{k}\Omega$$

$$A_u' = \frac{(1+\beta)(R_E//R_L)}{r_{be} + (1+\beta)(R_E//R_L)} \approx 0.992$$

（4）由于共集电极放大电路的输出电阻与负载无关，因此两种情况下的输出电阻相等，为

$$r_o = R_E//\frac{R_S//R_B + r_{be}}{1+\beta} \approx 37\Omega$$

此例反映了共集电极放大电路不带负载和带上负载后，电压放大能力变化很小的事实。说明共集电极组态的放大电路虽然电压基本不放大，但带负载能力较强，这一点从共集电极放大电路的输出电阻很小且带负载前后不变也能说明。

思考与问题

1. 共集电极放大电路与共射放大电路相比有何特点？
2. 共集电极放大电路的发射极电阻 R_E 能否像共射放大器一样并联一个旁路电容 C_E 来提高电路的电压放大倍数？为什么？

任务2.3　初识功率放大器和差动放大电路

提出问题

你了解功率放大器与普通电压放大器有何不同吗？按照工作状态的不同，功率放大器是如何分类的？你了解功率放大器的特点和技术要求吗？什么是交越失真？什么是零点漂移？什么是差模信号？什么是共模信号？差模信号和共模信号有何不同？你了解差动放大电路为何具有抑制零点漂移的能力吗？

知识准备

功率放大器由于能够输出足够大的功率来驱动执行机构，所以通常用在多级放大电路的输出级。差动放大电路由于采用对称性电路结构，因此能够很好地抑制零点漂移，大多用在

多级放大电路的输入级。

2.3.1　认识功率放大器

在实用电子技术中，功率放大器广泛应用于各种电子设备、音响设备、通信及自控系统中。当线路中负载为喇叭、记录仪表、继电器或伺服电动机等设备时，与负载相连接的放大电路要能为负载提供足够大的功率，以驱动负载。通常把这种能够产生足够大功率的放大电路称为功率放大器，简称为"功放"。功放中的晶体管，简称为"功放管"。

1. 按功放工作状态分类

① 甲类功放。此类功放的工作原理是输出器件晶体管始终工作在传输特性曲线的线性部分，在输入信号的整个周期内输出器件始终有电流连续流动。这种功放失真小，但效率低，约为 50%，且功率损耗较大。由于具有高保真的特点，这种功放大多应用在专业音响或家庭的高档机中。

② 乙类功放。此类功放中的两只晶体管交替工作，每只晶体管在信号的半个周期内导通，另半个周期内截止。乙类功放效率较高，约为 78%，但缺点是容易产生交越失真。

③ 甲乙类功放。此类功放兼有甲类功放失真小和乙类功放效率高的优点，被广泛应用于家庭、专业、汽车音响系统中。

2. 按功放功能分类

① 前级功放：主要作用是对信号源传输过来的信号进行必要的处理和电压放大后，再将其输出到后级功放。

② 后级功放：对前级功放输出的信号进行不失真放大，以强劲的功率驱动扬声器系统。除放大电路外，后级功放还设计有各种保护电路，如短路保护、过压保护、过热保护、过流保护电路等。前级功放和后级功放一般只在高档机或专业的场合采用。

③ 合并式功放：将前级功放和后级功放合并为一台功放，兼有二者功能，常用的功放大多是合并式的，应用范围较广。

2.3.2　功放的特点及技术要求

功放和前面介绍的电压放大器都是能量转换电路。从能量控制的观点来看，功放和电压放大器并没有本质上的区别；但是，从完成任务的角度和对电路的要求来看，二者之间有着很大的差别。电压放大器主要要求能够向负载提供不失真的放大信号，主要指标是电路的电压放大倍数、输入电阻和输出电阻等。功放则主要考虑负载上能够获得的最大交流输出功率，功率数值上等于电压与电流的乘积，因此，功放不但要有足够大的输出电压，还要有足够大的输出电流。由此对功放提出以下几点要求。

1. 效率尽可能高

功放是以输出功率为主要任务的放大电路。由于输出功率较大，造成直流电源消耗的功率也大，效率的问题凸显。在允许的失真范围内，我们期望功放管除了能够满足所要求的输出功率外，还应尽量减小其损耗，因此首先考虑尽量提高功放管的效率。

2. 具有足够大的输出功率

为了获得尽可能大的输出功率，要求功放管工作在接近"极限运用"的状态。选功放管时应考虑 3 个极限参数：I_{CM}、P_{CM} 和 $U_{(BR)CEO}$。

3. 非线性失真尽可能小

功放工作在大信号下时，不可避免地会产生非线性失真，而且同一功放管的失真情况会随着输出功率的增大而越发严重。技术上常常要求电声设备非线性失真尽量小，最好不发生失真。而对控制电机和继电器等设备，则要求以输出较大功率为主，对非线性失真的要求不是太高。由于功放管处于大信号工况，所以输出电压、电流的非线性失真不可避免。但应考虑将失真限制在允许的范围内，即失真也要尽可能小。

4. 功放管尽可能有效散热

由于功放管工作在"极限运用"状态，因此有相当大的功率消耗在功放管的集电结上，从而造成功放管结温和管壳的温度升高。所以管子的散热问题及过载保护问题也应予以充分的重视，并采取适当措施使功放管能有效地散热。

2.3.3 功放电路的交越失真

图 2.18 所示是互补对称电路。其中功放管 VT_1 和 VT_2 分别为 NPN 型管和 PNP 型管。两管的基极和发射极相互连接在一起，信号从基极输入、从发射极输出，R_L 为负载。观察电路，可看出此电路没有基极偏置，所以 $u_{BE1} = u_{BE2} = u_i$。当 $u_i = 0V$ 时，VT_1、VT_2 均处于截止状态。显然，该电路可以看成是由两个共集电极放大电路集合而成的功放电路。

考虑到功放管发射结处于正向偏置时才导电，因此当信号处于正半周时，$u_{BE1} = u_{BE2} > 0$，VT_2 截止，VT_1 承担放大任务，有电流通过负载 R_L；而当信号处于负半周时，$u_{BE1} = u_{BE2} < 0$，则 VT_1 截止，VT_2 承担放大任务，仍有电流通过负载 R_L。

由功放管的输入特性可知，在输入信号正、负半周交替过程中，由于功放管都存在死区，因此两个功放管均处于截止状态。由此造成输出信号的波形不跟随输入信号的波形变化，在波形正、负交界的过零处出现了图 2.19 所示的失真现象，这种过零处出现的失真现象称为交越失真。

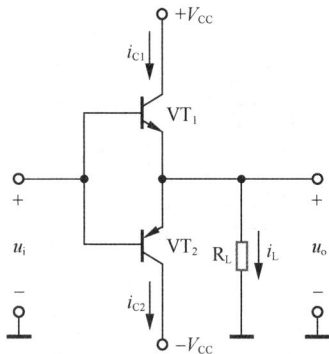

图 2.18 互补对称电路

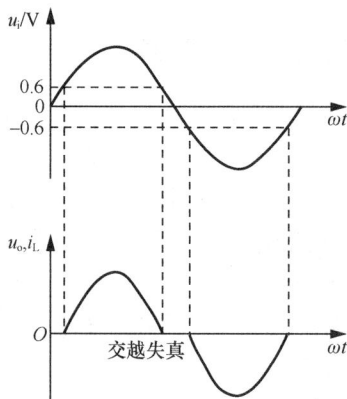

图 2.19 交越失真现象

甲乙类的 OTL 功放电路

甲乙类的 OCL 功放电路

为消除交越失真，要求两个功放管的输入、输出特性完全一致，以达到工作特性完全对称的状态。通常采用的方法是在两个功放管的发射结上加一个较小的正偏电压，使两管都工作在微导通状态。这时两个功放管一个在正半周工作，另一个在负半周工作，可以互相弥补对方的不足,从而在负载上就能得到一个完整的输出波形。在这种状态下工作的电路就是甲乙类互补对称功放,它解决了乙类功放中效率与失真之间的矛盾。常用的甲乙类功放电路有无输出变压器(Output Transformer Less,OTL)功放电路和无输出电容(Output Condenser Less,OCL)功放电路。

2.3.4　抑制零点漂移的放大电路

1. 零点漂移

实验研究发现,直接耦合的多级放大电路,当输入信号为零时输出信号电压并不为零。而且这个不为零的电压会随时间做缓慢的、无规则的、持续的变动,这种现象称为零点漂移,简称"零漂"。

零漂是如何产生的呢?

直接耦合的多级放大电路,其静态工作点相互影响。当温度、电源电压、晶体管内部的杂散参数等变化时,虽然输入信号为零,但第一级的零漂经第二级放大,再传给第三级,依次传递使外界参数发生的微小变化,经过多级放大后其输出级产生了很大的变化,零漂严重时,甚至会把传输的有用信号"淹没"。零漂中温度的影响最大,所以有时也把零漂叫作"温漂"。

可见,温度是产生零漂的根本和直接原因。解决零漂的有效措施是采用差动放大电路。

2. 差动放大电路

差动放大电路如图 2.20 所示。

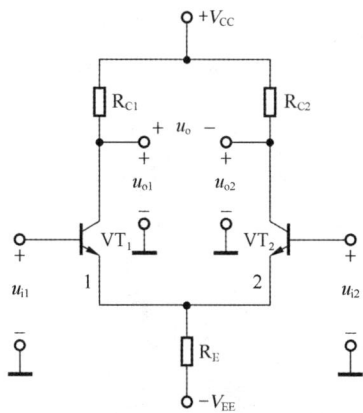

图 2.20　差动放大电路

差动放大电路由两个对称的共射基本放大电路组成。其中,VT_1、VT_2 是两个参数相同的晶体管,两管基极信号电压 u_{i1}、u_{i2} 大小相等且相位相反,这种双端输入方式称为差模输入方式,所加信号称为差模信号。差模信号是放大电路中需要传输和放大的有用信号,其电压用 u_{id} 表示,数值上等于两管输入信号电压的差值

$$u_{id} = u_{i1} - u_{i2}$$

温度变化、电源电压波动等引起的零漂折合到放大电路输入端的漂移电压,相当于输入端加了"共模信号",外界电磁干扰对放大电路的影响也相当于输入端加了"共模信号"。因此,共模信号是放大电路的干扰信号。所以,放大电路对共模信号不仅不应放大,反而应具有较强的抑制能力。

图 2.20 所示的差动放大电路,当温度变化时,因两管电流变化规律相同,两管集电极电压漂移量也完全相同,从而使双端输出电压始终为零。也就是说,依靠电路的完全对称性,使两管的零漂在输出端相互抵消,从而使零漂被抑制。

差动放大电路的公共发射极电阻 R_F 是保证静态工作点稳定的关键元件。当温度 T 升高时,两个管子的发射极电流 I_{E1} 和 I_{E2}、集电极电流 I_{C1} 和 I_{C2} 均增大。由于两管基极电位 V_{B1} 和 V_{B2} 均保持不变,两管的发射极电位 V_E 升高,引起两管的发射结电压 U_{BE1} 和 U_{BE2} 降低,

两管的基极电流 I_{B1} 和 I_{B2} 随之减小，I_{C2} 下降。显然上述过程类似于分压式偏置的共射放大电路的温度稳定过程，其中 R_E 起到静态稳定作用，从而使 I_C 得到了稳定。

差动放大电路在双端输出的情况下，两管的输出会稳定在静态值，从而有效地抑制零漂。R_E 的数值越大，抑制零漂的作用越强。即使电路处于单端输出方式时，电路仍有较强的抑制零漂能力。由于 R_E 上流过两倍的集电极变化电流，因此其稳定能力比分压式偏置的共射放大电路更强。此外，采用双电源供电，可以使 $U_{B1}=U_{B2}\approx 0V$，从而使电路既能适应正极性输入信号，也能适应负极性输入信号，扩大了应用范围。

任务实施　乙类互补对称功放电路求解实例

【例2.5】已知乙类互补对称功放的电源电压为±3V，负载 $R_L=8\Omega$ 的喇叭，功放管的饱和压降 U_{ces} 可以忽略，求电路的输出功率 P_O、管耗 P_V、电源供给的功率 P_E 和效率 η。

【解】已知 $V_{CC}=3V$，$R_L=8\Omega$，$U_{ces}=0$。

（1）电路的输出功率 P_O 为

$$P_O = \frac{V_{CC}^2}{2R_L} = \frac{(3V)^2}{2\times 8\Omega} \approx 0.56W$$

（2）管耗 P_V 为

$$P_V = \frac{4-\pi}{\pi}P_O = \frac{4-3.14}{3.14} \times 0.56W \approx 0.153W$$

（3）电源供给的功率 P_E 为

$$P_E = \frac{4}{\pi}P_O \approx 0.72W$$

（4）效率 η 为

$$\eta = \frac{P_O}{P_E} = \frac{0.56}{0.72} \approx 0.778 = 77.8\%$$

思考与问题

1. 功放电路和普通放大电路相比，有何不同？对功放电路有哪些特殊的技术要求？
2. 何为交越失真？采取什么方法可以消除交越失真？
3. 什么是零漂现象？零漂是如何产生的？采用什么方法可以抑制零漂？
4. 何为差模信号？何为共模信号？

任务2.4　认识放大电路中的负反馈

提出问题

你了解反馈、正反馈和负反馈的概念吗？通常正反馈和负反馈的应用场合有何不同？你知道如何判断放大电路的反馈类型吗？负反馈对放大电路的性能有何影响？

知识准备

反馈不仅是改善放大电路性能的重要手段，也是电子技术和自动控制原理中的基本概念。通过反馈技术可以改善放大电路的工作性能，以达到预定的指标。凡在对精度、稳定性等方面要求比较高的放大电路中，大多存在某种形式的反馈。

2.4.1　反馈的基本概念

为了改善基本放大电路的性能，在基本放大电路的输出端到输入端之间引入一条反向的信号通路，构成放大电路的反馈通道，其间反向传输的信号称为反馈信号。前文介绍的分压式偏置的共射放大电路中，电阻 R_E 就是一个反馈元件，当电路所处环境温度 T 变化时

$$T\uparrow \rightarrow I_C\uparrow \rightarrow I_E\uparrow \rightarrow V_E\uparrow \xrightarrow{\ V_B不变\ } U_{BE}\downarrow \rightarrow I_B\downarrow \rightarrow I_C\downarrow$$

$$T\downarrow \rightarrow I_C\downarrow \rightarrow I_E\downarrow \rightarrow V_E\downarrow \xrightarrow{\ V_B不变\ } U_{BE}\uparrow \rightarrow I_B\uparrow \rightarrow I_C\uparrow$$

利用反馈元件 R_E 所构成的反馈通道，将放大电路输出量 I_C 的变化回送到放大电路的输入端，使输入量 I_B 的净输入增大或减小，以使输出量 I_C 基本稳定在原来的数值上不变。

由此可知，所谓"反馈"，就是通过一定的电路形式，把放大电路输出信号的一部分或全部按一定的方式回送到放大电路的输入端，并影响放大电路的输入信号。分压式偏置的共射放大电路中的反馈会使输入信号的净输入量削弱，这种反馈形式称为负反馈。显然，负反馈提高了基本放大电路工作的稳定性。

如果放大电路输出信号的一部分或全部，通过反馈网络回送到输入端后，造成净输入信号增强，则这种反馈称为正反馈。正反馈通常可以提高放大电路的增益，但正反馈电路的性能不稳定，在对稳定性要求占第一位的小信号放大电路中一般不采用。

2.4.2　负反馈的基本类型及其判别

小信号放大电路中普遍采用的是负反馈。根据反馈网络与基本放大电路在输出端、输入端连接方式的不同，负反馈电路具有 4 种典型形式：电压串联负反馈、电压并联负反馈、电流串联负反馈和电流并联负反馈。

电压负反馈能稳定输出电压、减小输出电阻，具有恒压输出特性。电流负反馈能稳定输出电流、增大输出电阻，具有恒流输出特性。

放大电路是电压负反馈还是电流负反馈，可以根据反馈信号和输出信号在电路输出端的连接方式及特点，通过两种方法来判别：①若反馈信号取自输出电压，为电压负反馈，若取自输出电流，则为电流负反馈；②将输出信号交流短路，若短路后电路的反馈作用消失，为电压负反馈，若短路后反馈作用仍然存在，则为电流负反馈。

判别放大电路是串联负反馈还是并联负反馈，主要根据反馈信号、原输入信号和净输入

信号在电路输入端的连接方式和特点，具体可采用3种方法：①若反馈信号与输入信号在输入端以电压的形式相加减，可判别为串联负反馈，若反馈信号与输入信号以电流的形式相加减，可判别为并联负反馈；②将输入信号交流短路后，若反馈作用不再存在，可判断为并联负反馈，否则为串联负反馈；③如果反馈信号和输入信号加到放大元件的同一电极，则为并联负反馈，否则为串联负反馈。

2.4.3 负反馈对放大电路性能的影响

由前述可知，分压式偏置的共射放大电路中存在反馈电压 $i_E R_E$，因此使真正加到晶体管发射结的净输入电压 u_{BE} 下降。u_{BE} 的下降又造成输出电压 u_o 的下降，从而使电压放大倍数 A_u 下降。而且反馈电压 $i_E R_E$ 越大，电压放大倍数 A_u 下降越多。

显然，负反馈虽然提高了放大电路的稳定性，但因此付出的代价是放大电路的电压放大倍数降低了。对放大电路来说，电路的稳定性至关重要，虽然电路的电压放大倍数降低了，换来的却是放大电路的稳定性得以提高，这种代价是值得的。采用负反馈提高放大电路的稳定性，从本质上讲是利用失真的波形来改善波形的失真，不能理解为负反馈能使波形失真消除。

负反馈不仅可以提高放大电路的稳定性、减少非线性失真，还可以使放大电路的通频带得到扩展。而且不同类型的负反馈对放大电路的输入电阻、输出电阻影响各不相同：串联负反馈具有提高输入电阻的作用；并联负反馈能使输入电阻减小；电压负反馈能减小输出电阻、稳定输出电压；电流负反馈能使输出电阻增大，稳定输出电流。实际放大电路究竟采用哪种反馈形式比较合适，必须根据用途的不同进行确定。

任务实施 分析判断反馈类型实例

【例2.6】图2.21所示为反馈的4种类型放大电路，试分析各属于何种反馈类型。

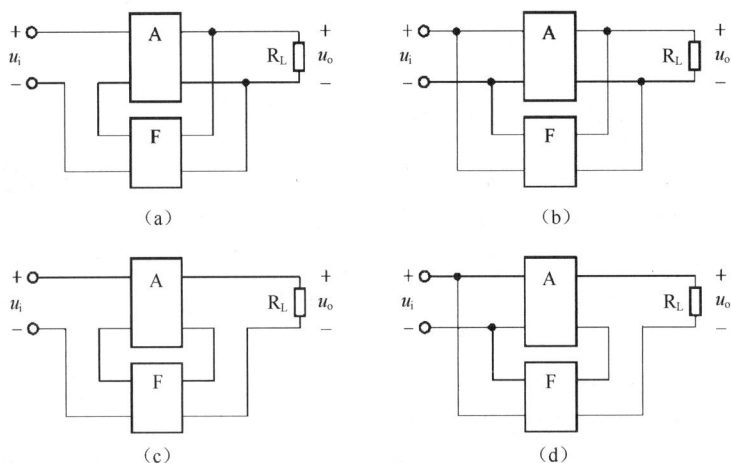

图 2.21 反馈的 4 种类型放大电路

【解】图2.21（a）所示的反馈信号取自输出电压，为电压负反馈。反馈信号与输入信号在输入端以电压的形式相加减，因而为串联负反馈。所以此电路反馈类型为电压串联负反馈。

图2.21（b）所示的反馈信号取自输出电压，为电压负反馈。反馈信号与输入信号在输入端以电流的形式相加减，因而为并联负反馈。所以此电路反馈类型为电压并联负反馈。

图2.21（c）所示的反馈信号取自输出电流，为电流负反馈。反馈信号与输入信号在输入端以电压的形式相加减，因而为串联负反馈。所以此电路反馈类型为电流串联负反馈。

图2.21（d）所示的反馈信号取自输出电流，为电流负反馈。反馈信号与输入信号在输入端以电流的形式相加减，因而为并联负反馈。所以此电路反馈类型为电流并联负反馈。

思考与问题

1. 什么叫反馈？正反馈和负反馈对电路的影响有何不同？
2. 放大电路一般采用的反馈形式是什么？如何判断放大电路中的各种反馈类型？
3. 放大电路引入负反馈后，可对电路的工作性能带来什么改善？
4. 放大电路的输入信号本身就是一个已失真的信号，引入负反馈后能否使失真消除？

项目实训　焊接练习

焊接练习应注意：电烙铁通电前应将电烙铁的电线拉直并检查电线的绝缘层是否有损坏，不能使电线缠在手上；通电后应将电烙铁插在烙铁架中，并检查烙铁头是否会碰到电线、书包或其他易燃物品。

1. 电烙铁的使用和保养

电烙铁加热过程中及加热后都不能用手触摸电烙铁的发热金属部分，以免烫伤或触电。为了便于电烙铁的使用，每次使用后都要将烙铁头上的黑色氧化层锉去，露出铜的本色。在电烙铁加热的过程中要注意观察烙铁头表面的颜色变化，随着颜色的变深，电烙铁的温度渐渐升高，这时要及时把焊锡丝点到烙铁头上。焊锡丝在一定温度时熔化，为烙铁头镀锡，以保护烙铁头，镀锡后的烙铁头颜色为白色。如果烙铁头上挂有很多的锡会造成焊接不易，可在烙铁架的钢丝上抹去多余的锡，不可在工作台或者其他地方抹去。

2. 焊接操作

（1）焊接练习板是一块焊盘排列整齐的线路板，在焊接练习板上可用一些旧电子元器件进行练习。把电子元器件的引脚从焊接练习板的小孔中插入，焊接练习板放在焊接木架上，从右上角开始排列整齐，再开始焊接，如图 2.22 所示。

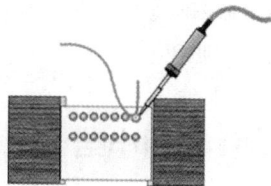

图 2.22　焊接操作

（2）焊接练习时，应把握加热时间、送锡量等，不可在一个点加热过长时间，否则会使线路板的焊盘烫坏。注意应尽量排列整齐，以便前后对比、改进不足。

（3）焊接时先将电烙铁在线路板上加热，大约 2s 后，送入焊锡丝，观察焊锡量的多少。焊锡量不能太多造成堆焊，也不能太少造成虚焊。

（4）当焊锡熔化、发出光泽时焊接温度最佳，应立即将焊锡丝移开，再将电烙铁移开。为了在加热中使加热面积最大，要将烙铁头的斜面靠在电子元器件引脚上，烙铁头的顶尖抵在线路板的焊盘上。焊点高度一般在2mm左右，直径应与焊盘一致，引脚应高出焊点大约0.5mm。

焊点的形状如图2.23所示。焊点a一般焊接比较牢固；焊点b为理想状态，一般不易焊出这样的形状；焊点c焊锡较多，当焊盘较小时，可能会出现这种情况，但是往往有虚焊的可能；焊点d、e焊锡太少；焊点f提电烙铁时方向不合适，造成焊点形状不规则；焊点g电烙铁温度不够，焊点呈碎渣状，这种情况多数为虚焊；焊点h焊盘与焊点之间有缝隙，为虚焊或接触不良；焊点i引脚放置歪斜。一般形状不正确的焊点，电子元器件多数没有焊接牢固，一般为虚焊点，应重焊。

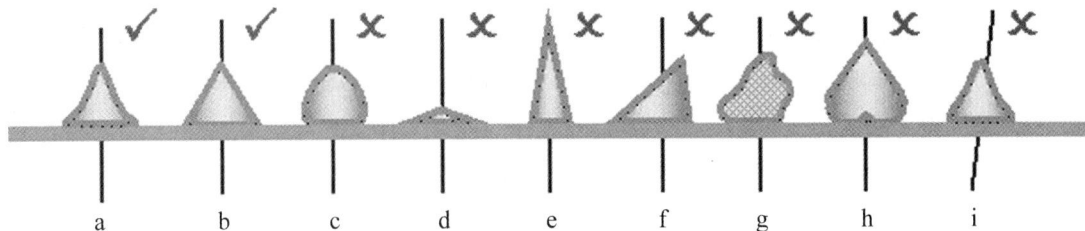

图2.23 焊点的形状

（5）去除元件表面的氧化层。为了使电子元器件易于焊接，有时要用尖嘴钳前端的齿口部分对电子元器件的焊点进行锉毛，去除氧化层。清除电子元器件表面氧化层通常可以用左手捏住电阻或其他电子元器件的本体，右手用锯条轻刮电子元器件引脚的表面，左手慢慢地转动，直到表面氧化层全部去除。

（6）电子元器件引脚的弯制成形。电子元器件焊接有平焊和立焊两种方式，在焊接前需要把电子元器件的引脚弯制成形。可用镊子紧靠电阻的本体，夹紧电子元器件的引脚，使引脚的弯折处距离电子元器件的本体有2mm以上的间隙。左手夹紧镊子，右手食指将引脚弯成直角。注意：不能用左手捏住电子元器件本体、右手紧贴电子元器件本体进行弯制。如果这样，引脚的根部在弯制过程中容易因受力而损坏，电子元器件弯制后引脚之间的距离，应根据线路板孔距而定，引脚修剪后的长度大约为8mm，如果孔距较小、元件较大，应将引脚往回弯制成形。电容的引脚可以弯制成梯形，将电容垂直安装。二极管可以水平安装，当孔距较小时应垂直安装，为了将二极管的引脚弯制成美观的圆形，应用螺钉旋具辅助弯制：把螺钉旋具紧靠二极管引脚的根部，十字交叉，左手捏紧交叉点，右手食指将引脚向下弯，直到两引脚平行。

项目小结

1. 在低频放大电路中，共发射极电路是一种常用的电路，其他的放大电路是在它的基础上建立起来的，因此是分析各种放大电路的基础。放大电路的组成原则：首先要保证三极管有合适的静态工作点且处于放大状态，其次要使变化的信号能输入放大电路中且输出基本不失真。放大电路体现了信号对能量的控制作用，放大电路的输出信号能量是由电源提供的。

2. 放大电路的工作总是既有直流又有交流，当输入交流信号为零时，仅在直流电源作用下可画出放大电路的直流通道，通过直流通道可确定静态工作点 Q；仅在输入交流小信号作用下放大电路状态为动态，动态分析在小信号下可采用线性微变等效电路分析法，通过微变等效电路分析法可计算出放大电路的电压放大倍数、输入电阻和输出电阻等。

3. 共集电极放大电路的特性：输入信号与输出信号同相；输入电阻比共射放大电路大得多，适合做多级放大电路的输入级；输出电阻很小，因此具有极强的带负载能力，特别适合做多级放大电路的输出级；只有电流放大和功率放大作用，无电压放大能力。

4. 对功放电路的主要要求是获得最大不失真的输出功率和具有较高的效率，因此功放管工作于大信号的极限参数状态。为满足功放管的工作要求，实用中常采用互补对称的甲乙类功放。差动放大电路是一种重要的单元电路，在分立元件电路和集成电路中应用广泛，其基本特性是抑制共模信号和放大差模信号。

5. 放大电路通常采用负反馈，负反馈有 4 种基本类型：电压串联负反馈、电流串联负反馈、电压并联负反馈和电流并联负反馈。电压负反馈可稳定输出电压，降低输出电阻；电流负反馈可稳定输出电流，增大输出电阻；串联负反馈可提高输入电阻；并联负反馈可降低输入电阻。负反馈对提高放大电路的稳定性、扩展通频带、减小非线性失真等起到积极作用，负反馈越深，性能改善的效果越显著。但负反馈改善放大电路的性能是以牺牲增益为代价的。

项目自测题（共 100 分，120 分钟）

一、填空题（每空 0.5 分，共 21 分）

1. 基本放大电路的 3 种组态分别是_____放大电路、_____放大电路和_____放大电路。

2. 放大电路应遵循的基本原则：_____结正偏、_____结反偏。

3. 将放大器_____的全部或部分通过某种方式回送到输入端，这部分信号叫作____信号。使放大器净输入信号减小、放大倍数也减小的反馈，称为_____反馈；使放大器净输入信号增加、放大倍数也增加的反馈，称为_____反馈。放大电路中常用的负反馈类型有_____负反馈、_____负反馈、_____负反馈和_____负反馈。

4. 共集电极放大电路_____恒小于 1 且约等于 1，_____和_____同相，并具有_____很大和_____很小的特点。

5. 共射放大电路的静态工作点设置较低时，易造成截止失真，使其输出波形出现_____削顶。若采用分压式偏置电路，通过_____调节_____，可达到改善输出波形的目的。

6. 对放大电路来说，人们总是希望电路的输入电阻_____越好，因为这可以减轻信号电压源的负担；人们又希望放大电路的输出电阻_____越好，因为这可以增强整个放大电路的负载能力。

7. 反馈电阻 R_E 的阻值通常为_____，它不但能够对直流信号产生_____作用，同样可对交流信号产生_____作用，从而造成电压增益下降过多。为了使交流信号不被削弱，一般在 R_E 的两端_____。

8. 放大电路有两种工作状态，当 u_i=0V 时放大电路的工作状态称为_____态，有交流

信号 u_i 输入时，放大电路的工作状态称为_____态。在_____态情况下，晶体管各极电压、电流均包含_____分量和_____分量。放大器的输入电阻越_____，就越能从前级信号源获得较大的电信号；输出电阻越_____，放大器带负载能力就越强。

9. 电压放大器中的晶体管通常工作在_____状态下，功放中的晶体管通常工作在_____参数情况下。功放电路不仅要求有足够大的_____，还要求电路中要有足够大的_____，以获取足够大的功率。

10. 晶体管长期工作时，由于受外界_____及电网电压不稳定的影响，即使输入信号为零时，放大电路输出端仍有缓慢的信号输出，这种现象叫作_____漂移。克服_____漂移的有效方法是采用_____放大电路。

二、判断题（每小题 1 分，共 19 分）

1. 放大电路中输入信号和输出信号的波形总是反相关系。 （　　）
2. 放大电路中的所有电容，起的作用均为通交隔直。 （　　）
3. 射极输出器的电压放大倍数等于 1，因此它在放大电路中作用不大。 （　　）
4. 分压式偏置的共射放大电路是一种能够稳定静态工作点的放大器。 （　　）
5. 设置静态工作点的目的是让交流信号叠加在直流量上全部通过放大器。 （　　）
6. 晶体管的电流放大倍数通常等于放大电路的电压放大倍数。 （　　）
7. 微变等效电路不能进行静态分析，也不能用于功放电路分析。 （　　）
8. 共集电极放大电路的输入信号与输出信号，是相位差为 180° 的反相关系。 （　　）
9. 微变等效电路中不但有交流量，也有直流量。 （　　）
10. 基本放大电路通常存在零点漂移现象。 （　　）
11. 普通放大电路中存在的失真均为交越失真。 （　　）
12. 差动放大电路能够有效地抑制零点漂移，因此具有很高的共模抑制比。 （　　）
13. 放大电路通常工作在小信号状态下，功放电路通常工作在极限状态下。 （　　）
14. 输出端交流短路后仍有反馈信号存在，可断定为电流负反馈。 （　　）
15. 共射放大电路输出波形出现削顶，说明电路出现了饱和失真。 （　　）
16. 放大电路的集电极电流超过极限值 I_{CM}，就会造成管子烧损。 （　　）
17. 共模信号和差模信号都是电路传输和放大的有用信号。 （　　）
18. 采用适当的静态起始电压，可达到消除功放电路中交越失真的目的。 （　　）
19. 射极输出器是典型的电压串联负反馈放大电路。 （　　）

三、选择题（每小题 2 分，共 20 分）

1. 基本放大电路中，经过晶体管的信号有（　　）。
   A. 直流成分　　　　　　B. 交流成分　　　　　　C. 交直流成分均有
2. 基本放大电路中的主要放大对象是（　　）。
   A. 直流信号　　　　　　B. 交流信号　　　　　　C. 交直流信号均有
3. 分压式偏置的共射放大电路中，若 V_B 点电位过高，电路易出现（　　）现象。
   A. 截止失真　　　　　　B. 饱和失真　　　　　　C. 晶体管被烧损
4. 共射放大电路的反馈元件是（　　）。
   A. 电阻 R_B　　　　　　B. 电阻 R_E　　　　　　C. 电阻 R_C

5. 功放首先需要考虑的问题是（　　　）。

　　A. 放大电路的电压增益　　　B. 不失真　　　　　　C. 管子的极限参数

6. 电压放大电路首先需要考虑的技术指标是（　　　）。

　　A. 放大电路的电压增益　　　B. 不失真问题　　　　C. 管子的工作效率

7. 射极输出器的输出电阻小，说明该电路（　　　）。

　　A. 带负载能力强　　　　　　B. 带负载能力差　　　C. 减轻前级或信号源负荷

8. 功放电路易出现的失真现象是（　　　）。

　　A. 饱和失真　　　　　　　　B. 截止失真　　　　　C. 交越失真

9. 基极电流 i_B 的数值较大时，易引起静态工作点 Q 接近（　　　）。

　　A. 截止区　　　　　　　　　B. 饱和区　　　　　　C. 死区

10. 射极输出器是典型的（　　　）。

　　A. 电流串联负反馈　　　　　B. 电压并联负反馈　　C. 电压串联负反馈

四、简答题（共 23 分）

1. 共射放大电路中集电极电阻 R_C 起的作用是什么？（3 分）

2. 放大电路中为何设置静态工作点？静态工作点的高、低对电路有何影响？（4 分）

3. 指出图 2.24 所示各放大电路能否正常工作，如不能，请校正并加以说明。（8 分）

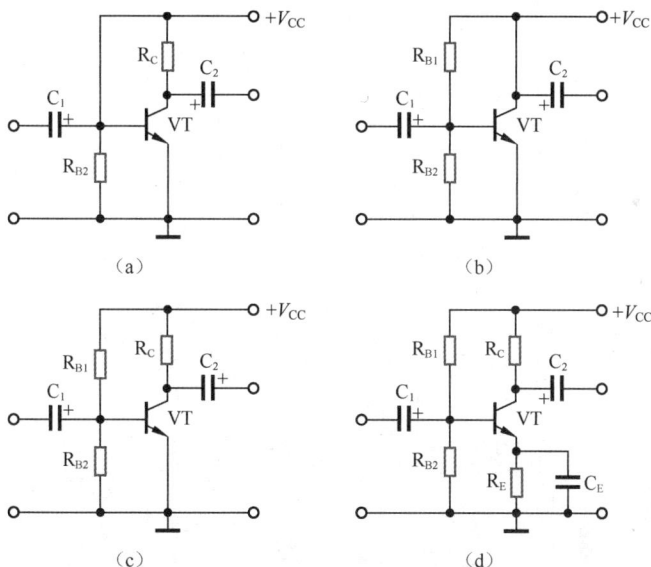

图 2.24　简答题 3 电路

4. 零点漂移现象是如何形成的？哪一种电路能够有效地抑制零点漂移？（4 分）

5. 为消除交越失真，通常要给功放管加上适当的正向偏置电压，使基极存在微小的正向偏流，让功放管处于微导通状态。那么，这一正向偏置电压是否越大越好呢？为什么？（4 分）

五、计算题（共 17 分）

1. 在图 2.25 所示的分压式偏置硅管放大电路中，已知 R_C=3.3kΩ、R_{B1}=40kΩ、R_{B2}=10kΩ、R_E=1.5kΩ、β=70。求静态工作点的 I_{BQ}、I_{CQ} 和 U_{CEQ}。（8 分）

2. 画出图 2.25 所示电路的微变等效电路，并对电路进行动态分析。要求解出电路的电

压放大倍数 A_u、电路的输入电阻 r_i 及输出电阻 r_o。（9分）

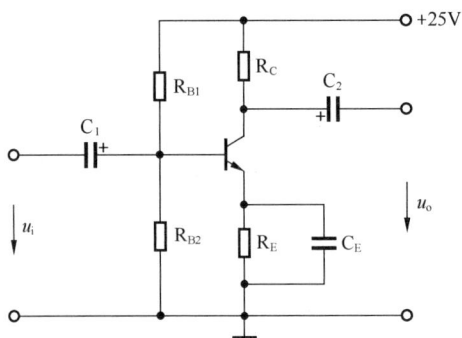

图 2.25　计算题电路

项目 3　集成运算放大器

项 目 导 入

集成运算放大器（简称集成运放）最初应用于模拟计算机，对计算机内部信息进行加、减、微分、积分及乘、除等数学运算，并因此而得名。随着半导体集成工艺的飞速发展，集成运放的应用已远远超出了模拟计算机的界限，集成运放的品种也越来越多。

集成电路技术的发展直接促进了整机的小型化、高性能化、多功能化和高可靠性。毫不夸张地说，集成电路是工业的"食粮"和"原油"。随着电子设计自动化技术的普及和深化，电子技术必将会以前所未有的面貌出现。对读者而言，必须更新观念，加速对新器件、新特点的理解和应用。

本项目从集成运放的组成和基本特性入手，着重介绍由集成运放构成的线性应用电路，在此基础上再向读者介绍几种非线性应用电路。

学 习 目 标

【知识目标】

了解集成运放的基本概念、图形符号和文字符号以及单运放的引脚功能；熟悉集成运放的主要技术指标、电压传输特性；掌握运用理想运放条件分析线性集成电路的方法；理解"虚断""虚短"和"虚地"等概念；理解运放的非线性应用特点；掌握电压比较器、方波发生器以及文氏桥正弦波振荡器的工作原理。

【技能目标】

具有正确判别集成芯片引脚功能的能力和运用实验手段正确连接集成运放各种运算电路的基本技能，具有对工程实际的集成电路进行读图和识图的能力。

【素质目标】

培养严谨的科学精神和职业素养；能够用联系的、全面的、发展的观点看问题；通过应用实例提升民族自豪感，坚持自信、自立。

任务 3.1　认识集成运放

提出问题

何谓集成运放？集成运放芯片有什么特点？在实际应用中应如何正确选用集成运放？集成运放的哪些性能指标需在应用中注意？实际集成运放具有哪些条件才能按照理想运放来考虑？理想运放的传输条件和实际运放的传输条件一样吗？

知识准备

集成电路（Integrated Circuit，IC）是 20 世纪 60 年代初发展起来的一种新型半导体器件。集成电路体积小、密度大、功耗低、引线短、外接线少，从而大大提高了电子电路的可靠性与灵活性，减少了组装和调整工作量，降低了成本。自 1959 年世界上第一块集成电路问世至今，只不过经历了 60 多年，它就已深入工农业、日常生活及科技等领域相当多的产品中。例如在导弹、卫星、战车、舰船、飞机等军事装备中，在数控机床、仪器仪表等工业设备中，在通信设备和计算机中，在音响、电视机、录像机、洗衣机、电冰箱、空调等家用电器中，都采用了集成电路。

3.1.1　集成运放概念及结构组成

集成电路的发展对各行各业的技术改造与产品更新都起到了促进作用。从总体上看，集成电路相当于一种电压控制的电压源元件，即它能在外部输入信号控制下输出恒定的电压。实际上集成电路不只是一个元件，而是一个具有多元功能的完整电路。目前集成电路正向材料、元件、电路、系统四合一方向过渡，熟练掌握集成电路的分析方法，是相关工作人员在实际工作中灵活应用运放的重要基础。

集成电路按外形封装形式分为圆壳式、扁平式、单列直插式、双列直插式等，如图 3.1 所示。目前国内应用较多的是双列直插式。

利用特殊半导体技术，在一块 P 型硅基片上制作出许多二极管、三极管、电阻、电容和连接导线的电路的工艺称为集成工艺。基片上所包含的元器件数称为集成度。按照集成度的不同，集成电路有小规模、中规模、大规模和超大规模之分。集成运放是集成电路的一个分类。小规模集成运放一般含有十几到几十个元器件，是单元电路的集成，芯片面积为几平方毫米；中规模集成运放含有一百到几百个元器件，是一个电路系统中分系统的集成，芯片面积约 $10mm^2$；大规模和超大规模集成运放中含有数以千计或更多的元器件，把一个电路系统整个集成在基片上。集成运放的型号类型很多，内部电路也各有差异，但它们的基本组成是相同的，主要由输入级、中间放大级、输出级和偏置电路 4 部分构成，如图 3.2 所示。

1. 输入级

集成运放的输入级又称为前置级，是决定运放性能好坏的关键，通常由高性能的双端输入差动放大器组成。输入级要求输入电阻高、差模电压放大倍数大、共模抑制比大、静态电流小，利用差动放大电路的对称特性来提高整个电路的共模抑制比（K_{CMR}）和电路性能。

（a）单列直插式

（b）扁平式　　　　　　　　　　　　　　（c）双列直插式

（d）圆壳式

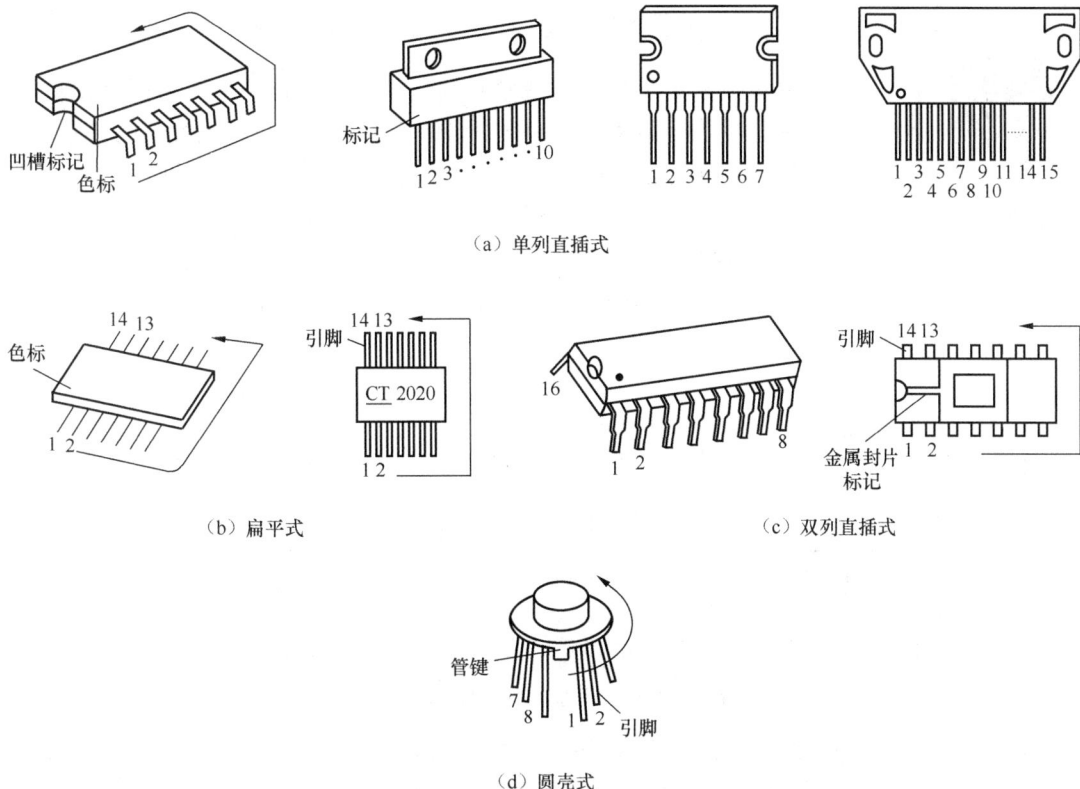

图 3.1　集成电路的几种外形封装形式

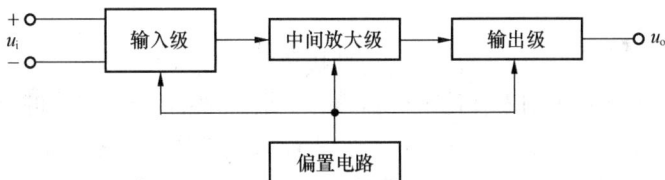

图 3.2　集成运放的基本组成

2. 中间放大级

中间放大级是整个集成运放的主放大器，主要作用是提高电压增益。中间放大级性能的好坏，直接影响集成运放的放大能力，通常采用复合管的共射放大器或由共射放大器组成的多级放大电路。

3. 输出级

输出级又称为功率放大级，要求有较小的输出电阻以提高带负载能力。其通常由电压跟随器或互补的电压跟随器组成，一般包括 PNP 和 NPN 两种类型的三极管或复合管，以获得正、负两个极性的较大输出电压或电流，目的是降低输出电阻，提高运放的带负载能力。

4. 偏置电路

集成运放工作在线性区时，其外部常常接有偏置的反馈电路，以便向集成运放内部各级电路提供合适又稳定的静态工作点电流，偏置电路一般由各种电流源电路构成。

此外，集成运放中还有一些辅助部分，如电平移动电路、过载保护电路等。

3.1.2 集成运放芯片特点

集成运放总是采用金属或塑料封装在一起，是一个不可拆分的整体，所以也常把集成运放称为器件。对于一个器件，人们首先关心的是它们的外部连接和使用方法，对其内部情况仅有一些简单了解即可。因此，我们只重点介绍集成运放的引脚用途、引脚连接方式及运放的主要特点。

1. 集成运放各引脚的功能

图3.3所示为 μA741 集成运放的引脚排列、外部接线及电路图形符号。

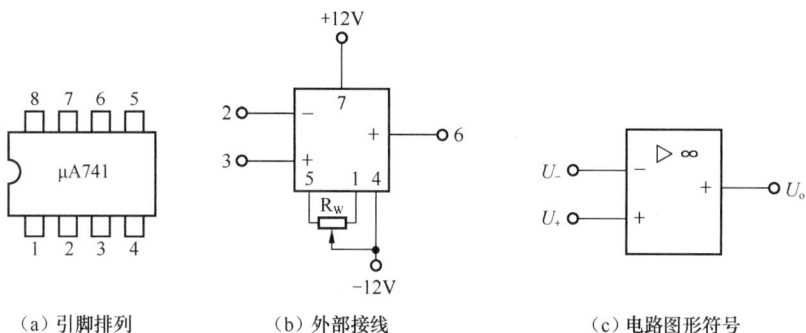

| (a) 引脚排列 | (b) 外部接线 | (c) 电路图形符号 |

图 3.3　μA741 集成运放的引脚排列、外部接线及电路图形符号

μA741 集成运放除了有同相、反相两个输入端，还有两个 ±12V 的电源端、一个输出端，另外还留有外接调零电位器的两个端口，所以是多脚元件。

引脚2为集成运放的反相输入端，引脚3为同相输入端，这两个输入端对集成运放的应用极为重要，绝对不能接错。

引脚6为集成运放输出级的输出端，与外接负载相连。

引脚1和引脚5是外接调零补偿电位器端，集成运放的电路参数和晶体管特性不可能完全对称，因此，在实际应用中，若输入信号为零而输出信号不为零，就需调节引脚1和引脚5之间电位器 R_W 的阻值，直至输入信号为零、输出信号也为零为止。

引脚4为负电源端，接-12V电位；引脚7为正电源端，接+12V电位。这两个引脚都是集成运放的外接直流电源引入端，使用时不能接错。

引脚8是空脚，使用时可做悬空处理。

2. 集成电路元器件的特点

与分立元器件相比，集成电路元器件有以下特点。

① 单个元器件的精度不高，受温度影响较大，但在同一硅片上用相同工艺制造出来的元器件性能比较一致，对称性好。相邻元器件的温度差别小，因而同一类元器件温度特性基本一致。

② 集成电阻及电容的数值范围窄，数值较大的电阻、电容占用硅片面积大。集成电阻的阻值一般为几十欧至几万欧，电容的容抗一般为几十皮法。电感目前不能集成。

③ 分立元器件性能参数的绝对误差比较大，而同类集成元器件性能参数比值比较精确。

④ 纵向 NPN 型管 β 值较大，占用硅片面积小，容易制造。而横向 PNP 型管的 β 值很小，但其 PN 结的耐压性高。

3.1.3　集成运放的选择及性能指标

由运放组成的各种系统，由于应用要求不一样，对运放的性能要求也不一样。如果在没有特殊要求的场合，尽量选用通用型集成运放，这样既可降低成本，又容易保证货源。当一个系统中使用多个运放时，尽可能选用多运放集成电路，例如，LM324、LF347 等都是将 4 个运放封装在一起的集成电路。而评价一个集成运放性能的优劣，应看其综合性能。

集成运放的技术指标很多，其中一部分与差分放大器和功率放大器的相同，另一部分则是根据集成运放本身的特点而设立的。各种主要参数均比较适中的是通用型集成运放，这类集成运放的主要性能指标有以下 4 个。

1. 开环电压放大倍数 A_{uo}

开环电压放大倍数 A_{uo} 是指集成运放在无外加反馈条件下，输出电压与输入电压的变化量之比。一般集成运放的开环电压放大倍数 A_{uo} 很高，可达 $10^4 \sim 10^7$，由图 3.3（c）可得

$$A_{uo} = \frac{U_o}{U_+ - U_-} \tag{3.1}$$

不同功能的集成运放，A_{uo} 的数值相差比较悬殊。

2. 差模输入电阻 r_i

电路输入差模信号时，集成运放的差模输入电阻 r_i 很大，其值一般可达几万欧至几千万欧。

3. 闭环输出电阻 r_o

大多数集成运放的输出电阻为几十欧至几百欧。由于集成运放总是工作在深度负反馈条件下，因此其闭环输出电阻 r_o 更小。

4. 最大共模输入电压 U_{icmax}

U_{icmax} 是指在保证集成运放正常工作条件下，集成运放所能承受的最大共模输入电压。共模电压若超过该值，输入差模信号对管子的工作点将进入非线性区，使放大器失去共模抑制能力，共模抑制比显著下降，甚至造成器件损坏。

3.1.4　集成运放的理想化条件及传输特性

1. 集成运放的理想化条件

为了简化分析过程，同时又满足工程的实际需要，通常把集成运放理想化。满足下列参数指标的运放可以视为理想运放。

① 开环电压放大倍数 $A_{uo}=\infty$，实际上 $A_{uo} \geqslant 10000$ 即可。

② 差模输入电阻 $r_i=\infty$，实际上 r_i 比输入端外电路的电阻大 2～3 个量级即可。

③ 闭环输出电阻 $r_o=0$，实际上 r_o 比输入端外电路的电阻小 2～3 个量级即可。

④ 共模抑制比足够大，理想条件下视为 $K_{CMR} \to \infty$。

在做集成运放的一般原理性分析时，只要实际应用条件不使运放的某个技术指标明显下降，均可把运放产品视为理想的。这样，根据集成运放的上述理想特性，可以大大简化运放

集成运放的
性能指标

集成运放的理想化
条件和传输特性

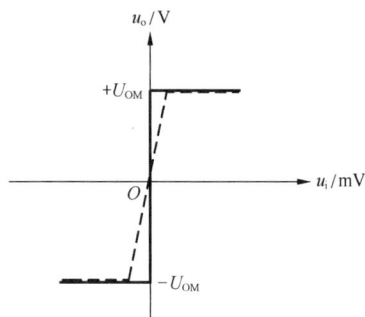

图 3.4　集成运放的电压传输特性

2. 集成运放的传输特性

图 3.4 所示为集成运放的电压传输特性。

电压传输特性表示开环时输出电压与输入电压之间的关系。虚线部分表示实际集成运放的电压传输特性。由实际的电压传输特性可知，平顶部分对应±U_{OM}，表示输出正、负饱和状态的情况。斜线部分实际上非常靠近纵轴，说明集成运放的线性区范围很小。输出电压 u_o 和两个输入端之间的电压 U_- 与 U_+ 的函数关系是线性的（斜线范围），可用式（3.2）表示

$$u_o=A_{uo}(U_+-U_-)=A_{uo}\cdot u_i \qquad (3.2)$$

由于运放的开环电压放大倍数很大，即使输入信号是微伏数量级的，也足以使运放工作于饱和状态，使输出电压保持稳定。当 $U_+>U_-$ 时，输出电压 u_o 将跃变为正饱和值+U_{OM}，接近于正电源电压值；当 $U_+<U_-$ 时，输出电压 u_o 又会立刻跃变为负饱和值-U_{OM}，接近于负电源电压值。根据此特点，我们可得出集成运放在理想条件下的电压传输特性，如图 3.4 所示的粗实线。

根据集成运放的理想化条件，可以在输入端得出以下两个重要概念。

（1）虚短

因为理想运放的开环电压放大倍数很高，因此，当运放工作在线性区时，相当于线性放大电路，输出电压不超出线性范围。这时，运放的同相输入端与反相输入端电位十分接近。在运放供电电压为±(12～15)V 时，输出电压的最大值一般为 10～13V。所以运放两个输入端的电位差在 1mV 以下，近似等电位，这一特性称为"虚短"。显然，"虚短"不是真正的短路，只是分析电路时在误差允许范围之内的合理近似。"虚短"也可直接由理想条件导出：理想情况下 $A_{uo}=\infty$，则 $U_+-U_-=0$，即 $U_+=U_-$，运放的两个输入端等电位，可将它们看作虚短。

运放工作在线性区的特点

（2）虚断

差模输入电阻 $r_i=\infty$，因此可认为没有电流能流入理想运放，即 $i_+=i_-=0$。集成运放的输入电流恒为零，这种情况称为"虚断"。实际集成运放流入同相输入端和反相输入端中的电流十分微小，比外电路中的电流小几个数量级，因此流入运放的电流往往可以忽略不计，这一现象相当于运放的输入端开路。显然，运放的输入端不能真正断开。

运用"虚短"和"虚断"这两个重要概念，对各种工作于线性区的应用电路进行分析，可以大大简化应用电路的分析过程。运放构成的运算电路均要求输入与输出之间满足一定的函数关系，因此都可以应用这两条重要结论。如果运放不在线性区工作，也就没有"虚短""虚断"的特性。在测量集成运放的两个输入端电位时，若发现有几毫伏之大，那么该运放肯定不在线性区工作，或者已经损坏。

任务实施　探寻集成运放

请同学们在课后上网查阅集成运放是在什么情况下产生的，集成电路的发展经历了几个

阶段，集成电路应用和发展的前景。

集成运放的产生：

集成电路的发展阶段：

集成电路应用和发展的前景：

思考与问题

1. 集成运放由哪几部分组成？各部分的主要作用是什么？
2. 试述集成运放的理想化条件。
3. 工作在线性区的理想运放有哪两条重要结论？试说明其概念。

任务 3.2　集成运放的应用

提出问题

集成运放的线性应用有何显著特点，应用在哪些场合？集成运放的非线性应用又有什么特点，应用在哪些场合？

知识准备

集成运放的放大倍数是一个很大的值，工作区指的是这个放大倍数有效的区域。因为一个运放器受限于供电电压和自身组成的元器件特性而不可能无限放大，所以放大后的输出电压在一定的范围内，这个范围包含的区域称为线性区。而输出电压触及最大范围时，放大倍数就会失效，无论输入和输出相差多大，电压将始终维持在最大值，这时集成运放工作的区域叫作非线性区。

3.2.1　集成运放的线性应用

当集成运放通过外接电路引入负反馈时，集成运放呈闭环状态并且工作于线性区。运放工作在线性区可构成模拟信号运算放大电路、正弦波振荡电路和有源滤波电路等。

1. 反相比例运算电路

图 3.5 所示为反相比例运算电路。其中，R_F 为反馈电阻，跨接在输出端和反相输入端之间，构成电压并联负反馈电路；R_i 为输入电阻，R_P 为平衡电阻。为保证电路处于对称状态，就要使运放的反相输入端和同相输入端的外接电阻相等，即满足 $R_P = R_F//R_i$ 的条件，输入信号 u_i 从反相输入端加入。

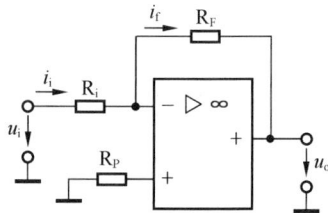

图 3.5　反相比例运算电路

观察电路，由"虚断"概念可得，通入 R_P 的电流为零，因此运放的同相输入端电位可看作与"地"电位相等。由"虚短"概念又可得反相输入端的电位等于同相输入端的电位，即 $U_- = U_+ =$ "地"电位。反相输入端并未接"地"却具有"地"电位的现象称为"虚地"。分析电路可知

$$i_i = \frac{u_i}{R_i} = i_f = \frac{u_o}{R_F}$$

由上式可推出反相比例运算电路的闭环电压放大倍数为

$$A_{uf} = \frac{u_o}{u_i} = -\frac{R_F}{R_i} \quad (3.3)$$

式（3.3）中负号说明输出电压 u_o 与输入电压 u_i 反相。可见，反相比例运算电路的闭环电压放大倍数实际上就是其比例运算常数。由式（3.3）又可得出电路输出电压与输入电压的关系式为

$$u_o = -\frac{R_F}{R_i} u_i \quad (3.4)$$

显然，输出电压与输入电压之间的比例运算常数由反馈电阻 R_F 和输入电阻 R_i 决定，与集成运放本身的参数无关。要想获得所需的输出、输入电压运算关系，只需选择合适的外接电阻即可，而且外接电阻的阻值精度越高，运放的运算精度和稳定性也越好。

当 $R_i = R_F$ 时，$u_o = -u_i$ 或 $A_{uf} = -1$，表明输出电压与输入电压大小相等、极性相反，运放做一次变号运算，故也常把反相比例运算电路称为反相器。互补金属氧化物半导体（Complementary Metal Oxide Semiconductor，CMOS）反相器在模拟电路中通常应用于音频放大器、时钟振荡器等，另外凭借其互补结构所具备的优势成为数字电路设计中应用最广泛的器件之一。

2. 同相比例运算电路

图 3.6 所示为同相比例运算电路。输入信号从同相输入端加入，反相输入端经 R_1 接地，R_F 接在运放的输出端与反相输入端之间，构成电压串联负反馈电路。

由理想运放的两条重要结论可推出：由于"虚断"，通过 R_2 的电流为零，因此，同相输入端电位 $U_+ = u_i$；由"虚短"可知 $U_- = U_+ = u_i$。

依据图 3.6 所示各电压、电流的参考方向可得

$$i_1 = -\frac{u_i}{R_1} = i_f = -\frac{u_o - u_i}{R_F}$$

由此可得同相比例运算电路输出电压与输入电压之间的关系式为

$$u_o = \left(1 + \frac{R_F}{R_1}\right)u_i \qquad\qquad (3.5)$$

式（3.5）表明输出电压与输入电压同相，电路的比例系数恒大于 1，而且仅由外接电阻的数值来决定，与运放本身的参数无关。当外接电阻 $R_1 = \infty$ 或反馈电阻 $R_F = 0$ 时，有

$$u_o = \left(1 + \frac{R_F}{R_1}\right)u_i = u_i$$

此时输出电压等于输入电压，同相比例运算电路在此状态下构成电压跟随器。电压跟随器一般用作多级放大电路的缓冲级或隔离级。

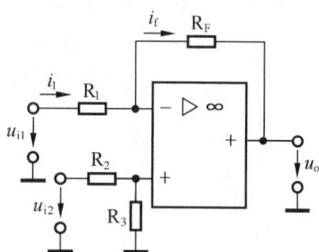

3. 双端输入差分运算电路

双端输入差分运算电路如图 3.7 所示。为保证输入端平衡，电路中 $R_1 = R_2$、$R_3 = R_F$。

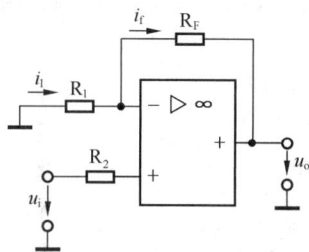

图 3.6　同相比例运算电路　　　　　图 3.7　双端输入差分运算电路

实质上，双端输入差分运算电路是由反相输入和同相输入两种运放组合而成的。由于放大器工作在线性区，因此可用叠加定理分析电路的输出和输入关系。

首先令 $u_{i1} = 0$，只考虑 u_{i2} 单独作用下的情况。显然，这时的电路是一个同相输入运算电路，由图 3.7 所示可得同相输入端电位为

$$u_+ = u_{i2}\frac{R_3}{R_2 + R_3}$$

由"虚短"可得

$$u_- = u_+ = u_{i2}\frac{R_3}{R_2 + R_3}$$

根据前面讨论的同相比例运算电路输出与输入的关系可得

$$u_{o2} = \left(1 + \frac{R_F}{R_1}\right)u_- = \frac{(R_1 + R_F)R_3}{R_1(R_2 + R_3)}u_{i2}$$

因为 $R_1 = R_2$、$R_3 = R_F$，由此可得

$$u_{o2} = \frac{R_3}{R_2}u_{i2} = \frac{R_F}{R_1}u_{i2}$$

再令 $u_{i2} = 0$，只考虑 u_{i1} 单独作用的情况。显然，这时的电路是一个反相输入运算电路，反相比例运算电路总是存在"虚地"现象，由前面的讨论可得

$$u_{o1} = -\frac{R_F}{R_1} u_{i1}$$

最后根据叠加定理可得出

$$u_o = u_{o1} + u_{o2} = \frac{R_F}{R_1}(u_{i2} - u_{i1}) \tag{3.6}$$

如果再有 $R_1 = R_F$，则

$$u_o = \frac{R_F}{R_1}(u_{i2} - u_{i1}) = u_{i2} - u_{i1} \tag{3.7}$$

实现输出对输入的减法运算。

双端输入差分运算电路广泛应用于直接耦合电路和测量电路的输入级。

4. 微分运算电路

把反相比例运算电路中的输入电阻 R_i 用 C_1 代替，即构成微分运算电路，如图 3.8 所示。

微分运算电路中，当输入信号频率较高时，电容的容抗减小、放大倍数增大，因而对输入信号中的高频干扰非常敏感。

由理想运放的"虚断"和"虚短"条件可得

$$i_1 = C_1 \frac{du_c}{dt} = C_1 \frac{du_i}{dt}$$

$$u_o = -i_f R_F = -i_1 R_F$$

由此可得

$$u_o = -R_F C_1 \frac{du_i}{dt} \tag{3.8}$$

可见，微分运算电路的输出电压与输入电压对时间的微分成正比。微分运算电路中的比例常数取决于时间常数 $\tau = R_F C_1$。当输入信号为矩形波电压时，输出信号为尖脉冲电压，其波形变换如图 3.9 所示。

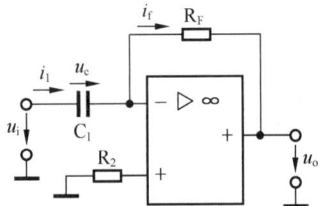

图 3.8 微分运算电路

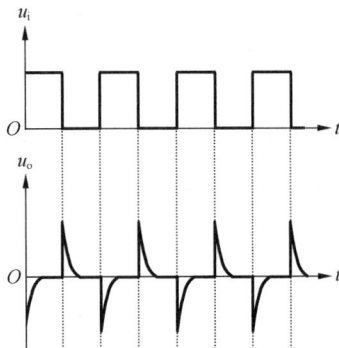

图 3.9 微分运算电路的波形变换

微分运算电路主要用于脉冲电路、模拟计算机和测量仪器中，以获取蕴含在脉冲前沿和后沿中的信息，例如提取时基标准信号等。

5. 积分运算电路

只要把微分运算电路中的 R_F 和 C_1 的位置互换，就构成了积分运算电路，如图 3.10 所示。

由理想运放的"虚断"和"虚短"条件可得

$$i_1 = i_f = \frac{u_i}{R_1}$$

$$u_o = -u_i = -\frac{1}{C_F}\int i_f \mathrm{d}t$$

$$= -\frac{1}{C_F}\int \frac{u_i}{R_1}\mathrm{d}t = -\frac{1}{R_1 C_F}\int u_i \mathrm{d}t$$

（3.9）

可见，输出电压 u_o 与输入电压 u_i 对时间的积分成正比，其比例常数取决于积分时间常数 $\tau = R_1 C_F$，式（3.9）中的负号表示输出电压与输入电压反相。积分运算电路主要用于波形变换、放大电路失调电压的消除以及反馈控制中的积分补偿等场合。

6. 集成运放线性应用实例

应用实例 1——测振仪。测振仪组成如图 3.11 所示。

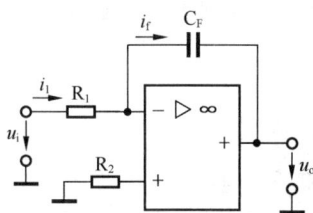

图 3.10　积分运算电路

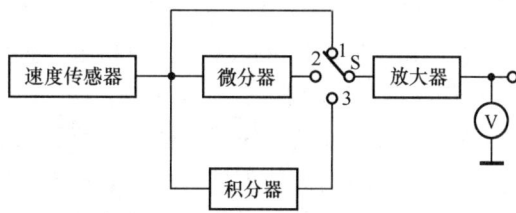

图 3.11　测振仪组成

测振仪用于测量物体振动时的位移、速度和加速度。设物体振动的位移为 x、振动的速度为 v、加速度为 a，则

$$v = \frac{\mathrm{d}x}{\mathrm{d}t}; \quad a = \frac{\mathrm{d}v}{\mathrm{d}t} = \frac{\mathrm{d}^2 x}{\mathrm{d}t^2}; \quad x = \int v \mathrm{d}t$$

图 3.11 中速度传感器产生的信号与速度成正比，开关在位置"1"时，它可直接放大速度信号来测量速度；开关在位置"2"时，速度信号经微分器进行微分运算再放大，可测量加速度 a；开关在位置"3"时，速度信号经积分器进行积分运算再放大，可测量位移 x。在放大器的输出端，可接测量仪表或示波器进行观察和记录。

应用实例 2——光电转换电路，如图 3.12 所示。

光电传感器有光电二极管、光敏电阻、光电三极管和光电池等，它们都是电流器件。其在光照作用下会产生电流，将光

图 3.12　光电转换电路

信号转换成电信号，经放大后即可进行检测与控制。

光电二极管的结构在前面讲过，是由一个 PN 结构成的，只是其 PN 结面积较大，可以增加受光的面积；PN 结的结深很浅（小于 10^{-6}m），可以提高光电转换效率。

光电二极管工作在反向状态，无光照时，其反向电流一般小于 $0.1\mu A$，常称为暗电流，

这时光电二极管的反向电阻很大，高达几兆欧；有光照时，在光激发下，反向电流随光照强度而增大，称为光电流，这时的反向电阻可降至几十欧以下。图 3.12 所示电路中，有光照时产生的光电流 i_f 的流向为 $u_o \rightarrow R_F \rightarrow VD \rightarrow -U$，这时集成运放的输出电压 $u_o = i_f R_F$。

3.2.2 集成运放的非线性应用

1. 集成运放应用在非线性区的特点

① 集成运放应用在非线性电路时，处于开环或正反馈状态下。非线性应用中的运放本身不带负反馈，这一点与线性应用中的运放有着明显的不同。

② 运放在非线性应用状态下，同相输入端和反相输入端上的信号电压大小不等，因此"虚短"不再成立。当同相输入端信号电压 U_+ 大于反相输入端信号电压 U_- 时，输出端电压 $U_O = +U_{OM}$；当同相输入端信号电压 U_+ 小于反相输入端信号电压 U_- 时，输出端电压 $U_O = -U_{OM}$。

③ 非线性应用下的运放，虽然同相输入端和反相输入端信号电压不等，但由于其输入电阻很大，所以输入端的信号电流仍可视为零值。因此，非线性应用下的运放仍然具有"虚断"的特点。

④ 非线性区的运放，其输出电阻仍可以认为是零值。此时运放的输出量与输入量之间为非线性关系，输出端信号电压或为正饱和值，或为负饱和值。

2. 单门限电压比较器

集成运放工作在非线性区时可构成各种电压比较器和矩形波发生器等。其中电压比较器的功能主要是对送到运放输入端的两个信号（模拟输入信号和基准电压信号）进行比较，并在输出端以高、低电平的形式给出比较结果。

单门限电压比较器电路如图 3.13（a）所示。把输入信号电压 u_i 接入反相输入端，基准电压 U_R 接入同相输入端。当 $u_i < U_R$ 时，$u_o = +U_{OM}$；当 $u_i > U_R$ 时，$u_o = -U_{OM}$。由图 3.13（b）所示传输特性曲线还可看出，$u_i = U_R$ 是电路状态转换点，此时输出电压 u_o 产生跃变，实际情况如图 3.13（b）中虚线所示。

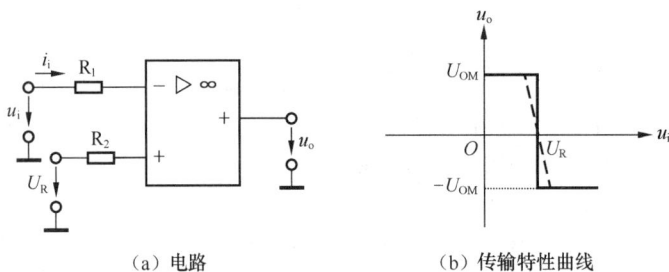

（a）电路　　　　（b）传输特性曲线

图 3.13　单门限电压比较器

实际应用中，输入模拟电压 u_i 也可接入集成运放的同相输入端，而基准电压 U_R 作用于运放的反相输入端，对应电路的工作特性也随之改变：$u_i > U_R$ 时，$u_o = +U_{OM}$；$u_i < U_R$ 时，$u_o = -U_{OM}$。由于这种电路只有一个门限电压值 U_R，故称为单门限电压比较器。

单门限电压比较器的基准电压 $U_R = 0V$ 时，输入电压每经过一次零值，输出电压就要产生一次跃变，这时的单门限电压比较器称为过零电压比较器。过零电压比较器的电路与传输特性曲线如图 3.14 所示。过零电压比较器一般用作过零检测。

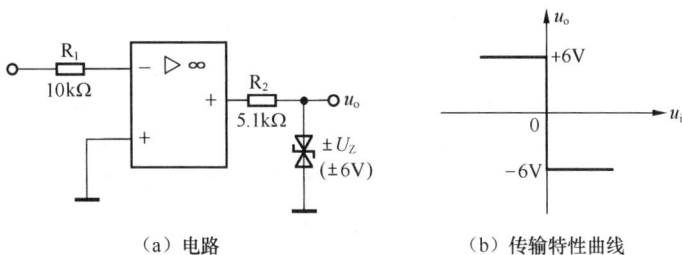

（a）电路　　　　（b）传输特性曲线

图 3.14　过零电压比较器

3. 滞回电压比较器

滞回电压比较器是一种能判断出两种控制状态的开关电路，广泛应用于自动控制电路中。

在单门限电压比较器电路的基础上，通过反馈网络 R_1 和 R_2 将输出电压的一部分回送到运放的同相输入端，就构成了图 3.15（a）所示具有正反馈特性的滞回电压比较器电路，图 3.15（b）所示为它的传输特性曲线。

开环电压比较器的缺点是抗干扰能力较差。由于集成运放的开环电压放大倍数 A_{uo} 很大，如果输入电压 u_i 在转换点附近有微小的波动，输出电压 u_o 就会在 $\pm U_Z$（或 $\pm U_{OM}$）之间上下跃变。如有干扰信号进入，开环电压比较器也极易误翻转。解决的办法是引入适当正反馈，即采用滞回电压比较器。图 3.15 所示的输出电压 u_o 经电阻 R_2、R_3 分压得到 U_B，接入同相输入端，作为基准电压。当 $u_o=+U_Z$ 时，$U_B=U_{B1}=+U_Z R_2/(R_2+R_3)$；当 $u_o=-U_Z$ 时，$U_B=U_{B2}=-U_Z R_2/(R_2+R_3)$。$R_2$ 和 R_3 组成正反馈电路，可加速集成运放在高、低输出电压之间的转换，使传输特性跃变陡度加大，使之接近垂直的理想状态。正反馈的作用过程：当 $u_i=U_{B1}$ 时，$u_o\downarrow\rightarrow U_B\downarrow\rightarrow (u_i-U_B)\uparrow\rightarrow u_o\downarrow$。

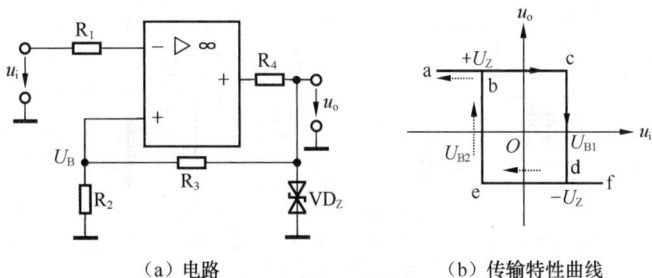

（a）电路　　　　（b）传输特性曲线

图 3.15　滞回电压比较器

如图 3.15（b）所示，当输入信号电压由 a 点负值开始增大时，输出电压 $u_o=+U_Z$，直到输入电压 $u_i=U_{B1}$ 时，u_o 由 $+U_Z$ 跃变到 $-U_Z$，电压传输特性为 a→b→c→d→f；若输入信号电压 u_i 由 f 点正值开始逐渐减小，输出信号电压 u_o 原来等于 $-U_Z$，当输入电压 $u_i=U_{B2}$ 时，u_o 由 $-U_Z$ 跃变到 $+U_Z$，电压传输特性为 f→d→e→b→a。传输特性曲线中的 U_{B1}、U_{B2} 称为状态转换点，又称为上、下门限电压，$\Delta U=U_{B1}-U_{B2}$ 称为回差电压。由于此电压比较器在电压传输过程中具有滞回特性，因此称为滞回电压比较器。滞回电压比较器存在回差电压，使电路的抗干扰能力大大增强。

滞回电压比较器常用来组成整形、波形产生等电路。

4. 方波发生器

图 3.16 所示为方波发生器。

由图 3.16 可看出，方波发生器电路是在滞回电压比较器电路的基础上，增加一条 RC 反馈支路构成的。工作原理：输出端的两只稳压二极管反向串联、双向限幅，使 $u_o = \pm U_Z$。R_2 和 R_3 组成的正反馈电路为同相输入端提供基准电压 U_B；R_1 和 C 构成反馈电路，为反相输入端提供电压 u_C。集成运放接成电压比较器，将反馈电路 u_C 与 U_B 进行比较，根据比较结果来决定输出电压 u_o 的状态。当 $u_C > U_B$ 时，$u_o = -U_Z$；当 $u_C < U_B$ 时，$u_o = +U_Z$。

接通电源的瞬间，电路中的电流突变，由于电路中任一种电干扰都能通过正反馈的积累使输出电压达到 $+U_Z$ 或 $-U_Z$，因此，假设开始时 $u_o = +U_Z$，有

$$U_B = U_{B1} = +\frac{R_2}{R_2 + R_3}U_Z$$

此时 u_o 通过 R_F 向 C 充电，充电电流如图 3.16（a）中实线箭头所示，u_C 按指数规律增大，由此可得

$$U_B = U_{B2} = -\frac{R_2}{R_2 + R_3}U_Z$$

电容 C 经 R_1 放电，如图 3.16（a）中虚线箭头所示，u_C 按指数规律衰减。当 u_C 按指数规律衰减到等于 U_{B2} 时，u_o 又再一次翻转，跃变为 $+U_Z$。如此周而复始，便得到一串方波电压，其波形如图 3.16（b）所示。

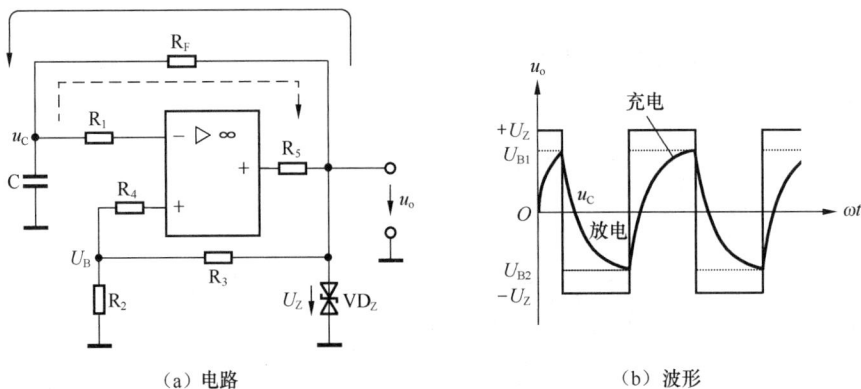

（a）电路　　　　　　　　　　　　　　　（b）波形

图 3.16　方波发生器

方波发生器是非正弦发生器中应用最广泛的电路之一，数字电路中的时钟脉冲信号就是由方波发生器提供的。

5. 文氏桥正弦波振荡器

文氏桥正弦波振荡器

文氏桥正弦波振荡器在各种电子设备中均得到广泛的应用。例如，无线发射机中的载波信号源，接收设备中的本地振荡信号源，各种测量仪器如信号发生器、频率计、f_T 测试仪中的核心部分以及自动控制环节，都离不开文氏桥正弦波振荡器。

正弦波振荡器可分为两大类：一类是利用正反馈原理构成的反馈型振荡器，它是目前应用较多的一类振荡器；另一类是负阻振荡器，它将负阻器件直接接到谐振回路中，利用负阻器件的负电阻效应去抵消回路中的损耗，从而产生等幅的自由振荡，这类振荡器主要工作在微波频段。

结构原理：文氏桥正弦波振荡器如图 3.17 所示。文氏桥正弦波振荡器结构上除有由 RC 选频网络和集成运放构成的正反馈通道外，还有起稳幅作用的 R_F 构成的负反馈通道。

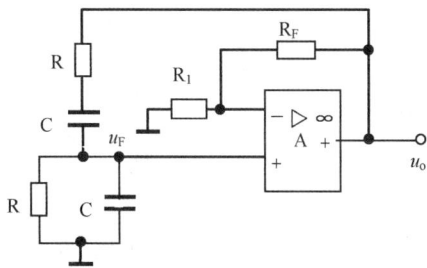

图 3.17　文氏桥正弦波振荡器

集成运放和电阻 R_F、R_1 组成的同相放大器作为基本放大电路，当 $\omega = \omega_0 = 1/RC$ 时正反馈通道的反馈系数 $F=1/3$。如果 $R_F=2R_1$，则同相放大器的电压放大倍数 $A_u=3$，可满足自激振荡条件 $A_uF=1$。同时，文氏桥正弦波振荡器 RC 选频网络中的 u_F 与 u_0 同相位，即 $\varphi_A = 0°$、$\varphi_F = 0°$、$\varphi_A + \varphi_F = 0°$，满足自激振荡的相位条件。所以该电路可以产生自激振荡，输出正弦波 u_0 的频率为

$$f_0 = \frac{\omega_0}{2\pi} = \frac{1}{2\pi RC}$$

工作原理：当文氏桥正弦波振荡器接通电源时，电路中便会产生冲击电压和电流，因此在同相放大器的输出端产生一个微小的输出电压信号，该电压信号为起始信号，是一个非正弦波。我们知道，非正弦波可看作一系列正弦谐波的叠加，正弦谐波中必含有频率为 f_0 的正弦量。如果文氏桥正弦波振荡器的 $A_uF=1$，即 $A_u>3$，则这个频率为 f_0 的正弦谐波就被选频网络选出来并被放大，周而复始，使之幅度越来越大，而其他频率的分量被衰减，因而 u_0 中只含有频率为 f_0 的正弦信号。

任务实施　集成运放的线性应用实验

一、实验目的

1. 进一步巩固和理解集成运放线性应用的基本运算电路构成及功能。
2. 加深对线性状态下集成运放工作特点的理解。

二、实验主要仪器设备

1. 模拟电子实验台或模拟电子实验箱（一套）。
2. 集成运放芯片 μA741（两只）。
3. 电阻、导线等其他相关设备（若干）。

三、实验电路

集成运放的线性应用电路如图 3.18 所示。

四、实验原理

1. 集成运放引脚排列的认识

集成运放 μA741 除了有同相、反相两个输入端，还有分别为+12V 和–12V 的两个电源端，一个输出端，另外留有外接调零补偿电位器的两个端口，是多脚元件，如图 3.19 所示。引脚 2 为运放的反相输入端，引脚 3 为同相输入端，这两个输入端对运放的应用极为重

要，实用中和实验时要注意绝对不能接错。

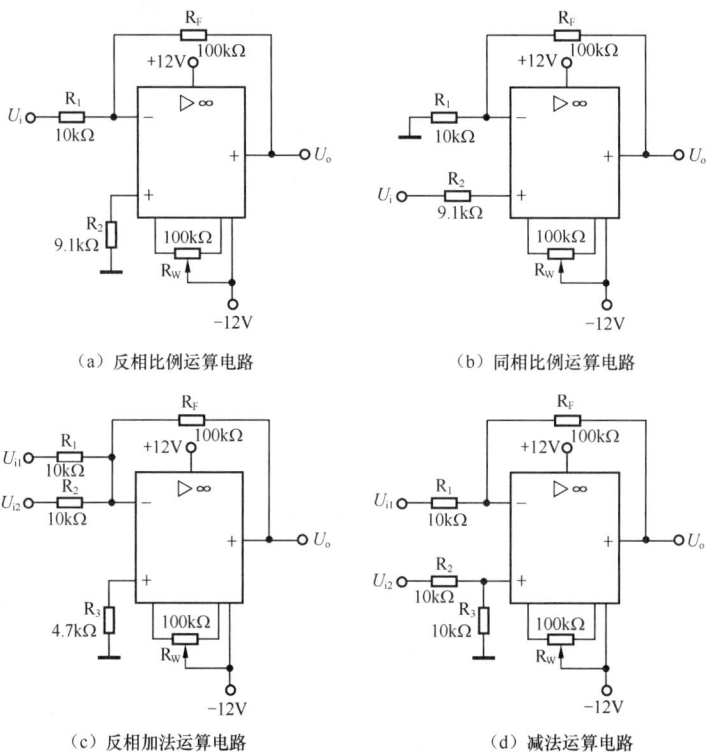

（a）反相比例运算电路　　　　　　　　　（b）同相比例运算电路

（c）反相加法运算电路　　　　　　　　　（d）减法运算电路

图 3.18　集成运放的线性应用电路

（a）实物　　　（b）引脚排列

图 3.19　集成运放实物及引脚排列

引脚 6 为集成运放的输出端，实用中与外接负载相连，接示波器探针。

引脚 1 和引脚 5 是外接调零补偿电位器端，集成运放的电路参数和晶体管特性不可能完全对称，因此，在实际应用中，若输入信号为零而输出信号不为零，就需调节引脚 1 和引脚 5 之间电位器 R_W 的阻值，调至输入信号为零、输出信号也为零时方可。

引脚 4 为负电源端，接–12V 电位；引脚 7 为正电源端，接+12V 电位。这两个引脚都是集成运放的外接直流电源引入端，使用时不能接错。

引脚 8 是空脚，使用时可以做悬空处理。

2. 运算公式

实验中各运算电路参数设置如图 3.18 所示，相应的运算公式如下。

图 3.18（a）：
$$U_o = -\frac{R_F}{R_1}U_i \qquad\qquad \text{平衡电阻 } R_2 = R_1 // R_F$$

图 3.18（b）：
$$U_o = \left(1 + \frac{R_F}{R_1}\right)U_i \qquad\qquad \text{平衡电阻 } R_2 = R_1 // R_F$$

图 3.18（c）：
$$U_o = -\left(\frac{R_F}{R_1}U_{i1} + \frac{R_F}{R_2}U_{i2}\right) \qquad\qquad R_3 = R_1 // R_2 // R_F$$

当 $R_1=R_2=R_F$ 时，有　　　　　　　　　　　　　　　　$U_o = -(U_{i1} + U_{i2})$

图 3.18（d）中，当 $R_1=R_2$、$R_3=R_F$ 时，有　　　　$U_o = \dfrac{R_F}{R_1}(U_{i2} - U_{i1})$

若再有 $R_1=R_2=R_3=R_F$，则有　　　　　　　　　　　$U_o = U_{i2} - U_{i1}$

五、实验步骤

1. 认识集成运放各引脚的位置，按要求细心把集成运放芯片插放在芯片座中，使之插接牢固。引脚位置不能插错，正、负电源极性不能接反，否则将会损坏集成芯片。

2. 在实验设备的直流稳压电源处，调出+12V 和−12V 两个电压，分别接入实验电路芯片的引脚 7 和引脚 4。除固定电阻外，可变电阻用万用表欧姆挡调出电路所需数值，在相应位置相连。

3. 按照图 3.18（a）所示电路连线。连接完毕，首先调零和消振：使输入信号为零，然后调节调零电位器 R_W，用万用表直流电压挡检测输出，使输出电压也为零。

4. 输入 U_i=0.5V 的直流信号或 f=100Hz、U_i=0.5V 的正弦交流信号，连接于固定电阻 R_1 的一个引出端，R_1 的另一个引出端与集成芯片的反相端相连。

5. 观测相应电路输出 U_o 的数值及波形，验证输出是否对输入实现了比例运算，并记录下来。

6. 分别按照图 3.18（b）、（c）和（d）所示实验电路连接并观测，认真分析电路输出和输入之间的关系是否满足各种运算，逐一记录在自制的表格中。

六、实验分析思考题

1. 实验中为何要预先对电路进行调零？不调零对电路有什么影响？

2. 在比例运算电路中，R_F 和 R_1 的大小对电路输出有何影响？

思考与问题

1. 集成运放的线性应用主要有哪些特点？

2. "虚地"现象只存在于线性应用运放的哪种运算电路中？

3. 集成运放的非线性应用主要有哪些特点？

4. 画出滞回电压比较器的电压传输特性曲线，说明其工作原理。

5. 举例说明理想运放两个重要概念在运放电路分析中的作用。

6. 工作在线性区的集成运放，为什么要引入深度电压负反馈？反馈电路为什么要接到反相输入端？

【学海领航】

集成电路产业作为信息技术产业群的基础和核心，已成为关系国民经济和社会发展的战略性、基础性和先导性产业。集成电路产业链上、中、下游紧密联动：上游包括芯片制造材料和封装材料等原材料、生产设备和电路设计；中游包括芯片制造和封装测试等；下游包括集成电路在各个行业中的应用，如计算机、物联网、汽车电子、数据处理等领域。

我国集成电路产业在产业政策的支持及市场的拉动下，逐渐地迈入高速发展期并保持高速增长，整体实力显著提升。目前，我国集成电路行业已在全球集成电路产业中占据重要地位。

项目实训　识读集成电路图

在无线电设备中，集成电路的应用越来越广泛，识读集成电路图是实用电子技术中的一个重点，也是能力训练中的一个难点。

1. 集成电路图的功能

集成电路图具有以下功能。

（1）集成电路图用于表达集成电路各引脚外电路结构、元器件参数等，从而表达整个集成电路的完整工作情况。

（2）有些集成芯片的应用电路中会画出集成芯片的内电路方框图，这对分析集成芯片应用电路相当方便，但是这种表示方式不多。

（3）集成电路有典型应用电路和实际应用电路两种，前者在集成电路手册中可以查到。这两种应用电路相差不大，根据这一特点，在没有实际应用电路图时，可以用典型应用电路图作为参考，这一方法在集成电路维修中经常采用。

（4）一般情况下，集成电路表达一个完整的单元电路或一个电路系统。但在实际应用中，一个完整的电路系统常常要用到两个或更多集成芯片。

2. 集成电路图的特点

集成电路图具有下列特点。

（1）大部分集成电路不会画出内电路方框图，这对识图不利，尤其对初学者进行电路原理分析更为不利。

（2）对初学者而言，分析集成电路要比分析分立元器件的电路更为困难，原因是初学者对集成芯片内部电路不太了解。实际上，识图也好、修理也好，集成电路比分立元器件的电路更为方便。

（3）对初学者而言，在先大致了解集成芯片的内部电路和详细了解各引脚作用的情况下，再识读集成电路图会比较方便。因为同类型集成电路具有一定的规律，在掌握了它们的共性后，可以比较方便地分析许多不同功能、不同型号的集成芯片应用电路。

3. 识读集成电路图的方法和注意事项

识读集成电路图的方法和注意事项如下。

（1）了解各引脚的作用是关键

可以查阅有关集成电路应用手册了解各引脚的作用。了解各引脚作用之后，分析各引脚外电路工作原理和元器件的作用就方便了。例如，知道引脚1是输入引脚，那么与引脚1所串联的电容就是输入端耦合电容，与引脚1相连的电路就是输入电路。

（2）了解集成电路各引脚作用的3种方法

① 查阅有关资料。

② 根据集成电路的内电路方框图进行分析。

③ 根据集成电路中各引脚外电路特征进行分析。

第③种方法要求识图者有比较好的电路分析基础。

（3）集成电路分析步骤

集成电路分析步骤如下所述。

① 直流电路分析。这一步主要进行电源和接地引脚外电路的分析。

注意：电源引脚有多个时，要分清这几个电源引脚之间的关系，也要分清多个接地引脚。分清多个电源引脚和接地引脚对修理是有用的。

② 信号传输分析。这一步主要分析信号输入引脚和输出引脚外电路。当集成电路有多个输入、输出引脚时，要搞清楚是前级还是后级电路的输出引脚。对于双声道电路，还要分清左、右声道的输入和输出引脚。

③ 其他引脚外电路分析。例如，找出负反馈引脚、消振引脚等，这一步的分析是十分困难的，对初学者而言要借助于引脚作用资料或内电路方框图。

④ 有了一定的识图能力后，识图者要学会总结各种功能集成电路的引脚外电路规律，并掌握这种规律，这对提高识图速度是有用的。例如，输入引脚外电路的规律是通过一个耦合电容或一个耦合电路与前级电路的输出端相连；输出引脚外电路的规律是通过一个耦合电路与后级电路的输入端相连。

⑤ 分析集成电路的内电路对信号的放大、处理过程时，最好查阅该集成电路的内电路方框图。分析内电路方框图时，可以通过信号传输线路中的箭头指示，了解信号经过了哪些放大环节或处理环节，以及信号最后是从哪个引脚输出的。

⑥ 了解集成电路的一些关键测试点、引脚直流电压规律等对检修电路十分有用。OTL 电路输出端的直流电压等于集成电路直流工作电压的一半；OCL 电路输出端的直流电压等于 0V；平衡桥式（Balanced Transformer Less，BTL）电路两个输出端的直流电压相等，单电源供电时等于直流工作电压的一半，双电源供电时等于 0V；等等。当集成电路两个引脚之间接有电阻时，该电阻将影响这两个引脚上的直流电压；当两个引脚之间接有线圈时，这两个引脚的直流电压是相等的，不相等时必定是线圈出现了开路故障；当两个引脚之间接有电容或 RC 串联电路时，这两个引脚的直流电压肯定不相等，若相等则说明该电容已经被击穿。

⑦ 一般情况下不需要分析集成芯片的内电路工作原理，因为这种分析基本上无意义。

4. 识图训练

（1）自动选曲电路

图 3.20 所示为高档磁带机的自动选曲电路，电路中输入电压是交流选曲信号，K_1 是插棒式继电器，VT_6 是 K_1 的驱动管。只有 VT_6 正常放大时，插棒式继电器 K_1 线圈中才有电流流过。

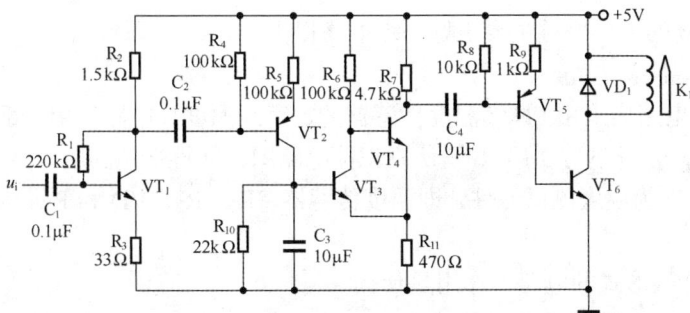

图 3.20　自动选曲电路

仔细识读图 3.20 所示电路后回答下列问题。

① 三极管 VT_1 构成什么组态的电路？

② 电阻 R_4 是三极管 VT_2 的基极偏置电阻吗？

③ 二极管 VD_1 有什么作用？

④ 如果 VT_5 截止，VT_6 会导通吗？

自动选曲电路工作原理分析：电路进入选曲状态时，磁头快速搜索至有节目的磁带。当选曲信号 u_i 幅度足够大时，电路中 VT_5 和 VT_6 均处于截止状态，插棒式继电器 K_1 线圈不得电而不动作，机器处于选曲时的快速搜索状态；当磁头搜索到无节目的空白段磁带时，u_i 幅度减小，VT_6 导通，此时插棒式继电器 K_1 线圈中因有电流流过而动作，释放快进或快退键，终止选曲，机器进入自动放音状态，实现自动选曲功能。

（2）具有增益的有源天线

具有增益的有源天线电路如图 3.21 所示。电路的频率范围为 100kHz ～ 30MHz，电路的电压增益范围为 12 ～ 18dB。

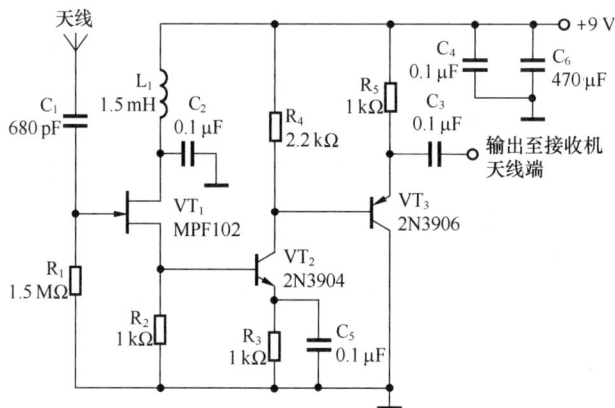

图 3.21　具有增益的有源天线电路

仔细识读图 3.21 所示电路后回答下列问题。

① 电路采用怎样的耦合方式？

② 输入级 VT_1 为什么采用场效应管电路？

③ VT_3 构成什么组态的电路？用此种电路的优点是什么？

④ VT_2 有什么作用？

⑤ 12 ～ 18dB 的电压增益主要由哪一级电路提供？

（3）数字式温度计电路

图 3.22 所示电路为采用 PN 结温度传感器的数字式温度计电路，由 3 部分组成，测量范围为 –50 ～ 150℃，分辨率为 0.1℃。请认真识读电路图，回答下列问题。

① 二极管 VD 为温度测试元件，即温度传感器。R_1、R_2、VD 和 R_{W1} 构成的电路具有什么特点？

② A_2 构成什么形式的电路？作用是什么？

③ 试分析 A_1、A_2 输出电压的表达式。

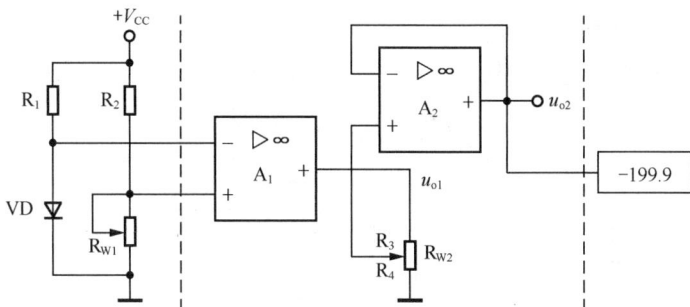

图 3.22 数字式温度计电路

（4）μA741 型集成运放的内部原理电路

图 3.23 所示为第二代双极型通用运算放大器 μA741 型集成运放的内部原理电路。其中用点画线标出了电路的输入级、偏置电路、中间级和输出级 4 个主要组成部分。仔细识读电路后，回答下列问题。

① 输入级电路主要由哪些晶体管组成？说明输入级电路具有哪些特点。

② 中间级电路主要由哪些晶体管组成？有何特点？为什么采用这种特点的电路？

③ 输出级电路主要由哪些晶体管组成？有何特点？在 VT_{23} 的发射极回路接入 VT_{18}、VT_{19} 和 R_8 的作用是什么？

④ 偏置电路主要由哪些晶体管组成？

⑤ 该集成电路除了输入级、偏置电路、中间级和输出级 4 部分之外，还具有保护电路部分，试找出电路中起保护作用的晶体管。

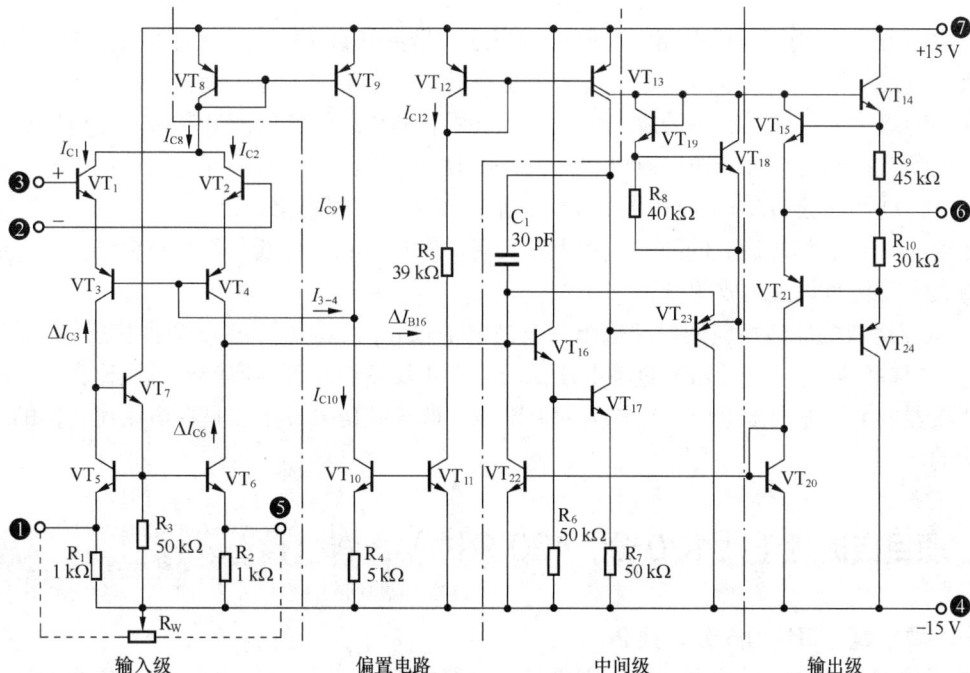

图 3.23 μA741 型集成运放的内部原理电路

5. 集成运放国内外型号对照

集成运放国内外型号对照见表3.1。

表3.1　　　　　　　　　　　　　　　　集成运放国内外型号对照

名　称	型　号	相同产品型号		类同产品型号	
		国　内	国　外	国　内	国　外
通用Ⅱ型运放	4E304	F005			
	5G23	F004			
		DL792			
高速运放	4E321			F054	
	4E502			F050	μA722
通用Ⅲ型运放	5G24	F007	μA741		
	4E322			F006	
高精度运放	4E325	FC72		F030	AD508
通用Ⅰ型运放	5G922	BG301		F001	μA741
		8FC1		7XC1	
低功耗运放	5G26	F012			
高阻抗运放	5G28	F076			

项目小结

1. 集成运放是利用集成电路工艺制成的高放大倍数的直接耦合放大器，它主要由输入级、中间级、输出级以及偏置电路组成。输入级是提高运算质量的关键一级，一般采用差分运算电路；中间级主要提供足够大的放大倍数，常采用有源负载的共射或共基级放大电路；输出级主要向负载提供足够大的输出电压和电流，一般采用甲乙类功放的互补对称射极输出电路。

2. 在分析集成运放的各种应用电路时，常把集成运放理想化，即 $A_{uo} \to \infty$、$r_i \to \infty$、$r_o \to 0$ 以及 $K_{CMR} \to \infty$。集成运放的线性应用电路具有"虚短"和"虚断"两个重要结论，以此为依据将大大简化对集成运放的分析。

3. 集成运放的非线性应用电路输出只有高电平 $+U_{OM}$ 和低电平 $-U_{OM}$ 两种状态。集成运放开环可组成单门限电压比较器或过零电压比较器，正反馈组态可构成滞回电压比较器，滞回电压比较器的上、下门限电压之差称为回差电压。非正弦信号发生器是在电压比较器的基础上组成的。

项目自测题（共100分，120分钟）

一、填空题（每空0.5分，共20分）

1. 若要集成运放工作在线性区，则必须在电路中引入_____反馈；若要集成运放工作在非线性区，则必须在电路中引入_____反馈或者在_____状态下。集成运放工作在线性区的特点是_____等于零和_____等于零；工作在非线性区的特点是输出电压只具有_____状态和净输入电流等于_____。在运放电路中，运算电路工作在_____区，电压比较器工作在_____区。

2. 集成运放具有_____和_____两个输入端，相应的输入方式有_____输入、_____输入和_____输入 3 种。

3. 理想运放工作在线性区时有两个重要特点：一是差模输入电压_____，称为_____；二是输入电流_____，称为_____。

4. 理想运放的 A_{uo}=_____，r_i=_____，r_o=_____，K_{CMR}=_____。

5. _____比例运算电路总是存在虚地现象，_____比例运算电路中的两个输入端电位等于输入电压。_____比例运算电路的输入电阻大，_____比例运算电路的输入电阻小。

6. _____比例运算电路的输入电流等于零，_____比例运算电路的输入电流等于流过反馈电阻中的电流。_____比例运算电路的比例系数大于 1，而_____比例运算电路的比例系数小于 0。

7. _____运算电路可实现 $A_u > 1$ 的放大器，_____运算电路可实现 $A_u < 0$ 的放大器，_____运算电路可将三角波电压转换成方波电压。

8. _____电压比较器的基准电压 U_R=0V 时，输入电压每经过一次零值，输出电压就要产生一次_____，这时的电压比较器称为_____电压比较器。

9. 集成运放的非线性应用常见电路有_____、_____发生器和_____正弦波振荡器。

10. _____电压比较器的电压传输过程中具有回差特性。

二、判断题（每小题 1 分，共 10 分）

1. 电压比较器的输出电压只有两种数值。　　　　　　　　　　　　　　（　　）
2. 集成运放使用时不接负反馈，电路中的电压增益称为开环电压增益。（　　）
3. "虚短"是指两点并不真正短接，但具有相等的电位。　　　　　　　（　　）
4. "虚地"是指某点与"地"点相接后，具有"地"点的电位。　　　　　（　　）
5. 集成运放不但能处理交流信号，也能处理直流信号。　　　　　　　（　　）
6. 集成运放在开环状态下，输入与输出之间存在线性关系。　　　　　（　　）
7. 同相和反相比例运算电路都存在"虚地"现象。　　　　　　　　　　（　　）
8. 理想运放构成的线性应用电路，电压增益与运放本身的参数无关。（　　）
9. 各种电压比较器的输出只有两种状态。　　　　　　　　　　　　　（　　）
10. 微分运算电路中的电容接在电路的反相输入端。　　　　　　　　　（　　）

三、选择题（每小题 2 分，共 20 分）

1. 理想运放的开环电压放大倍数 A_{uo} 为（　　），输入电阻为（　　），输出电阻为（　　）。
　　A. ∞　　　　　　　　　B. 0　　　　　　　　　C. 不确定

2. 国产集成运放有 3 种封闭形式，目前国内应用最多的是（　　）。
　　A. 扁平式　　　　　　　B. 圆壳式　　　　　　　C. 双列直插式

3. 由运放组成的电路中，工作在非线性状态的电路是（　　）。
　　A. 反相放大器　　　　　B. 差分放大器　　　　　C. 电压比较器

4. 理想运放的两个重要结论是（　　　）。

    A. "虚短"与"虚地"　　　B. "虚断"与"虚短"　　　C. 断路与短路

5. 集成运放一般分为两个工作区，分别是（　　　）。

    A. 正反馈与负反馈　　　B. 线性与非线性　　　C. "虚断"和"虚短"

6. （　　　）比例运算电路的反相输入端为"虚地"点。

    A. 同相　　　　　　　　B. 反相　　　　　　　　C. 双端

7. 集成运放的线性应用存在（　　　）现象，非线性应用存在（　　　）现象。

    A. "虚地"　　　　　　　B. "虚断"　　　　　　　C. "虚断"和"虚短"

8. 各种电压比较器的输出状态只有（　　　）。

    A. 一种　　　　　　　　B. 两种　　　　　　　　C. 3 种

9. 积分运算电路中的电容接在电路的（　　　）。

    A. 反相输入端　　　　　B. 同相输入端　　　　　C. 反相端与输出端之间

10. 分析集成运放的非线性应用电路时，不能使用的概念是（　　　）。

    A. "虚地"　　　　　　　B. "虚短"　　　　　　　C. "虚断"

四、简答题（共 20 分）

1. 集成运放一般由哪几部分组成？各部分的作用如何？（4 分）

2. 何为"虚地"？何为"虚短"？在什么输入方式下才有"虚地"？若把"虚地"真正接"地"，集成运放能否正常工作？（4 分）

3. 集成运放的理想化条件主要有哪些？（3 分）

4. 在输入电压从足够低逐渐增大到足够高的过程中，单门限电压比较器和滞回电压比较器的输出电压各变化几次？（3 分）

5. 集成运放的反相输入端为"虚地"时，同相输入端所接的电阻起什么作用？（3 分）

6. 应用集成运放芯片连成各种运算电路时，为什么要预先对电路进行调零？（3 分）

五、计算题（共 30 分）

1. 图 3.24 所示为应用集成运放组成的测量电阻原理电路，试写出被测电阻 R_x 与电压表电压 U_o 的关系。（10 分）

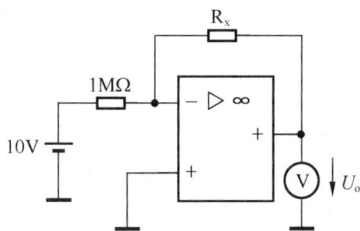

图 3.24　计算题 1 电路

2. 图 3.25 所示电路中，已知 $R_1 = 2k\Omega$，$R_f = 5k\Omega$，$R_2 = 2k\Omega$，$R_3 = 18k\Omega$，$U_i = 1V$，求输出电压 U_o。（10 分）

3. 图 3.26 所示电路中，已知电阻 $R_f = 5R_1$，输入电压 $U_i = 5mV$，求输出电压 U_o。（10 分）

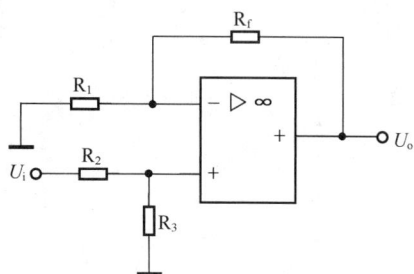

图 3.25　计算题 2 电路

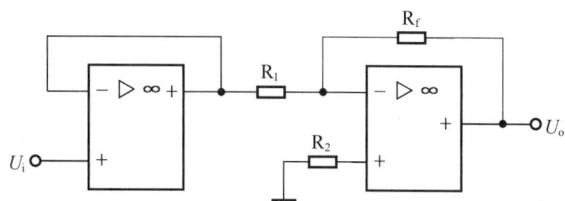

图 3.26　计算题 3 电路

项目 4　逻辑代数基础

项 目 导 入

在数理逻辑的发展史上，布尔被誉为"现代符号逻辑的真正创造者"。

1847 年，英国数学家布尔发表了《逻辑的数学分析》，建立了"布尔代数"，并创造了一套符号系统，利用符号来表示逻辑中的各种概念。布尔建立了一系列的运算法则，利用代数的方法研究逻辑问题，初步奠定了逻辑代数的基础。

逻辑代数的基本运算是逻辑加、逻辑乘和逻辑非，也就是命题演算中的"或""与""非"。运算对象只有两个数——1 和 0，相当于命题演算中的"真"和"假"。

逻辑代数的运算特点如同电路分析中的开和关、高电位和低电位、导电和截止等现象一样，都只有两种不同的状态。因此，逻辑代数在电路分析中得到广泛的应用。

利用电子元件可以组成相当于逻辑加、逻辑乘和逻辑非的门电路，也就是逻辑元件。还能把简单的逻辑元件组成各种逻辑网络，这样任何复杂的逻辑关系都可以用逻辑元件经过适当的组合来实现，从而使电子元件具有逻辑判断的功能。

随着电子技术的发展，集成电路逻辑门已经取代了机械触点开关，故人们更习惯把布尔代数称为开关代数。逻辑代数是数字逻辑设计的理论基础和重要数学工具，在自动控制方面有重要的应用。学习和掌握逻辑代数基础，是每一位电子工程技术人员必须做的。

学 习 目 标

【知识目标】

掌握二进制、十进制、八进制和十六进制之间的转换方法；理解常用码制的特点；了解数字电路的基本概念，熟悉数字信号与模拟信号的区别及各自特点；理解数字逻辑的基本概念，重点掌握与逻辑、或逻辑和非逻辑；了解逻辑代数的表示方法，熟悉逻辑代数的基本公式和常用定律、定理，掌握最小项的含义及逻辑函数的代数化简法、卡诺图化简法。

【技能目标】

具有对二进制、十进制、八进制和十六进制进行熟练转换的技能；具有正确判断逻辑关系的能力；具有运用代数化简法和卡诺图化简法对逻辑函数进行正确化简的能力。

【素质目标】

养成严谨的学习态度，具备自主学习能力；通过讨论养成良好的表达能力和团队合作意识；树立"安全无小事"的观念，具备安全意识、规矩意识。

任务 4.1　计数制和码制

提出问题

什么计数制？计数制中的两个重要概念各自表征什么？常用的计数制有哪些？什么是码制？什么是代码？什么是编码？什么是有权码？什么是无权码？什么是数的原码、反码和补码？

知识准备

逻辑代数是一个封闭的代数系统，逻辑代数和普通代数一样，用字母表示值可以变化的量，即变量。

不同的是，逻辑代数的变量取值只有 0 和 1。逻辑代数的变量取值是用来表征矛盾的双方和判断事件真伪的形式符号，既无大小之分，也无正负之分。

4.1.1　计数制

表示数时，仅用一位数码往往不够，必须用进位计数的方法组成多位数码。多位数码每一位的构成以及从低位到高位的进位规则称为进位计数制，简称计数制。日常生活中，人们常用的计数制是十进制，而在数字电路中通常采用的是二进制，有时也采用八进制和十六进制。

1．计数制中的两个重要概念

（1）基数

各种计数制中数码的集合称为基，该计数制中用到的数码个数称为基数。

如二进制中只有 0 和 1 两个数码，因此二进制的基数是 2；十进制中有 0～9 共 10 个数码，所以十进制的基数是 10；八进制有 0～7 共 8 个数码，所以八进制的基数是 8；十六进制有 0～9 和 A～F 共 16 个数码，所以十六进制的基数是 16。

（2）位权

计数制中，数码所表示的数值等于该数码本身乘以一个与它所在数位有关的常数，这个常数称为"位权"，简称"权"。位权数是该计数制基数的幂。

例如，十进制数：$2368=2×10^3+3×10^2+6×10^1+8×10^0$。

其中各位"10"的幂代表该位上十进制数码的位权。如 10^3 代表 1000，10^2 代表 100，10^1

代表 10，10^0 代表 1。

又如二进制数：$11011=1\times2^4+1\times2^3+0\times2^2+1\times2^1+1\times2^0$。

其中各位"2"的幂代表该位上二进制数码的位权。如 2^4 代表十进制数 16，2^3 代表十进制数 8，2^2 代表十进制数 4，2^1 代表十进制数 2，2^0 代表十进制数 1。

显然，各种计数制中的任意数，均可以用上述按位权展开求和的方法得到它所对应的、人们最熟悉的十进制数。

2. 几种常用计数制的特点

（1）十进制

十进制是人们最熟悉的一种计数制。十进制计数的特点如下。

- 十进制的基数是 10。
- 十进制数的每一位必定是 0、1、2、3、4、5、6、7、8、9 这 10 个数码中的一个。
- 低位数和相邻高位数之间的进位关系是"逢十进一"。
- 同一个数字符号在不同数位上代表的位权各不相同，位权是"10"的幂。

（2）二进制

二进制是数字电路中应用最广泛的一种数值表示方法，在逻辑代数中也经常使用。二进制计数的特点如下。

- 二进制的基数是 2。
- 二进制数的每一位必定是 0 或 1 两个数码中的一个。
- 低位数和相邻高位数之间的进位关系是"逢二进一"。
- 同一个数字符号在不同数位上代表的位权各不相同，位权是"2"的幂。

（3）八进制和十六进制

二进制数的运算规则和实现电路比较简单、方便，但一个较大的十进制数用二进制数表示时，由于位数较多，会给计算机的读和写带来麻烦，且容易出错。所以，人们常用八进制数或十六进制数来读、写二进制数。

① 八进制的特点如下。

- 八进制的基数是 8。
- 八进制数的每一位必定是 0、1、2、3、4、5、6、7 这 8 个数码中的一个。
- 低位数和相邻高位数之间的进位关系是"逢八进一"。
- 同一个数字符号在不同数位上代表的位权各不相同，位权是"8"的幂。

② 十六进制的特点如下。

- 十六进制的基数是 16。
- 十六进制数的每一位必定是 0、1、2、3、4、5、6、7、8、9、A、B、C、D、E、F 这 16 个数码中的一个。

- 低位数和相邻高位数之间的进位关系是"逢十六进一"。
- 同一个数字符号在不同的数位上代表的位权各不相同，位权是"16"的幂。

3. 各种计数制之间的转换

各种计数制转换为十进制时均可采用按位权展开求和的方法，而十进制

各种计数制之间的转换

转换为二进制或其他计数制则较为麻烦。其中十进制转换为二进制是各种计数制之间转换的关键。

（1）十进制转换为二进制

① 十进制整数部分的转换用除 2 取余法。

【例4.1】将十进制数$[47]_{10}$转换为二进制数。

【解】

$$
\begin{array}{r|l}
2 & 4\,7 \quad \cdots\cdots\cdots\cdots\cdots\cdots\cdots\cdots\cdots\quad 余\ 1\cdots\cdots k_0 \\
2 & 2\,3 \quad \cdots\cdots\cdots\cdots\cdots\cdots\cdots\cdots\cdots\quad 余\ 1\cdots\cdots k_1 \\
2 & 1\,1 \quad \cdots\cdots\cdots\cdots\cdots\cdots\cdots\cdots\cdots\quad 余\ 1\cdots\cdots k_2 \\
2 & 5 \quad \cdots\cdots\cdots\cdots\cdots\cdots\cdots\cdots\cdots\quad 余\ 1\cdots\cdots k_3 \\
2 & 2 \quad \cdots\cdots\cdots\cdots\cdots\cdots\cdots\cdots\cdots\quad 余\ 0\cdots\cdots k_4 \\
 & 1 \quad \cdots\cdots\cdots\cdots\cdots\cdots\cdots\cdots\cdots\quad k_5
\end{array}
$$

最低位 k_0 ↑ 最高位 k_5

即$[47]_{10}= [k_5\,k_4\,k_3\,k_2\,k_1\,k_0]_2= [101111]_2$。

② 十进制小数部分的转换用乘 2 取整法。

【例4.2】将十进制小数$[0.125]_{10}$转换为二进制小数。

【解】利用乘2取整法：$0.125\times2=0.25$……取整数部分0

$\qquad\qquad\qquad\qquad 0.25\times2=0.5$………取整数部分0

$\qquad\qquad\qquad\qquad 0.5\times2=1$…………取整数部分1

因此，$[0.125]_{10}=[0.001]_2$。

即首先让十进制数中的小数乘2，所得积的整数为小数点后第一位；保留积的小数部分继续乘2，所得积的整数为小数点后第二位；保留各小数部分再继续乘2，依此类推，直到小数部分等于0或达到所需精度为止。

对上述结果用按位权展开求和方法进行验证：$[0.001]_2=1\times2^{-3} =[0.125]_{10}$。

（2）二进制转换成十进制

二进制正确转换为十进制的关键，是先把二进制转换成八进制和十六进制。

【例4.3】把二进制数$[101111]_2$转换成十进制数（分别先转换成八进制数和十六进制数）。

【解】二进制数转换成八进制数的方法：整数部分从小数点开始向左数，每3位二进制数码分为一组，最后不足3位的补0，读出3位二进制数对应的八进制数，就是二进制数转换为八进制数的整数部分；小数部分从小数点开始向右数，也是每3位二进制数码分为一组，最后不足3位的补0，读出的3位二进制数对应的八进制数，就是二进制数转换为八进制数的小数部分，即

$$[101111]_2=[57]_8$$

再根据按位权展开求和的方法可得出八进制数对应的十进制数为

$$[57]_8 =5\times8^1+7\times8^0=40+7=[47]_{10}$$

二进制数转换成十六进制数的方法：整数部分从小数点开始向左数，每4位二进制数码分为一组，最后不足4位的补0，读出4位二进制数对应的十六进制数，就是二进制数转换为十六进制数的整数部分；小数部分从小数点开始向右数，也是每4位二进制数码分为一组，最后不

足4位的补0，读出4位二进制数对应的十六进制数，就是二进制数转换为十六进制数时的小数部分，即

$$[00101111]_2 = [2F]_{16}$$

再根据按位权展开求和的方法可得出十六进制数对应的十进制数为

$$[2F]_{16} = 2 \times 16^1 + 15 \times 16^0 = 32 + 15 = [47]_{10}$$

几种计数制之间的对照关系见表4.1。

表 4.1 　　　　　　　　　　　　几种计数制之间的对照关系

十进制	二进制	八进制	十六进制
0	0000	0	0
1	0001	1	1
2	0010	2	2
3	0011	3	3
4	0100	4	4
5	0101	5	5
6	0110	6	6
7	0111	7	7
8	1000	10	8
9	1001	11	9
10	1010	12	A
11	1011	13	B
12	1100	14	C
13	1101	15	D
14	1110	16	E
15	1111	17	F

4.1.2　码制

当我们用计算机解决实际问题时，由键盘输入的通常是某个特定信息，但计算机识别的却是二进制数码，其中有一个特定信息向二进制数码转换的过程。也就是说，在使用计算机处理某事件时，首先必须把输入的特定信息转换成计算机所能接受的二进制数码，由此出现了编码、代码、码制等一系列需要学习的知识。

不同数码不仅可以表示不同数量的大小，还能用来表示不同的事物。用数码表示不同事物时，数码本身没有数量大小的含义，只是表示不同事物的代号而已，这时我们把这些数码称为代码。

例如，运动员在参加比赛时，身上往往带有一个表明身份的数码，这些数码显然没有数量的含义，仅仅用于表示不同的运动员。

数字系统中为了便于记忆和处理，在编码时总要遵循一定的规则，这些规则就叫作码制。数字系统是一种处理离散信息的系统。这些离散信息可能是十进制数码、字符或其他特定信息，如电压、压力、温度及其他物理量。但是，数字系统只能识别和处理二进制数码，因此，

各种信息要转换为二进制数码才能被处理。

（1）BCD 码

在数字系统的输入、输出中普遍采用十进制数，这样就产生了用 4 位二进制数表示 1 位十进制数的方法，这种用于表示十进制数的二进制代码称为二进制编码的十进制（Binary Coded Decimal，BCD）码。

BCD 码既具有二进制数的形式，能满足数字系统的要求，又具有十进制的特点，即只有 10 种有效状态。在某些情况下，计算机也可以直接对这种形式的数进行运算。用 4 位二进制数表示 1 位十进制数时，所编成的代码有 2^4=16 种组合状态，而 1 位十进制数只有 0～9 这 10 个数码。因此，从 16 种组合状态中任选出 10 个表示十进制数的代码，方案显然有很多种。实际应用中，我们按照使用方便与否，选择出其中真正有价值的、为数不多的几种，常用的几种 BCD 码见表 4.2。

表 4.2　　　　　　　　　　　　　　常用的几种 BCD 码

十进制数	8421 码	2421 码	余 3 码
0	0000	0000	0011
1	0001	0001	0100
2	0010	0010	0101
3	0011	0011	0110
4	0100	0100	0111
5	0101	1011	1000
6	0110	1100	1001
7	0111	1101	1010
8	1000	1110	1011
9	1001	1111	1100
10	1010（非法）		
11	1011（非法）		
12	1100（非法）	无效码	无效码
13	1101（非法）		
14	1110（非法）		
15	1111（非法）		
位权	$2^3 2^2 2^1 2^0$	$2^1 2^2 2^1 2^0$	无权

从表 4.2 中可看出，8421 码的位权从高位到低位分别为 8、4、2、1 固定不变，故称为 8421 码，也称为恒权码，是有权码中用得最多的一种。

2421 码也是有权码中的一种恒权码。2421 码的特点是码中的 0 和 9、1 和 8、2 和 7、3 和 6、4 和 5 的编码互为反码（即各位取反所得为反码）。

余 3 码是一种无权码。由于每一个余 3 码所表示的二进制数正好比对应的 8421 码所表示的二进制数多 3，故称为余 3 码。由表 4.2 还可看出，余 3 码中的 0 和 9、1 和 8、2 和 7、3 和 6、4 和 5 的编码也互为反码。

以上 3 种 BCD 码的代码只对应十进制 0～9 的数值，剩余编码为无效码，无效码也叫作冗余码。

（2）格雷码

格雷码属于无权码，格雷码有多种代码形式，常用的 4 位循环格雷码特点：相邻两个代码之间仅有一位不同，其余各位均相同。当电路按格雷码计数时，每次状态更新仅有一位代码发生变化，从而减少了出错的可能性。格雷码不仅相邻两个代码之间仅有一位的取值不同，而且首、尾两个代码也仅有一位不同，构成"循环"，故也称为循环码。此外，格雷码还具有"反射性"，如 0 和 15、1 和 14、2 和 13、…、7 和 8 等都只有一位不同，故格雷码又称为反射码。表 4.3 为典型 4 位格雷码与十进制、二进制数码的比较。

表 4.3 典型 4 位格雷码与十进制、二进制数码的比较

十进制数码	二进制数码	格雷码
0	0000	0000
1	0001	0001
2	0010	0011
3	0011	0010
4	0100	0110
5	0101	0111
6	0110	0101
7	0111	0100
8	1000	1100
9	1001	1101
10	1010	1111
11	1011	1110
12	1100	1010
13	1101	1011
14	1110	1001
15	1111	1000

4.1.3 数的原码、反码和补码

数的原码、反码和补码

实际生活中表示数的时候，一般都会在正数前面加"+"号，负数前面加"–"号。但是在数字设备中，机器是不能识别这些的，我们就把"+"号用"0"表示，"–"号用"1"表示，即把符号数字化。

在计算机中，数据是以补码的形式存储的，所以补码在计算机语言的教学中有比较重要的地位，而讲解补码时必须涉及原码、反码。原码、反码和补码是把符号位和数值位一起编码的表示方法，也是机器中数的表示方法，这样表示的"数"便于机器的识别和运算，因此也称为机器码。

1. 原码

原码的最高位是符号位，数值位为原数的绝对值，一般机器码的后面加字母 B。

例如，十进制数 $(+7)_{10}$ 用原码表示时，可写作 $[+7]_原 = 0\ 0000111\ B$，其中左起第一个"0"表示符号位"+"，字母 B 表示机器码，中间 7 位表示机器码的数值。

又如

$$[+0]_原=0\,0000000\,B \qquad [-0]_原=1\,0000000\,B$$
$$[+127]_原=0\,1111111\,B \qquad [-127]_原=1\,1111111\,B$$

显然，8 位二进制数原码的表示范围为 $-127\sim+127$。

2. 反码

正数的反码与其原码相同，负数的反码是对其原码逐位取反得到的，在取反时注意符号位不能变。

例如，十进制数 $(+7)_{10}$ 用反码表示时，可写作 $[+7]_反=0\,0000111\,B$；$(-7)_{10}$ 用反码表示时，逐位取反，得 $[-7]_反=1\,1111000\,B$。数 0 的反码和原码一样，也有两种形式，即

$$[+0]_反=0\,0000000\,B \qquad [-0]_反=1\,1111111\,B$$

反码的最大数值和最小数值分别为

$$[+127]_反=0\,1111111\,B \qquad [-127]_反=1\,0000000\,B$$

显然，8 位二进制数反码的表示范围也是 $-127\sim+127$。

3. 补码

正数的补码与其原码相同，负数的补码是在其反码的末位加 1。符号位不变。

例如，十进制数 $(+7)_{10}$ 用补码表示时，可写作 $[+7]_补=0\,0000111\,B$；$(-7)_{10}$ 用补码表示时，逐位取反，最后加 1 得 $[-7]_补=1\,1111001\,B$。数 0 的补码只有一种形式，即 $[0]_补=0\,0000000\,B$。

补码的最大数值和最小数值分别为

$$[+127]_补=0\,1111111\,B \qquad [-128]_补=1\,0000000\,B$$

即补码用 $[-128]_补$ 代替了 $[-0]_补$，所以 8 位二进制数补码的表示范围是 $-128\sim+127$。

4. 原码、反码和补码之间的相互转换

由于正数的原码、反码和补码表示方法相同，因此不需要转换。只有负数之间存在转换的问题，所以我们仅以负数情况为例进行分析。

任务实施　求解原码、反码和补码

【例4.4】求原码 $[X]_原=1\,1011010\,B$ 的反码和补码。

【解】反码在其原码的基础上取反，即 $[X]_反=1\,0100101\,B$。

补码则在反码基础上进行末位加 1，即 $[X]_补=1\,0100110\,B$。

【例4.5】已知补码 $[X]_补=1\,1101110\,B$，求其原码。

【解】按照求负数补码的逆过程，数值位应最低位减 1，然后取反。但是对二进制数来说，先减 1 后取反和先取反后加 1 得到的结果是一样的，因此我们仍可采用取反加 1 的方法求其补码的原码，即 $[X]_原=1\,0010010\,B$。

思考与问题

1. 完成下列计数制的转换。

（1）$(256)_{10}=(\qquad)_2=(\qquad)_{16}$。

（2）$(B7)_{16}=(\qquad)_2=(\qquad)_{10}$。

（3）$(10110001)_2=(\qquad)_{16}=(\qquad)_8$。

2. 将下列十进制数转换为等值的 8421 码。

（1）256　　　　（2）4096　　　　（3）100.25　　　　（4）0.024

3. 写出下列各数的原码、反码和补码。

（1）$(+32)_{10}$　　　（2）$(-48)_{10}$　　　（3）$(+100)_{10}$　　　（4）$(-86)_{10}$

任务 4.2　数字电路及基本逻辑关系

提出问题

模拟信号和数字信号有何区别？数字电路的优点和分类你了解吗？你知道逻辑代数中的 3 种基本逻辑关系是什么吗？

知识准备

数字电路和模拟电路的分析方法不同，分析模拟电路时主要考虑输出信号与输入信号在振幅的大小、频率等方面的变化等基本关系；数字电路由于信号电平通常只有高、低两种，因此主要考虑输出信号与输入信号之间电平变化的规律、电平变化所需的条件等。

[二维码：数字电路的基本概念]

4.2.1　数字电路的基本概念

模拟电路中处理的对象是模拟信号。数字电路（也称逻辑电路或数字逻辑电路）中处理的对象则是数字信号。

1. 模拟信号与数字信号的区别

（1）模拟信号的特点

模拟信号在时间上和数值上均连续变化。例如，通信中的音频信号、射频信号等，这一类电信号在正常情况下不会发生跳变，典型的模拟信号波形如图 4.1 所示。

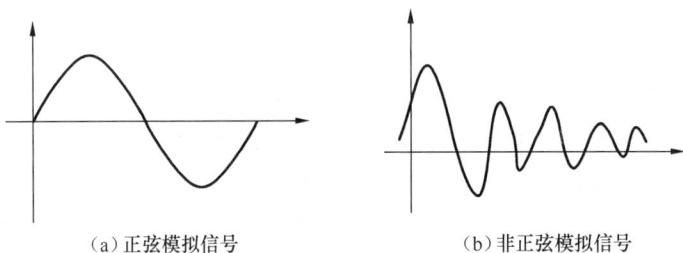

（a）正弦模拟信号　　　　　　　　　（b）非正弦模拟信号

图 4.1　典型的模拟信号波形

模拟电路用来实现模拟信号的产生、放大、处理、控制等功能。

（2）数字信号的特点

数字信号是在两个稳定状态之间做阶跃式变化的信号，数字信号在时间上和数值上都是离散的。用来实现数字信号的产生、变换、运算、控制等功能的电路称为数字电路。图 4.2 所示是典型的数字信号波形。实际应用中，计算机键盘输入的信号就是典型的数字信号。

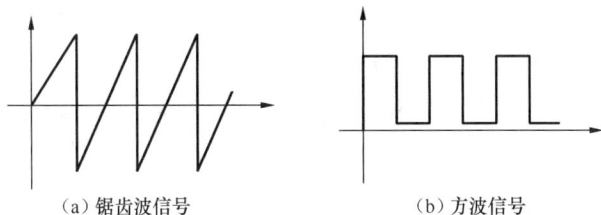

(a)锯齿波信号　　　　　　　　　　(b)方波信号

图 4.2　典型的数字信号波形

2. 数字电路的优点

与模拟电路相比较，数字电路具有以下优点。

① 便于集成和系列化生产，设计容易，成本低廉，使用方便。

② 工作准确、可靠，稳定性好，精度高，速度快，抗干扰能力强。

③ 不仅能完成数值计算，还能完成逻辑运算和判断，功能灵活，可编程，保密性强。

④ 维修方便，故障的识别和判断较为容易。

3. 数字电路的分类

数字电路的种类很多，一般按下列几种方法来分类。

① 按电路组成有无集成电路元器件，可分为分立元件数字电路和集成数字电路。

② 按集成电路的集成度，可分为小规模集成（Small Scale Integrated，SSI）电路、中规模集成（Medium Scale Integrated，MSI）电路、大规模集成（Large Scale Integrated，LSI）电路和超大规模集成（Very-Large-Scale Integrated，VLSI）电路。

③ 按构成电路的半导体器件，可分为双极型电路和单极型电路。

④ 按电路有无记忆功能，可分为组合逻辑电路和时序逻辑电路。

4.2.2　基本逻辑关系

在分析模拟电路的功能时，我们总要找出输出信号和输入信号之间的关系，从而了解电路的特性及信号在传输时可能出现的情况。同样，在数字电路中，我们也要找出输出信号和输入信号之间的关系，即逻辑关系，所以数字电路也称为逻辑电路。

基本逻辑关系

1. 正逻辑与负逻辑

日常生活中我们会遇到很多结果完全对立而又互相依存的事件，如开关的"通"和"断"、电位的"高"和"低"、信号的"有"和"无"、"工作"和"休息"等，它们都可以用逻辑的"真"和"假"来表示。所谓逻辑，就是事件的发生条件与结果之间所要遵循的规律。一般来说，事件的发生条件与产生结果均为有限个状态，每一个和结果有关的条件都有满足或者不满足的可能，在逻辑中可以用"1"和"0"来表示。逻辑关系中的"1"和"0"不表示数值，仅表示状态。

在数字电路中，每一个端口的信号只允许有两种状态：高电平和低电平。因此，数字电路的分析方法和模拟电路完全不同。当用"1"表示高电平、"0"表示低电平时，称为正逻辑关系，反之称为负逻辑关系。在本书中，如无特别说明，均采用正逻辑关系。

基本逻辑关系有 3 种："与"逻辑、"或"逻辑和"非"逻辑。

2.“与”逻辑

当某一事件发生的所有条件都满足时，事件必然发生；至少有一个条件不满足时，事件一定不会发生。这种因果关系在逻辑代数中称为“与”逻辑。

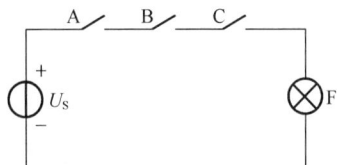

图4.3 “与”逻辑关系举例

如图4.3所示，当以灯是否亮作为事件发生的结果，以开关是否闭合作为事件发生的条件时，可得到结论：当有一个或一个以上的开关处于“断开”状态时，灯F一定不会亮；当所有开关都处于“闭合”状态时，灯F才会亮。若将开关“闭合”定义为逻辑1、开关“断开”定义为逻辑0，灯“亮”定义为逻辑1、灯“灭”定义为逻辑0，就可得到表4.4所示的开关和灯状态之间的“与”逻辑关系真值表。

表4.4   “与”逻辑关系真值表

A	B	C	F
0	0	0	0
0	0	1	0
0	1	0	0
0	1	1	0
1	0	0	0
1	0	1	0
1	1	0	0
1	1	1	1

其中，A、B、C是输入变量，F是输出变量，“与”逻辑函数表达式为

$$F=A \cdot B \cdot C \tag{4.1}$$

式（4.1）中的“与”逻辑运算符与普通代数中的点乘类似，因此又把“与”逻辑称为逻辑乘。在不发生逻辑混淆的条件下，“与”逻辑运算符可以略写。

3.“或”逻辑

当某一事件发生的所有条件中至少有一个条件满足时，事件必然发生；当全部条件都不满足时，事件一定不会发生。这种因果关系在逻辑代数中称为“或”逻辑。

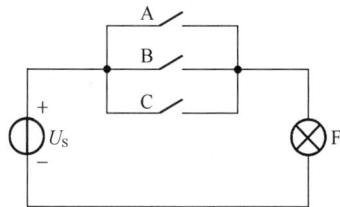

图4.4 “或”逻辑关系举例

如图4.4所示，当以灯是否亮作为事件发生的结果，以开关是否闭合作为事件发生的条件时，可得到结论：当有一个或一个以上的开关处于“闭合”状态时，灯F就会亮；当所有开关都处于“断开”状态时，灯F不会亮。

定义开关“闭合”为逻辑1、开关“断开”为逻辑0，灯“亮”为逻辑1、灯“灭”为逻辑0时，可得到开关和灯状态之间的“或”逻辑关系真值表（见表4.5）。

“或”逻辑函数表达式为

$$F=A+B+C \tag{4.2}$$

式（4.2）中，F是输出变量，A、B、C是输入变量，“+”是逻辑代数中的“或”逻辑运算符。因此“或”逻辑也常称为逻辑加，“或”逻辑的优先级别低于“与”逻辑。

表 4.5　　　　　　　　　　　　　"或"逻辑关系真值表

A	B	C	F
0	0	0	0
0	0	1	1
0	1	0	1
0	1	1	1
1	0	0	1
1	0	1	1
1	1	0	1
1	1	1	1

4. "非"逻辑

当某一事件相关的条件不满足时，事件必然发生；当条件满足时，事件一定不会发生。这种因果关系在逻辑代数中称为"非"逻辑。

仍以灯是否亮作为事件发生的结果，以开关是否闭合作为事件发生的条件，"非"逻辑关系举例如图 4.5 所示：当开关处于"断开"状态时，灯 F 就会亮；当开关处于"闭合"状态时，灯 F 不会亮。将开关"闭合"定义为逻辑 1、开关"断开"定义为逻辑 0，灯"亮"定义为逻辑 1、灯"灭"定义为逻辑 0，可得到开关和灯状态之间的"非"逻辑关系真值表（见表 4.6）。

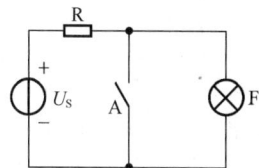

图 4.5　"非"逻辑关系举例

表 4.6　　　　　　　　　　　　　"非"逻辑关系真值表

A	F
1	0
0	1

"非"逻辑函数表达式为

$$F = \overline{A} \tag{4.3}$$

式（4.3）中，输入变量 A 上面的"－"表示"非"逻辑运算符，理解为"取反"。

任务实施　探寻其他基本逻辑关系

在逻辑代数中，除了"与""或""非"3 种基本逻辑运算外，还会经常用到一些由这 3 种基本逻辑运算构成的复合运算，例如

$$F = \overline{A \cdot B} \qquad F = \overline{A + B} \qquad F = \overline{AB + CD}$$

以上从左到右分别为逻辑变量的"与非"运算、"或非"运算和"与或非"运算。注意逻辑运算的先后顺序为"与"逻辑优先、"或"逻辑随后、"非"逻辑最后。

除此之外，还有逻辑变量的"异或"运算和"同或"运算。

"异或"运算的逻辑函数表达式为

$$F = \overline{A}B + A\overline{B} = A \oplus B$$

异或关系表明：当两个输入变量互非时，输出为 1；当它们相同时，输出为 0。

异或关系的逻辑运算符号为 ⊕。

"同或"运算的逻辑函数表达式为

$$F = \overline{AB} + AB = A \odot B$$

同或关系表明：当两个输入变量互非时，输出为 0；当它们相同时，输出为 1。
同或关系的逻辑运算符号为⊙。

思考与问题

1. 数字信号和模拟信号的典型特征是什么？说出数字信号和模拟信号的典型实例。
2. 何为正逻辑、负逻辑？举例说明正逻辑。
3. 基本逻辑关系有哪些？举例说明一个实际生活中的"或"逻辑。

任务 4.3　认识逻辑代数及其化简

提出问题

逻辑代数包含哪些基本公式、定律？逻辑代数的表示方法有哪些？什么是逻辑函数的代数化简法？逻辑函数的代数化简法有哪些逻辑运算规则？什么是最小项？你会用卡诺图表示一个逻辑函数吗？逻辑函数的卡诺图化简法你掌握得如何？

知识准备

逻辑代数是分析和设计逻辑电路的数学基础，被广泛地应用于开关电路和数字电路的变换、分析、化简和设计上，因此也被称为开关代数。随着数字技术的发展，逻辑代数已经成为分析和设计逻辑电路的基本工具和理论基础。

4.3.1　逻辑代数的基本公式、定律和逻辑运算规则

逻辑代数的基本公式、定律和逻辑运算规则

逻辑代数有一套完整的运算规则，包括公理、定理和定律。在逻辑代数中，参与逻辑运算的变量称为逻辑变量，用字母 A、B、C、…表示，每个变量的取值非 0 即 1。这里的 0 或 1 不代表大小，而是代表两种不同的逻辑状态。

1. 逻辑常量运算的基本公式

逻辑常量只有 0 和 1 两个。逻辑常量运算的基本公式见表 4.7。

表 4.7　　　　　　逻辑常量运算公式

"与"运算	"或"运算	"非"运算
0·0=0	0+0=0	
0·1=0	0+1=1	$\overline{1} = 0$
1·0=0	1+0=1	$\overline{0} = 1$
1·1=1	1+1=1	

2. 逻辑变量与逻辑常量间运算的基本公式

设 A 为逻辑变量，则逻辑变量与逻辑常量间运算的基本公式见表 4.8。

表 4.8　　　　　　　　　　　　逻辑变量与逻辑常量间运算的基本公式

"与" 运算	"或" 运算	"非" 运算
$A \cdot 0 = 0$	$A + 0 = A$	
$A \cdot 1 = A$	$A + 1 = 1$	
$A \cdot A = A$	$A + A = A$	$\overline{\overline{A}} = A$
$A \cdot \overline{A} = 0$	$A + \overline{A} = 1$	

由于变量 A 的取值只能是 0 或 1，因此当 A≠0 时，必有 A=1。我们把上述公式中相同变量之间的运算称为重叠律，如 $A \cdot A = A$ 和 $A + A = A$；0 和 1 与变量之间的运算称为 0-1 律，如 $A \cdot 1 = A$ 和 $A + 1 = 1$；两个互非变量间的运算称为互补律，如 $A \cdot \overline{A} = 0$ 和 $A + \overline{A} = 1$。

3. 逻辑代数的基本定律

逻辑代数的基本定律是分析和设计逻辑电路、化简和变换逻辑函数的重要工具。逻辑代数的基本定律中有一些与普通代数的相似，有一些则有其独自的特性，因此要严格区分，不能与普通代数的定律相混淆。

（1）与普通代数类似的定律

逻辑代数的交换律、结合律和分配律与普通代数的类似，见表 4.9。

表 4.9　　　　　　　　　　　　逻辑代数的交换律、结合律和分配律

交换律	结合律	分配律
$A + B = B + A$	$A + B + C = (A + B) + C = A + (B + C)$	$A \cdot (B + C) = AB + AC$
$A \cdot B = B \cdot A$	$A \cdot B \cdot C = (A \cdot B) \cdot C = A \cdot (B \cdot C)$	$A + BC = (A + B)(A + C)$

其中，交换律和结合律与普通代数的类似，而分配律中的第 2 条则是普通代数所没有的，读者可用逻辑代数的基本公式和基本定律加以证明。

（2）吸收律

吸收律可以利用逻辑代数的基本公式推导出来，是逻辑函数化简中常用的基本定律。逻辑代数的吸收律见表 4.10。

表 4.10　　　　　　　　　　　　逻辑代数的吸收律

吸收律	证明
$AB + A\overline{B} = A$	$AB + A\overline{B} = A(B + \overline{B}) = A \cdot 1 = A$
$A + AB = A$	$A + AB = A(1 + B) = A \cdot 1 = A$
$A + \overline{A}B = A + B$	$A + \overline{A}B = (A + \overline{A})(A + B) = 1 \cdot (A + B) = A + B$
$AB + \overline{A}C + BC = AB + \overline{A}C$	$AB + \overline{A}C + BC = AB + \overline{A}C + BC(A + \overline{A})$ $= AB + \overline{A}C + ABC + \overline{A}BC$ $= AB(1 + C) + \overline{A}C(1 + B)$ $= AB + \overline{A}C$

利用吸收律化简逻辑函数时，某些项的因子会在化简中被吸收，从而使逻辑函数变得简单。

（3）反演律

反演律又称为"摩根定律"，具有两种形式：$\overline{A \cdot B} = \overline{A} + \overline{B}$ 和 $\overline{A + B} = \overline{A} \cdot \overline{B}$。

反演律可以利用真值表进行证明，见表 4.11 和表 4.12。

表4.11 $\overline{A \cdot B} = \overline{A} + \overline{B}$ 的证明

A B	$\overline{A \cdot B}$	$\overline{A} + \overline{B}$
0 0	1	1
0 1	1	1
1 0	1	1
1 1	0	0

表4.12 $\overline{A + B} = \overline{A} \cdot \overline{B}$ 的证明

A B	$\overline{A + B}$	$\overline{A} \cdot \overline{B}$
0 0	1	1
0 1	0	0
1 0	0	0
1 1	0	0

反演律在逻辑函数的化简中应用非常普遍。

4. 逻辑代数的重要规则

（1）代入规则

代入规则内容：对于任何含有变量 A 的逻辑等式，可以将等式两边的所有变量 A 用同一个逻辑函数替代，替代后等式仍然成立。

代入规则的正确性是由逻辑变量和逻辑函数的二值性保证的。因为逻辑变量只有 0 和 1 两种取值，无论 A=0 还是 A=1 代入逻辑等式中，等式都一定成立。而逻辑函数值也只有 0 和 1 两种取值，所以用它替代逻辑等式中的变量 A 后，等式仍然成立。

代入规则在推导公式中用处很大。因为将已知等式中某一变量用任意一个函数代替后，就能得到新的等式，从而扩大等式的应用范围。

例如，已知 $\overline{A \cdot B} = \overline{A} + \overline{B}$，若用 $G = A \cdot C$ 代替等式中的 A，根据代入规则，有 $\overline{A \cdot C \cdot B} = \overline{A \cdot C} + \overline{B} = \overline{A} + \overline{C} + \overline{B}$，等式仍然成立。

（2）反演规则

对于任意一个函数表达式 F，如果将 F 中的所有"与"运算符"·"换成"或"运算符"+"，"或"运算符"+"换成"与"运算符"·"，"0"换成"1"，"1"换成"0"，原变量换成反变量，反变量换成原变量，则得到原来逻辑函数 F 的反函数 $\overline{F}$。这个变换规则称为反演规则。应用反演规则时需注意以下两点。

① 变换后的运算顺序要保持变换前的运算优先顺序，即先变换括号内的，再变换逻辑乘，最后变换逻辑加，必要时可加括号表明运算的先后顺序。

② 规则中的反变量换成原变量、原变量换成反变量只对单个变量有效，而"与非""或非"等运算的长"非"号则保持不变。

例如

$$F = \overline{A} \cdot \overline{B} + C \cdot D + 0$$

则

$$\overline{F} = \overline{\overline{A} \cdot \overline{B} + C \cdot D + 0} = (A+B) \cdot (\overline{C} + \overline{D}) \cdot 1$$

又如

$$F = \overline{A + B + \overline{C} + D + \overline{E}}$$

则

$$\overline{F} = \overline{A + B + \overline{C} + D + \overline{E}} = \overline{A} \cdot \overline{B} \cdot C \cdot \overline{D} \cdot E$$

反演规则的意义在于，利用它可以比较容易地求出一个逻辑函数的反函数。

（3）对偶规则

对于任何一个逻辑函数表达式 F，如果把式中的所有"+"换成"·"，"·"换成"+"；"0"换成"1"，"1"换成"0"，就可得到一个新的逻辑函数表达式，记作 F′。

例如

$$F = A + B \cdot \overline{C}$$

则

$$F' = A \cdot (B + \overline{C})$$

又如

$$F = (A+B) \cdot (A + C \cdot 1)$$

则

$$F' = A \cdot B + A \cdot (C + 0)$$

使用对偶规则时，同样要注意运算符号的优先顺序。利用对偶规则，可以把基本逻辑定律和公式扩大一倍，扩大的基本逻辑定律和公式的对偶式当然也可以作为基本定律加以运用。

4.3.2　逻辑函数的代数化简法

代数化简法就是应用逻辑代数的公理、定理及规则对已有逻辑函数表达式进行逻辑化简的工作。逻辑函数在化简过程中，通常化简为最简"与""或"式。最简"与""或"式的一般标准是，表达式中的"与"项最少，每个"与"项中的变量个数最少。代数化简法常用的方法有以下几种。

逻辑函数的代数
化简法

1. 并项法

利用公式 $AB + A\overline{B} = A$ 将两项合并为一项，消去一个变量。

【例4.6】化简逻辑函数 $F = AB + AC + A\overline{B}\,\overline{C}$ 。

【解】

$$F = AB + AC + A\overline{B}\,\overline{C} = A(B+C) + A\overline{B+C} = A$$

2. 吸收法

利用公式 A+AB=A，将多余项 AB 吸收。

【例4.7】化简逻辑函数 $F = AB + A\overline{C} + A\overline{B}\,\overline{C}$ 。

【解】

$$F = AB + A\overline{C} + A\overline{B}\,\overline{C} = AB + A\overline{C}$$

3. 消去法

利用公式 $A + \overline{A}B = A + B$ ，消去"与"项 $\overline{A}B$ 中的多余因子 $\overline{A}$ 。

【例4.8】化简逻辑函数 $F = AB + \overline{A}C + \overline{B}C$ 。

【解】

$$F = AB + \overline{A}C + \overline{B}C = AB + C\,\overline{A}\,\overline{B} = AB + C$$

4. 配项法

利用公式 $A + \overline{A} = 1$ ，将某一项配因子 $A + \overline{A}$ ，然后将一项拆为两项，再与其他项合并化简。

【例4.9】化简逻辑函数 $F = AB + \overline{AC} + BC$。

【解】
$$F = AB + \overline{A}C + BC$$
$$= AB + \overline{A}C + ABC + \overline{A}BC$$
$$= AB(1 + C) + \overline{A}C(1 + B)$$
$$= AB + \overline{A}C$$

采用代数化简法化简逻辑函数时，所用的具体方法不是唯一的，最后的表示形式也可能稍有不同，但各种最简结果的"与""或"式乘积项数相同，乘积项中变量的个数对应相等。

显然，采用代数化简法化简时，我们需熟练掌握和运用逻辑代数的基本公式、定律和规则，并多做练习，以具备一定的解题技巧。

4.3.3　逻辑函数的卡诺图化简法

采用代数化简法时，我们需熟练掌握逻辑代数化简公式，并具备一定的技巧。下面介绍的卡诺图化简法，对通常不多于 4 个逻辑变量的逻辑函数进行化简时比较直观、简洁，也较容易掌握。

1. 最小项的概念

一个具有 n 个逻辑变量的"与""或"表达式中，若每个变量以原变量或反变量形式仅出现一次，就可组成 2^n 个"与"项，我们把这些"与"项称为 n 个变量的最小项，分别记为 m_n。

例如，2 个变量 A、B，它们最多能构成 2^2 个最小项，分别是 $\overline{AB}$、$A\overline{B}$、$\overline{A}B$、AB；3 个变量 A、B、C 最多能构成 2^3 个最小项，分别是 $\overline{ABC}$、$\overline{AB}C$、$\overline{A}BC$、$\overline{A}B\overline{C}$、$A\overline{BC}$、$A\overline{B}C$、$AB\overline{C}$、$ABC$；4 个变量最多能构成 2^4 个最小项……显然，n 个变量，最多可构成 2^n 个最小项。

2. 卡诺图表示法

卡诺图是一种平面方格阵列图，它将最小项按相邻原则排列到小方格内。卡诺图的画图规则：任意两个几何位置相邻的最小项之间，只允许有一个变量的取值不同。

根据画图规则，可画出图 4.6 所示的二、三、四变量卡诺图。卡诺图中的"0"表示对应逻辑变量的反变量（带有"非"号的逻辑变量），"1"表示原变量。

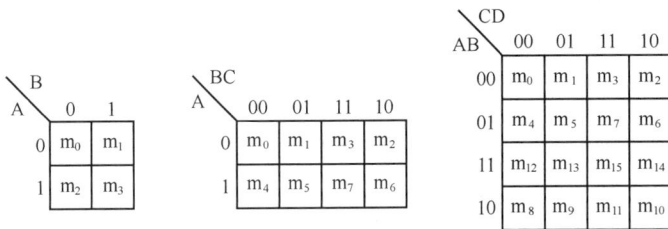

（a）二变量卡诺图　　　（b）三变量卡诺图　　　（c）四变量卡诺图

图 4.6　二、三、四变量卡诺图

由图 4.6 所示不难看出，相邻行（列）之间的变量组合中，仅有一个变量不同；同一行（列）两端的小方格中，也是仅有一个变量不同，即同一行（列）两端的小方格具有几何位置相邻的特点。同一行（列）变量组合的排列顺序为 00→01→11→10。

3. 用卡诺图表示逻辑函数

用卡诺图表示逻辑函数时，将函数中出现的最小项，在对应卡诺图方格中填 1，没有的项填 0（或不填），所得图形即为该函数的卡诺图。

【例4.10】画出逻辑函数 $F = AB + A\overline{C} + A\overline{B}\,\overline{C}$ 的卡诺图。

【解】此三变量逻辑函数的卡诺图如图4.7所示。

【例4.11】画出逻辑函数$F(A,B,C,D)=\sum m(0,3,4,6,7,12,14,15)$的卡诺图。

【解】该逻辑函数已直接给出包含的所有最小项，因此直接按照各最小项的位置在方格内填“1”即可，如图4.8所示。

A \ BC	00	01	11	10
0	0	0	0	0
1	1	0	1	1

图 4.7　例 4.10 卡诺图

AB \ CD	00	01	11	10
00	1		1	
01	1		1	1
11	1		1	1
10				

图 4.8　例 4.11 卡诺图

4. 用卡诺图化简逻辑函数

由于卡诺图的画法满足几何相邻原则，因此相邻小方格中的最小项仅有一个变量不同。根据公式 $AB + A\overline{B} = A$，可将两项合并为一项，同时消去一个互非的变量。

用卡诺图化简逻辑函数

合并最小项的规律：处于同一行或同一列两端的两个相邻小方格，同时为“1”时可合并为一项，同时消去一个互非的变量；4 个小方格组成一个大方块，或组成一行（列），或在相邻两行（列）的两端，或处于四角时，可以合并为一项，同时消去两个互非的变量；8 个小方格组成一个长方形或处于两边的两行（列）时，可合并为一项，同时消去 3 个互非的变量；如果逻辑变量数为 5 个或 5 个以上，在用卡诺图化简逻辑函数时，合并的小方格应组成正方形或长方形，同时满足相邻原则。

利用卡诺图化简逻辑函数的步骤如下。

① 根据变量的数目，画出相应方格数的卡诺图。

② 根据逻辑函数，把所有为“1”的项填入卡诺图中。

③ 用卡诺圈把相邻最小项进行合并，合并时遵照卡诺圈最大化原则。

④ 根据所画的卡诺圈，消除圈内全部互非的变量，每一个圈作为一个“与”项，将各“与”项相“或”，即得到最简“与”“或”表达式。

【例4.12】化简例4.11中的逻辑函数$F(A,B,C,D)=\sum m(0,3,4,6,7, 12,14,15)$。

【解】此逻辑函数的卡诺图填写在前面已经完成，利用卡诺图化简如图4.9所示。

卡诺图中m_0和m_4几何相邻，可用一个卡诺圈将它们圈起来。由于此卡诺圈中只有变量B是互非的，所以B被消去，保留其余3个变量 $\overline{A}\,\overline{C}\,\overline{D}$。$m_3$和$m_7$几何相邻，也可用一个卡诺圈把

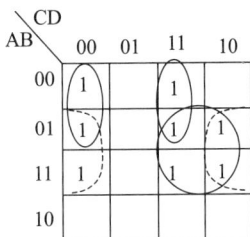

图 4.9　例 4.12 卡诺图

它们圈起来。由于此卡诺圈中也是只有变量 B 互非，因此消去 B 后保留其余 3 个变量 $\overline{A}CD$。显然上述操作告诉我们，卡诺圈圈住 $2^1=2$ 个最小项时，可消去 1 个互非的变量。卡诺图中 m_6、m_7、m_{14} 和 m_{15} 几何相邻，因此可用一个卡诺圈把它们圈起来。此卡诺圈中变量 A 和 D 互非，因此消去 A 和 D 后保留其余两个变量 BC。卡诺图中还有 m_4 和 m_{12}、m_6 和 m_{14} 几何相邻，可用两个半圈构成一个卡诺圈将它们圈起来（卡诺图可视为球状的）。由于此卡诺圈中变量 A 和 C 是互非的，所以 A 和 C 被消去，保留其余两个变量 $B\overline{D}$。上述操作过程告诉我们，卡诺

圈圈住 $2^2=4$ 个最小项时，可消去 2 个互非的变量；卡诺圈圈住 $2^3=8$ 个最小项时，可消去 3 个互非的变量……卡诺圈圈住 2^n 个最小项时，可消去 n 个互非的变量。

例 4.12 的化简结果为 $F=\overline{A}C\overline{D}+\overline{A}CD+BC+B\overline{D}$。

由于卡诺图化简法对变量在 4 个以下的逻辑函数的化简效果较好，变量太多时由于卡诺图的方格数太多，卡诺图化简的优越性就体现不出来。因此，利用卡诺图化简逻辑函数时，通常只用于不超过 4 个变量的逻辑函数。

【例 4.13】用卡诺图化简 $F=AB\overline{C}D+AB\overline{C}\overline{D}+A\overline{B}+A\overline{D}+A\overline{B}C$。

【解】将函数 $F=AB\overline{C}D+AB\overline{C}\overline{D}+A\overline{B}+A\overline{D}+A\overline{B}C$ 填入卡诺图中：填写 $AB\overline{C}D$ 时，找出 AB 为 10 的行和 CD 为 01 的列，在它们交叉点对应的小方格内填 1；填写 $AB\overline{C}\overline{D}$ 时，找出 AB 为 11 的行和 CD 为 00 的列，在它们交叉点对应的小方格内填 1；填写 $A\overline{B}$ 时，找出 AB=10 的行，在每个小方格内填 1；填写 $A\overline{D}$ 时，找出 A=1 的行和 D=0 的列，在它们交叉点对应的小方格内填 1；填写 $A\overline{B}C$ 时，找出 AB=10 的行和 C=1 的列，在它们交叉点对应的小方格内填 1。然后按合并原则用卡诺圈圈项化简，如图 4.10 所示。化简后得 $F=A\overline{B}+A\overline{D}$。

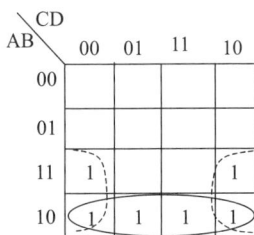

图 4.10　例 4.13 卡诺图

5. 带有约束项的逻辑函数的化简

如果一个有 n 个变量的逻辑函数，它的最小项数为 2^n 个。但在实际应用中可能仅用一部分，另外一部分禁止出现或者出现后对电路的逻辑状态无影响，则称这部分最小项为无关最小项，也叫作约束项，用 d 表示。

由于无关最小项对最终的逻辑结果不产生影响，因此在化简的过程中，可以根据化简的需要将这些约束项看作 1 或者 0。在卡诺图中一般用"×"表示约束项。

任务实施　用卡诺图化简带有约束项的逻辑函数

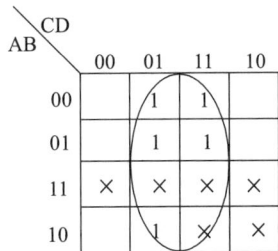

图 4.11　任务实施的卡诺图

用卡诺图化简 $F(A,B,C,D)=\sum m(1,3,5,7,9)+\sum d(10,11,12,13,14,15)$，其中 $\sum d(10,11,12,13,14,15)$ 表示约束项。

【解】先画出此函数的卡诺图，如图 4.11 所示。

利用约束项化简时，根据需要将 m_{11}、m_{13}、m_{15} 对应的方格看作 1，m_{10}、m_{12}、m_{14} 看作 0 时，只需画一个卡诺圈即可。

合并后得最简函数 F=D。

利用约束项进行化简的过程中，应注意尽量不要将不需要

的约束项画入圈内，否则得不到函数的最简形式。

思考与问题

1. 用真值表证明 $\overline{A \cdot B} = \overline{A} + \overline{B}$ 。

2. 将 $F = A\overline{B} + \overline{A}(B\overline{C} + \overline{B}C)$ 写成最小项表达式。

3. 将 $F = AB\overline{C} + \overline{A}BC + AC$ 化为最简 "与" "或" 式。

4. 用卡诺图化简下列逻辑函数。

（1） $F = A\overline{B}C + ABC\overline{D} + A(B + \overline{C}) + BC$ 。

（2） $F(A, B, C, D) = \sum m(0, 1, 4, 5, 6, 12, 13)$ 。

逻辑代数的
应用领域

项目实训　测试基本逻辑门的功能实验

一、实验目的

1. 初识各种组合逻辑门集成芯片及其各功能引脚的排列情况。

2. 初步学会正确使用数字电路实验系统。

3. 熟悉各种常用门电路的逻辑功能以及图形符号。

二、实验设备

1. 数字电路实验装置（一套）。

2. 直流稳压电源（一台）。

3. 各种基本逻辑门电路集成芯片（若干）。

4. 数字万用表（一只）。

5. 连接导线（若干）。

三、实验原理

集成逻辑门电路是最简单、最基本的数字集成元件之一。其中与门的功能为输入只要有一个为低电平，输出即为低电平；输入全部为高电平时，输出才为高电平，可简称为 "有 0 出 0，全 1 出 1"。

74LS32 芯片上集成了 4 个 2 输入的或门，其引脚排列参见本书附录。

或门电路的功能为输入只要有一个为高电平，输出即为高电平；输入全部为低电平时，输出才为低电平，简称为 "有 1 出 1，全 0 出 0"。

74LS00 芯片上集成了 4 个 2 输入的与非门，其引脚排列参见本书附录。

与非门实际上是与门的非。其电路功能为输入只要有一个为低电平，输出即为高电平；输入全部为高电平时，输出才为低电平，简称为 "有 0 出 1，全 1 出 0"。

74LS04 芯片集成了 6 个反相器——非门，其引脚排列参见本书附录。

非门电路的功能为输入为低电平时，输出为高电平；输入为高电平时，输出为低电平，简称为 "见 0 出 1，见 1 出 0"。

上述用作实验的集成芯片引脚的识别方法：将集成芯片正面（有字的一面）对着使用者，以左边凹口或 "•" 标志点为起始引脚，从下往上按逆时针方向数引脚 1、引脚 2、引脚 3、……、引脚 n。使用时，查阅电子手册可了解各引脚功能。

对于 74LS 系列集成逻辑门，通常在集成芯片的左上端即最后一个引脚+5V 电源端，右下角引脚通常为接地端 GND，其余引脚为输入和输出。

四、实验内容和步骤

1. 与门功能测试

将 74LS08 集成芯片插入引脚 14 的 IC 空插座中，只用芯片中的一个与门进行功能测试即可。注意输入、输出必须是同一个与门的引脚。连线时注意把引脚 14 与+5V 直流电源相连，引脚 7 与接地端 GND 相连。两个输入端分别用导线与数字电路实验装置上的两个逻辑电平开关相连，注意逻辑电平开关的高电平位置和低电平位置；输出端需与数字电路实验装置中的发光二极管相连。导线连接完毕后把电源打开，对与门进行功能测试，并将实验结果用逻辑 "0" 或 "1" 来表示。

输入表 4.13 所示的 A、B 取值，观察输出情况。当发光二极管亮时，输出为高电平 1V；当发光二极管不亮时，输出为低电平 0V。把每一组输入所对应的输出真值填写在表 4.13 中。

2. 或门功能测试

将 74LS32 或门集成芯片插入引脚 14 的 IC 空插座中，对 4 个门中的输入、输出引脚相同的一个门做测试即可。实验连线时应把引脚 14 与+5V 直流电源相连；引脚 7 与接地端 GND 相连；或门的两个输入端分别用导线与数字电路实验装置上的两个逻辑电平开关相连，注意按照表 4.13 所示设置逻辑电平开关的高、低电平；或门输出端与数字电路实验装置中的发光二极管相连。导线连接完毕后把电源打开即可测试，当某输入情况下发光二极管亮时，则输出为高电平 1V，否则为低电平 0V。将实验结果用逻辑 "0" 或逻辑 "1" 表示，并填入表 4.13 中。

表 4.13

输　　入		输　　出			
A	B	与门 $F_1 = AB$	或门 $F_2 = A + B$	与非门 $F_3 = \overline{AB}$	非门 $F_4 = \overline{A}$
0	0				
0	1				
1	0				
1	1				

3. 与非门功能测试

将 74LS00 集成芯片插入 IC 空插座中，选择同一个门的输入端接逻辑电平开关，输出端接发光二极管，引脚 14 接+5V 电源，引脚 7 接地。将测试功能的结果填入表 4.13 中。

4. 非门功能测试

将 74LS04 集成芯片插入 IC 空插座中，选择一个非门的输入端接逻辑电平开关，同一非门输出端接发光二极管，引脚 14 接+5V 电源，引脚 7 接地。将功能测试结果填入表 4.13 中。

五、实验注意事项

1. 晶体管-晶体管逻辑（Transistor-Transistor Logic，TTL）集成逻辑门电路的输入端若不接信号，则应视为高电平。在插拔集成芯片时，必须注意首先要切断电源。

2. 实验时，当输入端需要改接连线时，也必须在断电情况下进行操作。

3. 插拔集成芯片时，必须用双手按规范操作，注意不要把集成芯片引脚折断。

项目小结

1. 数字电路是工作于数字信号下的电路。数字电路是电子技术的一个重要分支，其应用范围十分广泛。

2. 数字电路中广泛采用二进制，二进制的特点是逢二进一，用 0 和 1 表示逻辑变量的两种状态。二进制可以方便地转换成八进制、十进制和十六进制。BCD 码是十进制数的二进制代码表示，常用的 BCD 码是 8421 码。

3. 数字电路的输入变量和输出变量之间的关系可以用逻辑代数进行表示，基本逻辑关系是与逻辑、或逻辑和非逻辑。

4. 逻辑函数有 4 种表示方法：真值表、逻辑表达式、逻辑图和卡诺图，4 种表示方法之间可以相互转换。真值表和卡诺图是逻辑函数的最小项表示法，具有唯一性。逻辑表达式和逻辑图不是唯一的。

5. 为使数字电路简单化，逻辑函数需要化简。逻辑函数的代数化简法中，要求最简的与或表达式中的与项最少，每个与项中的变量个数最少；逻辑函数的卡诺图化简法中，出现的最小项需满足相邻原则。

项目自测题（共 100 分，120 分钟）

一、填空题（每空 0.5 分，共 25 分）

1. 在时间上和数值上均连续变化的电信号称为_____信号；在时间上和数值上离散的信号叫作_____信号。

2. 在正逻辑的约定下，"1"表示_____电平，"0"表示_____电平。

3. 数字电路中，输入、输出信号之间是_____关系，所以数字电路也称为_____电路。在_____关系中，基本的关系是_____、_____和_____。

4. 用来表示各种计数制数码个数的数称为_____，同一数码在不同数位所代表的_____不同。十进制计数各位的_____是 10，_____是 10 的幂。

5. _____码和_____码是有权码；_____码和_____码是无权码。

6. _____是表示数值大小的各种方法的统称。一般是按照进位方式来实现计数的，简称为_____制。任意进制数转换为十进制数时，均采用_____的方法。

7. 十进制整数转换成二进制数时采用_____法；十进制小数转换成二进制数时采用_____法。

8. 十进制数转换为八进制数和十六进制数时，应先转换成_____制数，然后再根据转换的_____数，按照_____一组转换成八进制数；按_____一组转换成十六进制数。

9. 8421 码是最常用也是最简单的一种 BCD 码，各位的位权依次为_____、_____、_____、_____。8421 码的显著特点是它与_____数码的 4 位等值_____完全相同。

10. _____、_____和_____是把符号位和数值位一起编码的表示方法，是计算机中数的表示方法。在计算机中，数据常以_____的形式进行存储。

11. 逻辑代数的基本定律有_____律、_____律、_____律、_____律和_____律。

12. 最简"与""或"表达式是指在表达式中_____最少，且_____也最少。

13. 卡诺图是将代表_____的小方格按_____原则排列而构成的方块图。卡诺图的画图规则：任意两个几何位置相邻的_____之间，只允许_____的取值不同。

14. 在化简的过程中，约束项可以根据需要看作_____或_____。

二、判断题（每小题1分，共8分）

1. 输入全为低电平"0"、输出也为"0"时，必为"与"逻辑关系。 （ ）

2. "或"逻辑关系是"有0出0，见1出1"。 （ ）

3. 8421码、2421码和余3码都属于有权码。 （ ）

4. 二进制计数中各位的基是2，不同数位的位权是2的幂。 （ ）

5. 格雷码相邻两个代码之间至少有一位不同。 （ ）

6. $\overline{A+B} = \overline{A} \cdot \overline{B}$ 是逻辑代数的非非定律。 （ ）

7. 卡诺图中为1的方格均表示一个逻辑函数的最小项。 （ ）

8. 原码转换成补码的规则就是各位取反、末位加1。 （ ）

三、选择题（每小题2分，共12分）

1. 逻辑函数中的逻辑"与"和它对应的逻辑代数运算关系为（ ）。
   A. 逻辑加　　　　B. 逻辑乘　　　　C. 逻辑非

2. 十进制数100对应的二进制数为（ ）。
   A. 1011110　　　B. 1100010　　　C. 1100100　　　D. 11000100

3. 和逻辑式 $\overline{AB}$ 表示不同逻辑关系的逻辑式是（ ）。
   A. $\overline{A}+\overline{B}$　　　B. $\overline{A} \cdot \overline{B}$　　　C. $\overline{A} \cdot B+\overline{B}$　　　D. $A\overline{B}+\overline{A}$

4. 数字电路中机器识别和常用的计数制是（ ）。
   A. 二进制　　　B. 八进制　　　C. 十进制　　　D. 十六进制

5. [+56]的补码是（ ）。
   A. 00111000B　　B. 11000111B　　C. 01000111B　　D. 01001000B

6. 所谓机器码是指（ ）。
   A. 计算机内采用的十六进制数码　　　B. 符号位数码化了的二进制数码
   C. 带有正负号的二进制数码　　　D. 八进制数码

四、简答题（每小题3分，共12分）

1. 数字信号和模拟信号的最大区别是什么？数字电路和模拟电路中，哪一种抗干扰能力较强？

2. 何为计数制？何为码制？在我们所介绍的内容中，哪些属于有权码？哪些属于无权码？

3. 试述补码转换为原码应遵循的原则及转换步骤。

4. 试述用卡诺图化简逻辑函数的原则和步骤。

五、计算题（共43分）

1. 用代数化简法化简下列逻辑函数。（12分）

① $F = (A + \overline{B})C + \overline{A}B$。

② $F = A\overline{C} + \overline{A}B + BC$。

③ $F = \overline{A}\overline{B}C + \overline{A}BC + AB\overline{C} + \overline{A}B\overline{C} + ABC$。

④　$F = A\overline{B} + B\overline{C}D + \overline{C}\,\overline{D} + AB\overline{C} + A\overline{C}D$。

2. 用卡诺图化简下列逻辑函数。（12 分）

①　$F(A,B,C,D) = \sum m(3,4,5,10,11,12) + \sum d(1,2,13)$。

②　$F(A,B,C,D) = \sum m(1,2,3,5,6,7,8,9,12,13)$。

③　$F(A,B,C,D) = \sum m(0,1,6,7,8,12,14,15)$。

④　$F(A,B,C,D) = \sum m(0,1,5,7,8,14,15) + \sum d(3,9,12)$。

3. 完成下列计数制之间的转换。（8 分）

①　$(365)_{10} = ($ 　　　　　　　 $)_2 = ($ 　　　　 $)_8 = ($ 　　　　 $)_{16}$。

②　$(11101.1)_2 = ($ 　　　 $)_{10} = ($ 　　　　 $)_8 = ($ 　　　 $)_{16}$。

③　$(57.625)_{10} = ($ 　　　　 $)_8 = ($ 　　　　 $)_{16}$。

4. 完成下列计数制与码制之间的转换。（5 分）

①　$(47)_{10} = ($ 　　　　　　 $)_{余3码} = ($ 　　　　　 $)_{8421码}$。

②　$(3D)_{16} = ($ 　　　　 $)_{格雷码}$。

5. 写出下列真值的原码、反码和补码。（6 分）

①　$[+36] = [$ 　　　　 $]_{原} = [$ 　　　　 $]_{反} = [$ 　　　　 $]_{补}$。

②　$[-49] = [$ 　　　　 $]_{原} = [$ 　　　　 $]_{反} = [$ 　　　　 $]_{补}$。

项目 5　逻辑门与组合逻辑电路

项目导入

用来实现基本逻辑关系的电子电路称为基本逻辑门电路（简称"基本逻辑门"）。在实际电子线路中，为了完成较为复杂的逻辑运算，往往需要把基本逻辑门按照一定方式组合起来。这些以基本逻辑门作为基本单元的数字电路称为组合逻辑电路。

组合逻辑电路是指在任何时刻，输出状态都只取决于同一时刻各输入状态的组合，而与电路以前状态和其他时间的状态无关。组合逻辑电路的特点可归纳为：①输入、输出之间没有反馈延迟通道；②电路中无记忆单元。

对每一个电子工程技术人员来说，只有充分了解各种门电路的功能原理，掌握集成逻辑门的使用方法和外部连线技能，才能在实际应用电路中正确选择、检测和连接符合电路功能要求的逻辑门。对于已经设计出来的组合逻辑电路，用户只有了解和熟悉它们的功能和外部特性，才能在实际电子线路中正确选择和合理使用它们。因此，逻辑门和组合逻辑电路是电子工程技术人员必须掌握的重要基础知识之一。

学习目标

【知识目标】

了解各种基本逻辑门的电路组成，理解它们的逻辑功能；掌握复合逻辑门电路的构成，熟记其逻辑功能；了解组合逻辑电路的分析步骤，掌握组合逻辑电路的分析方法，了解组合逻辑电路的设计步骤；了解编码器、译码器、数值比较器、数据选择器的逻辑功能与使用方法。

【技能目标】

在充分掌握各种基本逻辑门和中规模组合逻辑器件功能的条件下，训练并掌握具有对各种逻辑器件进行功能测试的能力和基本技能。

【素质目标】

培养严谨、细致的工作态度和工作作风；强化刻苦钻研和责任担当的工作意识。

任务 5.1　认识各种基本逻辑门

提出问题

什么是逻辑门？基本逻辑门有哪些？什么是复合逻辑门？常用的复合逻辑门又有哪些？什么是集成逻辑门？集成逻辑门有哪两种系列？

知识准备

5.1.1　基本逻辑门

数字电路中，门电路是最基本的逻辑单元。当电路输入信号满足某种条件时，门电路就会打开，电路中就会有信号输出；若电路不能满足门电路的打开条件，则门电路关闭，电路中就不会有信号输出。门电路的输入和输出之间的关系属于逻辑关系，因此又把门电路称为逻辑门。显然，逻辑门是一种开关电路，门开相当于开关闭合，传输信号可以通过；门关相当于开关断开，传输信号被阻断。

数字电路与二进制数的结合点就是具有开、闭两种状态的电子开关。构成电子开关的基本元件是二极管、晶体管和 MOS 管。

1. 二极管、晶体管和 MOS 管的开关特性

（1）二极管的开关特性

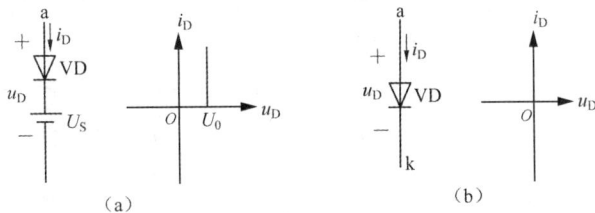

二极管最显著的特性是单向导电性，当二极管正向偏置导通时，相当于闭合的开关，信号可以通过；当二极管反向偏置截止时，相当于断开的开关，信号不可以通过。这种受电压控制的开关称为电子开关。

当二极管的导通电压和外加电源电压相比不能忽略时，其开关"通"态如图 5.1（a）所示。在此基础上，若二极管的正向导通电压与外加电源电压相比可以忽略，可得到理想二极管开关"通"态的电路模型，如图 5.1（b）所示。

理想二极管的开关特性：开关接通时，电阻为零；开关断开时，电阻为无穷大。

图 5.1　二极管开关模型

实际二极管在数字电路中，导通和截止总是需要时间的，二极管的开关时间一般为几十纳秒到几百纳秒。工程中常在一定条件下把二极管理想化，所得分析结果的精度仍能满足实际要求。但对变化极为迅速的外部信号来说，开关时间不能忽视，必须考虑二极管开关时间对电路带来的影响。

晶体管的开关特性

（2）晶体管的开关特性

晶体管按两个 PN 结偏置电压极性的不同，分别具有放大、饱和及截止 3 种工作状态。模拟电路中，晶体管的主要作用是放大，因此工作在输出特性的放大区；数字电路中，晶体管和二极管一样起电子开关的作用，通常工作区域是饱和区或截止区。

数字电路中，晶体管工作在饱和区时，相当于闭合的开关；工作在截止区时，相当于断开的开关。晶体管和二极管一样，转换开关状态也是需要时间的，但在分析数字电路问题时，若满足一定条件，就可把晶体管作为理想电子开关。

（3）MOS 管的开关特性

当 MOS 管栅源电压小于其开启电压时，不能形成导电沟道，处于截止状态，相当于断开的电子开关；当 MOS 管栅源电压大于其开启电压时，导电沟道形成，数字电路中 MOS 管导通时，一般工作在可变电阻区，由于其导通电阻很小，可看作闭合的电子开关。

MOS 管的开关特性

二极管、晶体管和 MOS 管在数字电路中均作为电子开关使用，虽然其实际动态特性都存在时间滞后问题，但研究时只要满足一定条件，通常可按理想电子开关讨论。

2. 分立元件门电路

由二极管、晶体管和 MOS 管这些开关元件构成的逻辑电路，工作时的状态像门一样按照一定的条件和规律打开或关闭：门开——电路接通，信号可通过；门关——电路断开，信号被阻断。因此，把由它们构成的逻辑电路称为门电路。基本的逻辑门电路是与门、或门和非门。

（1）二极管与门

① 电路组成。图 5.2（a）所示是与门原理电路（其中的二极管视为理想二极管）。A、B、C 是与门的 3 个输入端，设输入信号只有高电平 3V 和低电平 0V 两种取值，F 是与门的输出端，电源$+V_{CC}$=+5V。

二极管与门

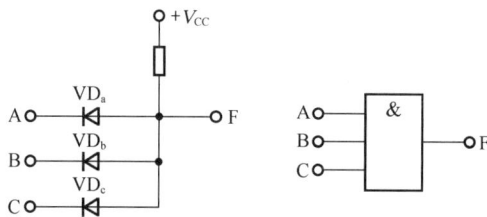

（a）与门原理电路　　（b）与门电路图形符号

图 5.2　与门原理电路及电路图形符号

② 工作原理。

• A、B、C 这 3 个输入端中，至少有一个为低电平时，对于共阳极接法的二极管，由于$+V_{CC}$高于输入端电位，因此必然有二极管导通。设 A 输入端为 0V 时，二极管 VD_a 阴极电位最低，因此 VD_a 首先快速导通，理想二极管导通时管压降视为 0V，则输出端 F 钳位至 0V，其他二极管被反偏处于截止状态。这一结果显然符合"有 0 出 0"的"与"逻辑关系。

• 当 A、B、C 这 3 个输入端的电位全部为高电平 3V 时，各二极管相当于并联而全部导通，使输出电位钳位在高电平 3V 上。这一结果符合 "与" 逻辑真值表中的 "全 1 出 1" 逻辑功能。

与门电路图形符号（简称逻辑符号）如图 5.2（b）所示。一个与门的输入端至少有两个，输出端为一个。

（2）二极管或门

① 电路组成。图 5.3（a）所示是或门原理电路（其中的二极管视为理想二极管）。A、B、C 是或门的 3 个输入端，设只有高电平 3V 和低电平 0V 两种取值，F 是或门的输出端，电源 $-V_{CC}=-5V$。

② 工作原理。

• 当输入端中至少有一个为高电平时，对于共阴极接法的二极管，由于电源电位低于输入端电位，必然有二极管导通。当任一输入端为 3V 时，该输入端上连接的二极管就会因其阳极电位最高而迅速导通，致使输出端 F 被钳位至高电平 3V，其他二极管由于反偏而处于截止状态，从而实现 "或" 逻辑的 "有 1 出 1" 逻辑功能。

• 当输入端均为低电平 0V 时，电路中的所有二极管相当于并联而全部导通，输出端 F 被钳位至低电平 0V，从而实现 "或" 逻辑的 "全 0 出 0" 逻辑功能。

或门电路图形符号如图 5.3（b）所示。一个或门的输入端至少有两个，输出端为一个。

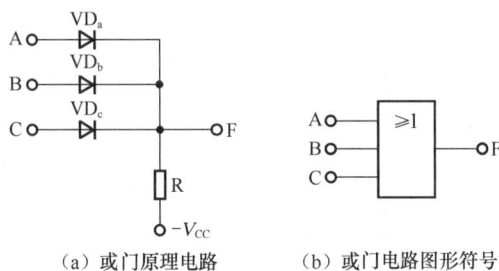

（a）或门原理电路　　（b）或门电路图形符号

图 5.3　或门原理电路及电路图形符号

（3）晶体管非门

① 电路组成。如图 5.4（a）所示，非门原理电路实际上就是一个反相放大电路（反相器）。非门原理电路中的输入端是 A、输出端是 F，设输入、输出信号的取值分别是低电平 0V 和高电平 3V，$+V_{CC}=+5V$。

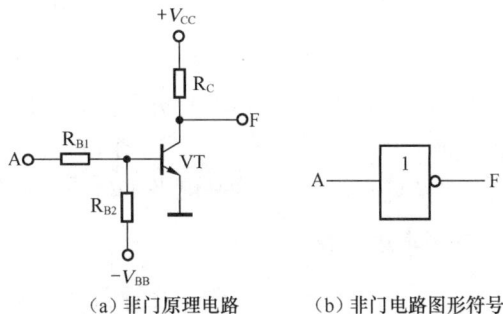

（a）非门原理电路　　（b）非门电路图形符号

图 5.4　非门原理电路及电路图形符号

② 工作原理。

• 当输入端 A 为高电平 3V 时，晶体管饱和导通，$i_C R_C \approx +V_{CC}$，输出端 F 的电位约等于 0V，从而实现"非"逻辑的"有 1 出 0"逻辑功能。

• 当输入端为低电平 0V 时，晶体管截止，输出端 F 的电位约等于 $+V_{CC}$，从而实现"非"逻辑的"有 0 出 1"逻辑功能。

非门电路图形符号如图 5.4（b）所示，方框右边的小圆圈表示"非"逻辑运算符。一个非门只有一个输入端和一个输出端。

5.1.2 复合门电路

复合逻辑运算及复合门

除上述基本的与门、或门和非门外，为扩大二极管和晶体管的应用范围，一般常在二极管门电路后接入晶体管非门电路，从而组成各种形式的复合门电路。

1. 与非门

与非门是与门和非门的结合。与非门电路图形符号如图 5.5（a）所示。

与非门在数字电路中应用较为普遍，与非门的逻辑功能为当输入端中有一个或一个以上为低电平 0V 时，输出端为高电平 1V；当输入端全部为高电平 1V 时，输出端为低电平 0V。显然，与非门是与门的非运算，与非门逻辑功能可概括为"有 0 出 1，全 1 出 0"。

与非门逻辑运算表达式为

$$F = \overline{ABC} \tag{5.1}$$

（a）与非门电路图形符号　　（b）或非门电路图形符号　　（c）与或非门电路图形符号

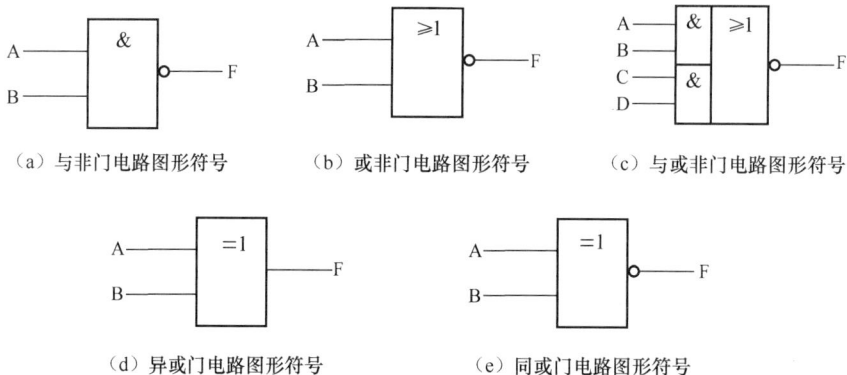

（d）异或门电路图形符号　　　　（e）同或门电路图形符号

图 5.5　复合门电路的电路图形符号

2. 或非门

或非门是或门和非门的结合。或非门电路图形符号如图 5.5（b）所示。

或非门的逻辑功能为当输入端中有一个或一个以上为高电平 1V 时，输出端为低电平 0V；当输入端全部为低电平 0V 时，输出端为高电平 1V。或非门的逻辑功能可概括为"有 1 出 0，全 0 出 1"。或非门的逻辑运算表达式为

$$F = \overline{A + B + C} \tag{5.2}$$

3. 与或非门

两个或两个以上与门和一个或门及一个非门的结合，可构成一个与或非门。

与或非门能够实现的逻辑功能为当各个与门的输入端中都有一个或者一个以上输入端为低电平 0V 时，与或非门的输出端为高电平 1V；当至少有一个与门的输入端全部为高电平 1V 时，与或非门的输出端为低电平 0V。与或非门的逻辑运算表达式为

$$F = \overline{AB + CD} \tag{5.3}$$

与或非门电路图形符号如图 5.5（c）所示。

4. 异或门

异或门有多个输入端、一个输出端，多输入异或门通常由多个两输入的基本异或门构成。异或门电路图形符号如图 5.5（d）所示。

异或门的逻辑功能为当两个输入端的电平相同时，输出端为低电平 0V；当两个输入端一个为高电平 1V、一个为低电平 0V 时，输出端为高电平 1V。这种逻辑功能简述为"相异出 1，相同出 0"。异或门的逻辑运算表达式为

$$F = \overline{A}B + A\overline{B} = A \oplus B \tag{5.4}$$

5. 同或门

同或门也是数字电路的基本单元，通常有两个输入端、一个输出端。同或门的逻辑功能为当两个输入端的电平相同时，输出端为高电平 1V；当两个输入端一个为高电平 1V、另一个为低电平 0V 时，输出端为低电平 0V。同或门实现的逻辑功能可简述为"相同出 1，相异出 0"。同或门的逻辑运算表达式为

$$F = \overline{A}\,\overline{B} + AB = \overline{A \oplus B} \tag{5.5}$$

显然，同或逻辑是异或逻辑的逻辑反，因此也称为异或非门。同或门电路图形符号如图 5.5（e）所示。

5.1.3　集成逻辑门电路

分立元件的门电路连线和焊点太多，由此造成电路的体积较大而降低电路的可靠性。随着电子技术的飞速发展和集成工艺的规模化生产，集成电路得到了广泛的应用。集成电路就是把电路中的半导体器件、电阻、电容及导线制作在一块半导体基片上，然后封闭在一个壳体内，使之具有一个完整电路所能实现的功能。与分立电路相比，数字集成电路成本低、可靠性高且便于安装和调试。

集成逻辑门的
结构组成

集成逻辑门电路是基本的数字集成电路，是组成数字电路的基础。数字集成逻辑门大多采用双列直插式封装，按元件类型的不同可分为双极型集成逻辑门（TTL 集成逻辑门）和单极型逻辑门（CMOS 集成逻辑门）两大类。

1. TTL 集成逻辑门电路

TTL 集成逻辑门电路相继生产的产品有 74（标准）、74H（高速）、74S（肖特基）和 74LS（低功耗肖特基）4 个系列。其中 74LS 系列产品具有最佳的综合性能，是 TTL 集成逻辑门电路的主流，也是应用最广泛的。

（1）TTL 与非门

① 电路组成。TTL 与非门基本单元电路如图 5.6（a）所示。

TTL 与非门由输入级、中间级和输出级 3 部分组成。

• 输入级由多发射极晶体管 VT_1 和电阻 R_1 组成。所谓多发射极晶体管，可看作由多个晶体管的集电极和基极分别并接在一起，其发射极作为逻辑门的输入端。多个发射极的发射结可看作多个钳位二极管，其作用是限制输入端可能出现的负极性干扰脉冲。VT_1 的引入，不但加快了晶体管 VT_2 储存电荷的消散，提高了 TTL 与非门的工作速度，而且实现了"与"逻辑的作用。

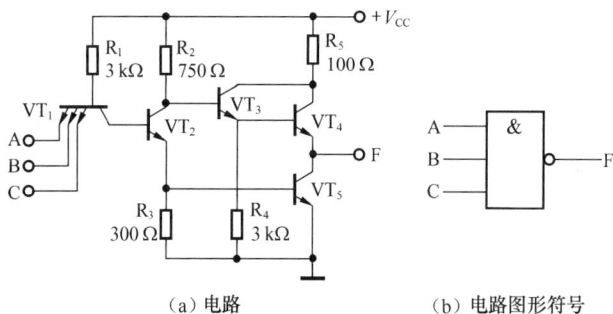

图 5.6　TTL 与非门基本单元

• 中间级由电阻 R_2、R_3 和三极管 VT_2 组成。中间级又称为倒相级，倒相级的作用是在 VT_2 的集电极和发射极同时输出两个相位相反的信号时，作为输出级三极管 VT_3 和 VT_5 的驱动信号，同时控制输出级的 VT_4、VT_5 工作在截然相反的两个状态，以满足输出级互补工作的要求。三极管 VT_2 还可将前级电流放大，以供给 VT_5 足够的基极电流。

• 输出级由三极管 VT_3、VT_4、VT_5 和电阻 R_4、R_5 组成推拉式互补输出电路。VT_5 导通时 VT_4 截止，VT_4 导通时 VT_5 截止。由于采用了这种推挽输出（又称图腾输出），与非门不仅增强了负载能力，还改善了输出波形，从而大大提高了工作速度。

② 工作原理。

• 当输入信号中至少有一个为低电平（0.3V）时，V_{CC} 通过 R_1 向 VT_1 注入基极电流，低电平所对应的发射结导通，VT_1 的基极电位被钳制在 1V（0.3V+0.7V）上。这一电位并不足以使 VT_1 的集电结和 VT_2 导通，故 VT_2 截止，其集电结电位 V_{C2} 约等于集电极电源电位 V_{CC}，这一高电平电压使 VT_3 和 VT_4 导通并处于深度饱和状态，同时 VT_2 截止使得 VT_5 也截止，且 $I_{B3}R_2$ 很小，可忽略不计，此时 F 端输出电平的值为

$$V_F = V_{CC} - I_{B3}R_2 - U_{BE3} - U_{BE4} \approx (5-0-0.7-0.7)V \approx 3.6V$$

这一结果符合"有 0 出 1"的"与非"逻辑。

• 当输入信号全部为高电平（3.6V）时，由接地端经 VT_5 的发射结、VT_2 的发射结使 VT_1 的集电极电位为 1.4V，而 VT_1 的基极电位被钳制在 2.1V。显然，VT_1 处于"倒置"工作状态，此时 VT_1 的集电结作为发射结使用。倒置情况下，VT_1 可向 VT_2 基极提供较大的电流，使得 VT_2 和 VT_5 均处于深度饱和状态，使与非门输出端 F 的电位等于 VT_5 的饱和输出低电平值，即 $V_F=0.3V$。这一结果符合"全 1 出 0"的"与非"逻辑。

值得注意的是，当 TTL 集成逻辑门电路的输入端悬空时，悬空端相当于输入高电平 1V

状态。因为 V_{CC} 通过 R_1 和 VT_1 的集电结可使 VT_2 和 VT_5 导通。

TTL 集成逻辑门电路中采用多发射极晶体管来完成"与"逻辑功能，不仅便于制造，还有利于提高电路的开关速度。上述 TTL 与非门的输出部分 VT_4 和 VT_5 轮流导通，使输出端 F 有时为低电平 0V、有时为高电平 1V，称为推挽式输出级，推挽式输出级为图腾结构，可使输出阻抗很低，负载能力提高。TTL 与非门电路图形符号如图 5.6（b）所示。

（2）集成 OC 门

图 5.7 所示的集成 OC（Open Collector，集电极开路）门和普通的 TTL 与非门相比，省去了 VT_3 和 VT_4，且输出集电极开路。

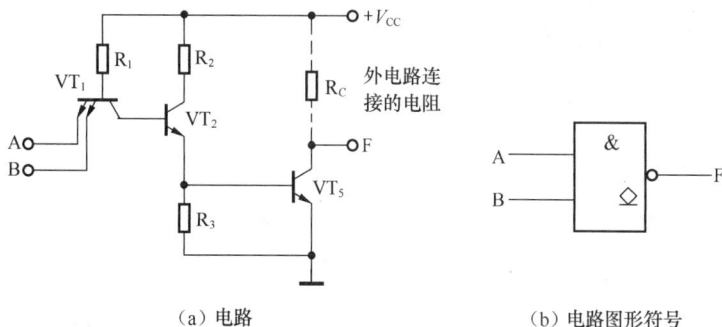

（a）电路　　　　　　　　　（b）电路图形符号

图 5.7　集成 OC 门

前面讲到的具有图腾结构的 TTL 与非门，使用时输出端不能长久接地或与电源短接。若输出端接地，则在门电路输出高电平时，流过有源负载 VT_3、VT_4 的电流很大，时间稍长就会使其被烧毁；若输出端接电源，则在门电路输出低电平时，VT_5 处于饱和状态，这时也会有很大的电流流过 VT_5，使其被烧毁。因此，多个普通 TTL 集成逻辑门电路的输出端不能连接在一起，否则就会有很大的电流由输出为逻辑高电平的门流向输出为逻辑低电平的门，从而将门电路烧毁，即普通的 TTL 与非门无法实现"线与"的逻辑功能。

为解决 TTL 与非门无法实现"线与"的问题，人们研制出了集成 OC 门。集成 OC 门与普通 TTL 与非门的主要区别有以下两点。

• 没有 VT_3 和 VT_4 组成的射极跟随器，VT_5 的集电极是开路的。应用时将 VT_5 的集电极经外接电阻 R_C 接到电源口 V_{CC} 和输出端之间，这样才能实现与非逻辑功能。

• 普通 TTL 与非门的输出是推挽输出，输出电阻都很小，不允许将两个普通 TTL 与非门的输出端直接连接在一起。但是集成 OC 门和输出端可以直接并接在一起，从而实现"线与"的逻辑功能，如图 5.8 所示。

使用时，只要将集成 OC 门的外接电阻 R_C 接到另一电源 V_{CC2} 上，则输出高电平 $V_{OH}=V_{CC}$，输出低电平仍等于 TTL 逻辑电平，从而可以很方便地实现 TTL 逻辑电平到其他电平的转换，这是集成 OC 门的另一优点。

集成 OC 门不仅可以实现线与逻辑及逻辑电平转换，还可以作为接口电路。所谓的接口电路，就是将一种逻辑电路和其他不同特性的逻辑电路或其他外部电路相连的电路。

图 5.9 所示是集成 OC 门直接驱动发光二极管的接口电路。

（3）三态门

普通的 TTL 与非门有两个输出状态，即逻辑 0 或逻辑 1。三态门又称为三态逻辑（Tri State Logic，TSL）门，除具有这两个状态外，还有一种高阻输出的第三态。高阻态下三态门的输出端相当于和其他电路断开。

图 5.10（a）所示为三态门电路，其图形符号如图 5.10（b）所示。显然，三态门在普通 TTL 与非门电路的基础上增加了一个控制端 EN 及其控制电路，控制电路由两级反相器和一个钳位二极管构成。当 EN=1 时，二极管 VD 截止，电路输出端 F 的状态完全取决于输入端 A、B 的状态，此时三态门就是普通的 TTL 与非门；当 EN=0 时，二极管 VD 导通，同时，EN 控制 VT_1 基极、VT_3 基极均为低电平，致使 VT_2、VT_3、VT_4 和 VT_5 都截止，从输出端 F 看进去，电路呈现高阻状态。

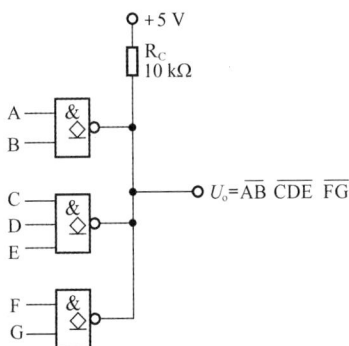

图 5.8　集成 OC 门实现"线与"逻辑功能

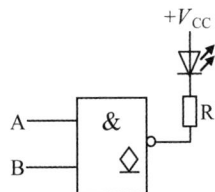

图 5.9　集成 OC 门直接驱动发光二极管的接口电路

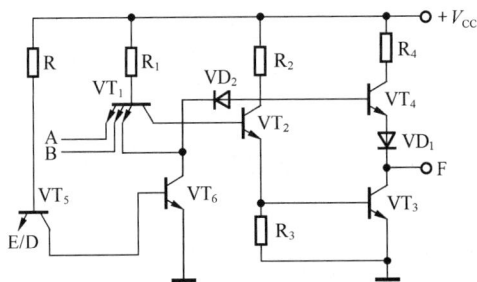

$$U_o = \overline{AB} \ \overline{CDE} \ \overline{FG}$$

（a）电路

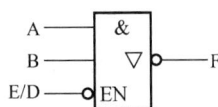

（b）电路图形符号

图 5.10　三态门电路与电路图形符号

三态门的逻辑功能真值表见表 5.1。

表 5.1　　　　　　　　　　　　三态门的逻辑功能真值表

控制端 EN	数据输入端 A　　B		输出端 F
1	0	0	1
1	0	1	1
1	1	0	1
1	1	1	0
0	×	×	高阻态

三态门在计算机系统中得到了广泛的应用，其中一个重要用途是构成数据总线。当三态门处于禁止状态时，其输出呈现高阻态，可视为与总线脱离。利用分时传送原理，可以实现多组三态门挂在同一条数据线上进行数据传送。而某一时刻只允许一组三态门的输出在数据线上发送数据，从而实现了用一根导线轮流传送多路

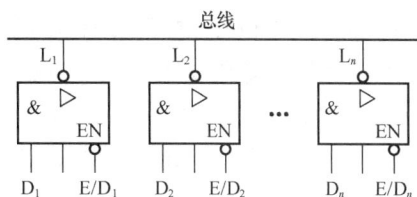

图 5.11　三态门应用举例

数据。通常把用于传输多个门输出信号的数据线叫作总线（母线），如图 5.11 所示。

只要各控制端轮流出现高电平（每一时刻只允许一个门正常工作），则总线上就轮流送出各个与非门的输出信号，由此可省去大量的机内连线。

（4）TTL 集成逻辑门的使用注意事项

① TTL 集成逻辑门输入端为"与"逻辑关系时，多余的输入端可以悬空（但不能带开路长线），可以接高电平，可以并接到一个已被使用的输入端上等。TTL 集成逻辑门输入端为"或"逻辑关系时，多余的输入端可以接低电平，可以接地，可以并接到一个已被使用的输入端上等。不用的引脚可以悬空，不可以接地。

② 电源电压应根据 TTL 集成逻辑门对参数的要求选定。一般 TTL 集成逻辑门的电源电压应满足（5±0.5）V 的要求。几个输入端引脚可以并联连接。

③ 具有图腾结构的几个 TTL 与非门输出端不能并联。

④ TTL 集成逻辑门电路的输出端接容性负载时，应在电容之前接限流大电阻（≥2.7kΩ），避免在开机时瞬间出现较大的冲击电流致使集成芯片烧坏。

⑤ TTL 集成逻辑门电路的电源电压应满足 ±5V 要求，输入信号电平应为 0～5V。

⑥ 焊接时应选用 45W 以下的电烙铁，最好用中性焊剂，所用设备应接地良好。

2. CMOS 集成逻辑门电路

CMOS 集成逻辑门电路是由 N 型金属-氧化物-半导体（N-Metal-Oxide-Semiconductor，NMOS）管和 P 型金属-氧化物-半导体（P-Metal-Oxide-Semiconductor，PMOS）管根据互补对称关系构成的 MOS 电路。CMOS 集成逻辑门电路的优点是静态功耗很低、抗干扰能力强、稳定性好、开关速度较高、扇出系数大。虽然制造工艺复杂，但由于优点突出，在中、大规模集成电路得到了广泛的应用。

（1）CMOS 反相器

① 电路组成。如图 5.12 所示，工作管 VT_1 是增强型 NMOS 管，负载管 VT_2 是 PMOS 管。两管的漏极 D_1、D_2 接在一起作为电路的输出端，两管的栅极 G_1、G_2 接在一起作为电路的输入端。VT_1 的源极 S_1 与其衬底相连并接地，VT_2 的源极 S_2 与其衬底相连并接电源 U_{DD}。

② 工作原理。

• 如果要使电路中的 MOS 管形成导电沟道，VT_1 的栅源电压必须大于开启电压，VT_2 的栅源电压必须低于开启电压。所以，为使电路正常工作，电源电压 U_{DD} 必须大于两管开启电压的绝对值之和。

• 当输入电压 u_i 为低电平时，VT_1 管的栅源电压小于开启电压，不能形成导电沟道，VT_1

截止，S_1 和 D_1 之间呈现很大的电阻；VT_2 管的栅源电压大于开启电压，能够形成导电沟道，VT_2 导通，S_2 和 D_2 之间呈现较小的电阻。电路的输出约为高电平 U_{DD}。

● 当输入电压 u_i 为高电平 U_{DD} 时，VT_1 管的栅源电压大于开启电压，形成导电沟道，VT_1 导通，S_1 和 D_1 之间呈现较小的电阻；VT_2 管的栅源电压为 0V，不满足形成导电沟道的条件，VT_2 截止，S_2 和 D_2 之间呈现很大的电阻。电路的输出为低电平。

通过上述分析，电路的输出和输入之间满足"非"逻辑关系，所以 CMOS 反相器就是一种非门。稳态时，CMOS 反相器中的 VT_1 和 VT_2 必然有一个截止，所以电源向电路提供的电流极小，电路的功率损耗很低。

（2）CMOS 传输门和模拟开关

① 电路组成。当一个 PMOS 管和一个 NMOS 管并联时就构成 CMOS 传输门，如图 5.13 所示。其中两管源极相接，作为输入端；两管漏极相连，作为输出端。两管的栅极作为控制端（CP 和 $\overline{CP}$），加互为相反的控制电压。PMOS 管的衬底接 U_{DD}，NMOS 管的衬底接地。由于 MOS 管的结构对称，源极、漏极可以互换，所以输入端、输出端可以互换，因此 CMOS 传输门也称为双向开关。

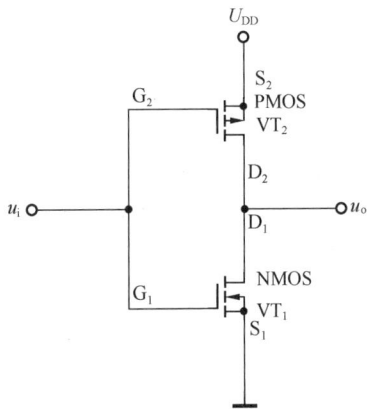

图 5.12 CMOS 反相器   图 5.13 CMOS 传输门

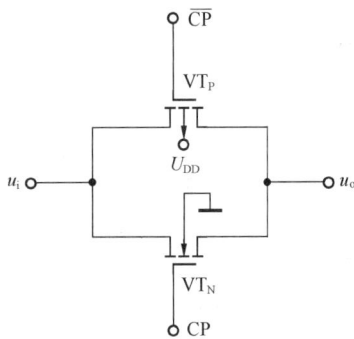

② 工作原理。当控制端 CP 为高电平 1V、$\overline{CP}$ 为低电平 0V 时，CMOS 传输门导通，数据可以从输入端传输到输出端，也可以从输出端传输到输入端，即 CMOS 传输门可以实现数据的双向传输。当控制端 CP 为低电平 0V、$\overline{CP}$ 为高电平 1V 时，CMOS 传输门截止，不能传输数据。

CMOS 传输门不但可以实现数据的双向传输，经改进后也可以组成单向传输数据的传输门，利用单向传输门还可以构成传送数据的总线。当 CMOS 传输门的控制信号由一个非门的输入和输出来提供时，又可构成一个模拟开关，其电路和原理在此不加论述。

（3）CMOS 集成逻辑门电路的特点

① CMOS 集成逻辑门电路的工作速度比 TTL 集成逻辑门电路低。

② CMOS 集成逻辑门电路的带负载能力比 TTL 集成逻辑门电路差。

③ CMOS 集成逻辑门电路的集成度比 TTL 集成逻辑门电路高。

④ CMOS 集成逻辑门电路的抗干扰能力比 TTL 集成逻辑门电路强。

⑤ CMOS 集成逻辑门电路的功耗比 TTL 集成逻辑门电路小得多。

CMOS 集成逻辑门电路的特点及使用注意事项

CMOS 集成逻辑门电路的功耗只有几微瓦，中规模 CMOS 集成逻辑门电路的功耗也不会超过 $100\mu W$。

⑥ CMOS 集成逻辑门电路的电源电压允许范围较大，为 $3\sim18V$。

⑦ CMOS 集成逻辑门电路适合在特殊环境下工作。

（4）CMOS 集成逻辑门电路的使用注意事项

① CMOS 集成逻辑门电路容易受静电感应而被击穿，在使用和存放时应注意静电屏蔽，焊接时电烙铁应接地良好，尤其是 CMOS 集成逻辑门电路多余不用的输入端不能悬空，与门多余输入端应接高电平，或门多余输入端应接地。

② CMOS 集成逻辑门电路电源电压规定的电压范围为 $3\sim15V$。电源电压的极性不能接反。为防止通过电源引入干扰信号，应根据具体情况对电源进行去耦和滤波。

③ 同一芯片上的 CMOS 集成逻辑门电路，在输入相同时，输出端可以并联使用（目的是增大驱动能力）；否则，输出端不可以并联使用。

④ CMOS 集成逻辑门电路应在静电屏蔽下运输和存放。调试电路时，开机时应先接通电路板电源，后开信号源电源；关机时应先关信号源电源，后断开电路板电源。严禁带电从插座上插拔器件。

CMOS 集成逻辑门电路虽然出现较晚，但发展很快，更便于向大规模集成电路发展。其主要缺点是工作速度较低。

任务实施　测试异或门功能

在数字电路实验装置上测试异或门功能。选择四 2 输入异或门 74LS86 集成芯片进行功能测试。

将 74LS86 集成芯片插入实验装置上的 IC 空插座中，选择其中一个异或门的输入端接到逻辑电平开关上，其输入端接发光二极管，引脚 14 接 +5V 电源，引脚 7 接地。将功能测试结果填入表 5.2。

表 5.2　　　　　74LS86 门电路逻辑功能测试结果记录

输　入		输出（异或门）				
B（K2）	A（K1）	Q=AB	Q=A+B	$Q=\overline{AB}$	$Q=A\oplus B$	$Q=\overline{A}$
0	0					
0	1					
1	0					
1	1					

思考与问题

1. 基本逻辑门有哪些？同或门和异或门的功能是什么？两者有联系吗？

2. 通常集成电路可分为哪两大类？这两大类集成电路在使用时注意的事项相同吗？

3. 试述图腾结构的 TTL 与非门和集成 OC 门的主要区别。

4. 三态门和普通 TTL 与非门有什么不同？主要应用在什么场合？

5. CMOS 传输门具有哪些用途？

6. TTL 与非门多余的输入端能否悬空处理？CMOS 集成逻辑门呢？

【学海领航】

黄大年是著名地球物理学家，为我国教育科研事业做出了突出贡献，他带领团队在航空地球物理领域取得一系列成就。读者可查阅资料了解黄大年不忘初心、至诚报国的事迹，学习科技工作者赤诚爱国的情怀和忘我奋斗的科研精神，以科技兴国为主旨，以弘扬爱国主义、科普教育为目标，深入学习更多的知识和技能以报效祖国。

任务 5.2　组合逻辑电路的分析和设计

提出问题

组合逻辑电路的分析步骤有哪些？通过组合逻辑电路的分析我们能解决什么问题？组合逻辑电路的设计解决的又是什么问题？其步骤有哪些？

知识准备

根据给定的逻辑电路，找出其输出信号和输入信号之间的逻辑关系，确定电路逻辑功能的过程称为组合逻辑电路的分析。

根据给定的逻辑功能，写出最简的逻辑函数式，并根据逻辑函数式构成相应组合逻辑电路的过程称为组合逻辑电路的设计。

5.2.1　组合逻辑电路的分析

组合逻辑电路的分析

组合逻辑电路的一般分析步骤如下。

① 根据已知逻辑电路用逐级递推法写出对应的逻辑函数表达式。

② 用公式法或卡诺图法对写出的逻辑函数式进行化简，得到最简逻辑函数表达式。

③ 根据最简逻辑函数表达式，列出相应的逻辑电路真值表。

④ 根据真值表找出电路可实现的逻辑功能并加以说明，以理解电路的作用。

【例5.1】分析图5.14所示的逻辑电路的功能。

【解】① 用逐级递推法写出输出F和G的逻辑函数表达式。

$$Z_1 = A \oplus B$$
$$Z_2 = \overline{(A \oplus B)C}$$
$$Z_3 = \overline{AB}$$
$$F = C \oplus (A \oplus B)$$
$$G = \overline{\overline{(A \oplus B)C} \cdot \overline{AB}}$$
$$= (A \oplus B)C + AB$$

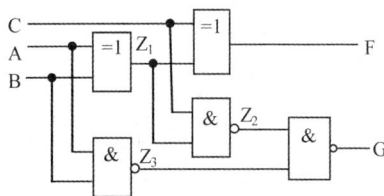

图 5.14　例 5.1 逻辑电路

② 用代数法化简逻辑函数。

$$F = C \oplus (A \oplus B)$$
$$= \overline{CA\overline{B} + \overline{A}B} + \overline{C}(A\overline{B} + \overline{A}B)$$
$$= C[(\overline{A} + B)(A + \overline{B})] + A\overline{B}\overline{C} + \overline{A}B\overline{C}$$
$$= \overline{A}\overline{B}C + ABC + A\overline{B}\overline{C} + \overline{A}B\overline{C}$$
$$G = (A \oplus B)C + AB$$
$$= C(A\overline{B} + \overline{A}B) + AB$$
$$= (A\overline{B}C + \overline{A}BC) + AB$$
$$= AC + BC + AB$$

③ 列出真值表，见表5.3。

表5.3　　　　　　　　　　　　例5.1 电路真值表

输　　入			输　　出	
A	B	C	F	G
0	0	0	0	0
0	0	1	1	0
0	1	0	1	0
0	1	1	0	1
1	0	0	1	0
1	0	1	0	1
1	1	0	0	1
1	1	1	1	1

④ 逻辑电路功能分析：观察真值表可得出电路的特点，当输入信号中有两个或两个以上"1"时，输出G为"1"，其他为"0"；当输入信号中"1"的个数为奇数时，输出F为"1"，其他为"0"。如果我们认为A和B分别是被加数和加数，C是低位的进位数，则F是按二进制数计算时本位的和，G是向高位的进位数。由此说明该电路是一个一位全加器。

【例5.2】分析图5.15所示的逻辑电路的功能。

【解】① 用逐级递推法写出输出F的逻辑函数表达式。

$$P_1 = \overline{A}$$
$$P_2 = B + C$$
$$P_3 = \overline{BC}$$

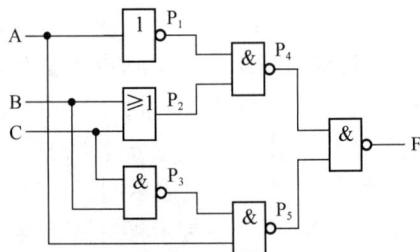

图 5.15　例 5.2 逻辑电路

$$P_4 = \overline{P_1 P_2} = \overline{\overline{A}(B+C)}$$
$$P_5 = \overline{AP_3} = \overline{A\overline{BC}}$$
$$F = \overline{P_4 P_5} = \overline{\overline{\overline{A}(B+C)}\,\overline{A\overline{BC}}}$$

② 用代数法化简逻辑函数。

$$F = \overline{\overline{\overline{A}(B+C)}\,\overline{A\overline{BC}}} = \overline{A}(B+C) + A\overline{BC} = \overline{A}B + \overline{A}C + A\overline{B} + A\overline{C}$$

③ 列出真值表，见表5.4。

表 5.4   例 5.2 电路真值表

输　入			输　出
A　B　C			F
0　0　0			0
0　0　1			1
0　1　0			1
0　1　1			1
1　0　0			1
1　0　1			1
1　1　0			1
1　1　1			0

④ 逻辑电路功能分析：观察真值表可得出电路的特点，当 3 个输入信号完全相同时输出 F 为
"0"；当 3 个输入信号中至少有一个不相同时输出 F 为 "1"。由于 3 个输入信号不一致时输出
F 为 "1"，因此，这是一个三变量不一致电路。

5.2.2　组合逻辑电路设计

组合逻辑电路设计的一般步骤如下。

① 根据给出的条件和最终实现的功能，首先确定逻辑变量和逻辑函数，并用相应字母表示出来；其次用 0 和 1 各表示一种状态，由此找出逻辑变量和逻辑函数之间的关系。

② 根据逻辑变量和逻辑函数之间的关系列出真值表，根据真值表写出逻辑函数表达式。

③ 化简逻辑函数。

④ 根据最简逻辑函数表达式画出相应逻辑电路。

显然，组合逻辑电路的设计与分析互为逆过程。

组合逻辑电路的设计

任务实施　**设计多数表决器**

3 人参加表决，多数通过，少数否决。

【设计过程】① 逻辑变量和逻辑函数及其状态的设置。根据题目的要求，表决人对应输入逻辑变量，用 A、B、C 表示；表决结果对应输出逻辑函数，用字母 F 表示。

设输入为 "1" 时表示同意，为 "0" 时表示否决；输出为 "1" 时表示提案通过，为 "0" 时表示提案被否决。

组合逻辑电路设计举例

② 列出相应真值表，见表 5.5。

③ 写出逻辑函数表达式并化简。由于真值表中的每一行对应一个最小项，所以将输出为 "1" 的最小项用 "与" 项表示后进行逻辑加，即可得到逻辑函数的最小项表达式。在写最小项时，逻辑变量为 "0" 时用反变量表示，为 "1" 时用原变量表示。

在真值表中输出逻辑函数共有 4 个 1，所以最小项表达式共有 4 个，它们是

$$011 \rightarrow \overline{A}BC;\ 101 \rightarrow A\overline{B}C;\ 110 \rightarrow AB\overline{C};\ 111 \rightarrow ABC$$

表 5.5　　　　　　　　　　　　　　　　　　电路真值表

输　　入			输　　出
A	B	C	F
0	0	0	0
0	0	1	0
0	1	0	0
0	1	1	1
1	0	0	0
1	0	1	1
1	1	0	1
1	1	1	1

即

$$F = \overline{A}BC + A\overline{B}C + AB\overline{C} + ABC$$

用卡诺图化简，如图 5.16 所示。

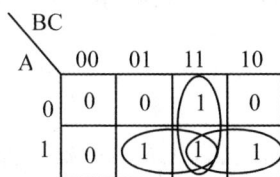

图 5.16　任务实施卡诺图

化简结果得

$$F = AB+BC+CA$$

④ 根据逻辑函数式可画出逻辑电路图。由于实际制作逻辑电路的过程中，一块集成芯片上往往有多个同类门电路，所以在构成具体逻辑电路时，通常只选用一种门电路，而且一般选用与非门的较多。因此，此多数表决器的逻辑函数式可利用反演率，很容易得到与非与非式，即

$$F = \overline{\overline{AB+BC+CA}} = \overline{\overline{AB} \cdot \overline{BC} \cdot \overline{CA}}$$

这样，我们就得到了图 5.17 所示的由 4 个与非门构成的多数表决器逻辑电路。

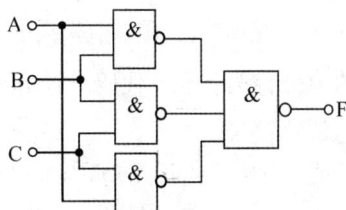

图 5.17　任务实施电路

思考与问题

1. 分析图 5.18 所示电路的逻辑功能。
2. 设计一个三变量判奇电路。

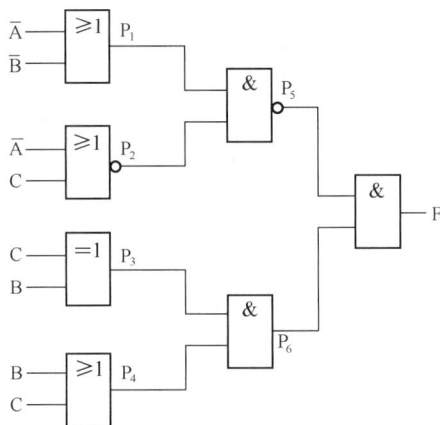

图 5.18　题 1 电路

任务 5.3　常用的组合逻辑电路器件

提出问题

你了解编码器是做什么的吗？什么是优先编码器？译码器的任务是什么？变量译码器和显示译码器有何不同？数值比较器和数据选择器在数字电路中各自起着什么作用？

知识准备

日常生活中遇到的逻辑问题多种多样，为实现这些逻辑问题而设计的逻辑电路当然也各不相同。电子工程实践中，人们把被经常、大量反复使用的一些逻辑电路找了出来，由生产厂家制成中规模的集成电路产品，供大家选用。这些集成电路产品具有通用性强、兼容性好、功率损耗小、工作稳定可靠、成本低廉等优点。常用的组合逻辑电路产品有编码器、译码器、数值比较器、数据选择器、加法器等。

5.3.1　编码器

编码器

把若干个 0 和 1 按一定规律编排起来的过程称为编码。通过编码获得的不同二进制数的组合称为代码。代码是计算机能够识别的、用来表示某一对象或特定信息的数字符号。

十进制编码或某种特定信息的编码难以用电路来实现，在数字电路中通常采用二进制编码或二-十进制编码。二进制编码是将某种特定信息编成二进制代码的电路；二-十进制编码是将十进制的 10 个数码编成二进制代码的电路。

在数字系统中，当编码器同时有多个输入有效时，常要求输出不但有意义，而且应按事先编排好的优先顺序输出。即要求编码器只对其中优先权最高的输入信号进行编码，具有此功能的编码器称为优先编码器。

在优先编码器中，允许同时输入两个以上的编码信号。只不过优先编码器在设计时已经将所有的输入信号按优先顺序排了队，当几个输入信号同时出现时，优先编码器只对其中优先权最高的输入信号进行编码。

1. 10 线-4 线优先编码器

10 线-4 线优先编码器是将十进制数码转换为二进制数码的组合逻辑电路。74LS147 芯片即为一种 10 线-4 线优先编码器，其引脚排列和惯用符号如图 5.19 所示。

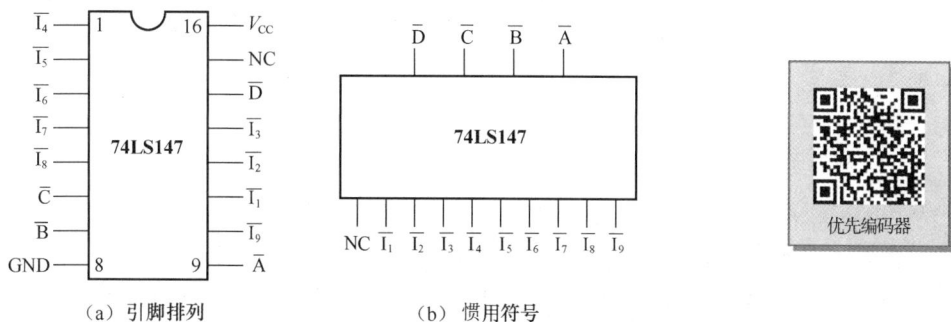

(a) 引脚排列　　　　(b) 惯用符号

图 5.19　74LS147 的引脚排列和惯用符号

74LS147 是一个 16 脚的集成芯片，其中 15 脚为空脚，$\overline{I_1} \sim \overline{I_9}$ 为输入信号端，$\overline{A} \sim \overline{D}$ 为输出端。输入和输出均为低电平有效。

74LS147 编码器真值表见表 5.6。从真值表中可以看出，当无输入信号时，输出全部为高电平"1"，表示输入的十进制数码为 0 或者无输入信号。当 $\overline{I_9}$ 输入低电平"0"时，无论其他输入端是否有输入信号输入，输出均为 0110（1001 的反码）。再根据其他输入端的输入情况可以得出相应的输出代码，$\overline{I_9}$ 的优先级别最高，$\overline{I_1}$ 的优先级别最低。

表 5.6　　　　　　　　　　　　　　74LS147 编码器真值表

输　　入									输　　出			
$\overline{I_1}$	$\overline{I_2}$	$\overline{I_3}$	$\overline{I_4}$	$\overline{I_5}$	$\overline{I_6}$	$\overline{I_7}$	$\overline{I_8}$	$\overline{I_9}$	$\overline{D}$	$\overline{C}$	$\overline{B}$	$\overline{A}$
×	×	×	×	×	×	×	×	×	1	1	1	1
×	×	×	×	×	×	×	×	0	0	1	1	0
×	×	×	×	×	×	×	0	1	0	1	1	1
×	×	×	×	×	×	0	1	1	1	0	0	0
×	×	×	×	×	0	1	1	1	1	0	0	1
×	×	×	×	0	1	1	1	1	1	0	1	0
×	×	×	0	1	1	1	1	1	1	0	1	1
×	×	0	1	1	1	1	1	1	1	1	0	0
×	0	1	1	1	1	1	1	1	1	1	0	1
0	1	1	1	1	1	1	1	1	1	1	1	0

2. 8 线-3 线优先编码器

74LS148 芯片是一种 8 线-3 线优先编码器。在优先编码器中优先级别高的信号排斥优先级别低的信号，具有单方面排斥的特性。74LS148 的引脚排列和惯用符号如图 5.20 所示。其中 $\overline{I_0} \sim \overline{I_7}$ 为输入信号端，$\overline{Y_0} \sim \overline{Y_2}$ 为输出端，$\overline{S}$ 为使能输入端，$\overline{O_E}$ 为使能输出端，$\overline{G_S}$ 为优先扩展输出端。

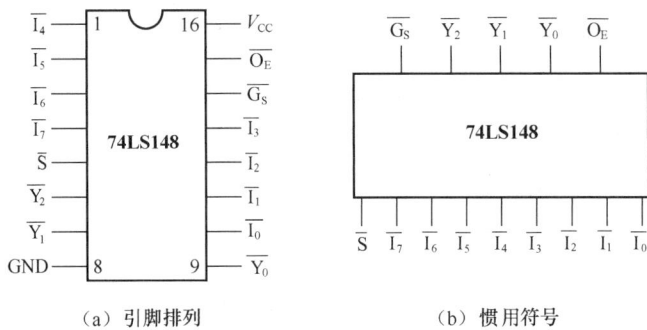

（a）引脚排列　　　　　　　　（b）惯用符号

图 5.20　74LS148 的引脚排列和惯用符号

在表示输入端、输出端的字母上，"非"号表示低电平有效。

当使能输入端 $\overline{S}=1$ 时，电路处于禁止编码状态，所有的输出端全部输出高电平"1"；当使能输入端 $\overline{S}=0$ 时，电路处于正常编码状态，输出端的电平由 $\overline{I_0} \sim \overline{I_7}$ 的输入信号而定。$\overline{I_7}$ 的优先级别最高，$\overline{I_0}$ 的优先级别最低。

使能输出端 $\overline{O_E}=0$ 时，表示电路处于正常编码同时又无输入信号的状态。

74LS148 编码器真值表见表 5.7。由此可以解读出 74LS148 编码器输入和输出之间的关系。

74LS148 使能端的主要作用是控制本块编码器芯片工作状态：当使能输入端 $\overline{S}=0$ 时允许编码；当 $\overline{S}=1$ 时各输出端及 $\overline{G_S}$、$\overline{O_E}$ 均封锁，编码被禁止。使能输出端 $\overline{O_E}$ 是选通输出端，级联应用时，高位芯片的 $\overline{G_S}$ 与低位芯片的 $\overline{S}$ 连接起来，可以扩展优先编码功能。$\overline{G_S}$ 为优先扩展输出端，级联应用时可作为输出位的扩展端。

表 5.7　　　　　　　　　　　　　　　74LS148 编码器真值表

输　　入									输　　出				
$\overline{S}$	$\overline{I_0}$	$\overline{I_1}$	$\overline{I_2}$	$\overline{I_3}$	$\overline{I_4}$	$\overline{I_5}$	$\overline{I_6}$	$\overline{I_7}$	$\overline{Y_2}$	$\overline{Y_1}$	$\overline{Y_0}$	$\overline{G_S}$	$\overline{O_E}$
1	×	×	×	×	×	×	×	×	1	1	1	1	1
0	1	1	1	1	1	1	1	1	1	1	1	1	0
0	×	×	×	×	×	×	×	0	0	0	0	0	1
0	×	×	×	×	×	×	0	1	0	0	1	0	1
0	×	×	×	×	×	0	1	1	0	1	0	0	1
0	×	×	×	×	0	1	1	1	0	1	1	0	1
0	×	×	×	0	1	1	1	1	1	0	0	0	1
0	×	×	0	1	1	1	1	1	1	0	1	0	1
0	×	0	1	1	1	1	1	1	1	1	0	0	1
0	0	1	1	1	1	1	1	1	1	1	1	0	1

利用使能端的作用，可以将两块 74LS148 编码器扩展为 16 线-4 线优先编码器，如图 5.21 所示。

当高位芯片的使能输入端为"0"时，允许对 $\overline{I_8} \sim \overline{I_{15}}$ 进行编码，当高位芯片有编码信号输入时，$\overline{O_E}$ 为 1，它控制低位芯片处于禁止状态；当高位芯片无编码信号输入时，$\overline{O_E}$ 为 0，低位芯片处于编码状态。高位芯片的 $\overline{G_S}$ 作为输出信号的高位端，输出信号的低 3 位由两块芯片的输出端对应位相"与"后得到。在有编码信号输入时，两块芯片只能有一块工作于编码状态，输出也是低电平有效，相"与"后就可以得到相应的输出信号。

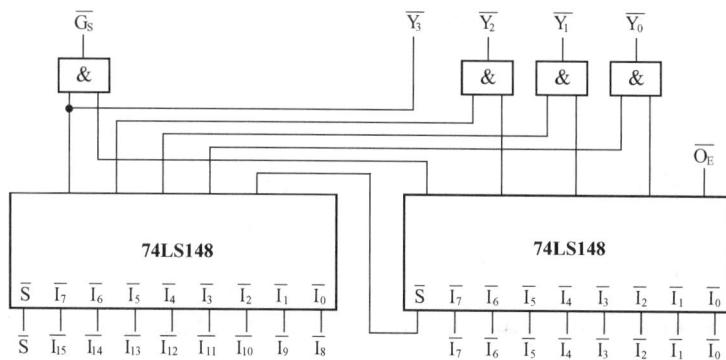

图 5.21 74LS148 优先编码器的功能扩展

5.3.2 译码器

译码和编码的过程相反，译码器的作用是把给定的二进制代码"翻译"成对应的特定信息或十进制数码，即转变为人们熟悉的信号输出。译码器在数字系统中不仅用于代码的转换、终端的数字显示，还用于数据分配、存储器寻址和组合控制信号等。

译码器可分为变量译码器、代码变换译码器和显示译码器。我们主要介绍变量译码器和显示译码器的外部工作特性和应用。

1. 变量译码器

74LS138 是一个有 16 个引脚的变量译码器，具有电源端，接"地"端，3 个输入端 A_2、A_1、A_0，8 个输出端 $\overline{Y_7} \sim \overline{Y_0}$，3 个使能输入端 G_1、$\overline{G_{2A}}$、$\overline{G_{2B}}$。其引脚排列和惯用符号如图 5.22 所示。

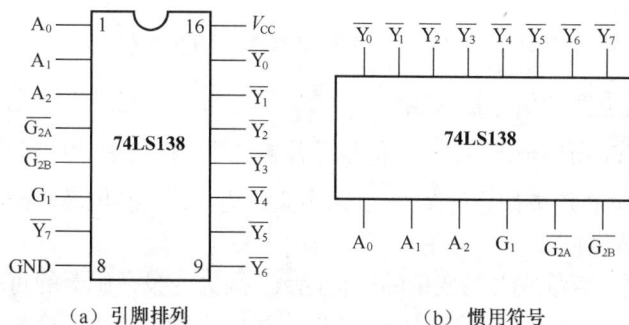

（a）引脚排列　　　　　　（b）惯用符号

图 5.22 74LS138 的引脚排列和惯用符号

74LS138 译码器真值表见表 5.8。

表 5.8   74LS138 译码器真值表

输　　入						输　　出							
G_1	$\overline{G_{2A}}$	$\overline{G_{2B}}$	A_2	A_1	A_0	$\overline{Y_0}$	$\overline{Y_1}$	$\overline{Y_2}$	$\overline{Y_3}$	$\overline{Y_4}$	$\overline{Y_5}$	$\overline{Y_6}$	$\overline{Y_7}$
×	1	1	×	×	×	1	1	1	1	1	1	1	1
0	×	×	×	×	×	1	1	1	1	1	1	1	1
1	0	0	0	0	0	0	1	1	1	1	1	1	1
1	0	0	0	0	1	1	0	1	1	1	1	1	1
1	0	0	0	1	0	1	1	0	1	1	1	1	1
1	0	0	0	1	1	1	1	1	0	1	1	1	1
1	0	0	1	0	0	1	1	1	1	0	1	1	1
1	0	0	1	0	1	1	1	1	1	1	0	1	1
1	0	0	1	1	0	1	1	1	1	1	1	0	1
1	0	0	1	1	1	1	1	1	1	1	1	1	0

可看出，当使能输入端 G_1 为低电平 "0" 时，无论其他输入端为何值，输出全部为高电平 "1"；当使能输入端 $\overline{G_{2A}}$ 和 $\overline{G_{2B}}$ 中至少有一个为高电平 "1" 时，无论其他输入端为何值，输出全部为高电平 "1"；当 G_1 为高电平 "1"，$\overline{G_{2A}}$ 和 $\overline{G_{2B}}$ 同时为低电平 "0" 时，由 A_2、A_1、A_0 决定输出低电平 "0" 的一个输出端，其他输出端输出为高电平 "1"（将输入 A_2、A_1、A_0 看作二进制数，它所代表的十进制数，就是输出低电平输出端的下标）。两片 74LS138 译码器扩展成 4 线-16 线译码器连接方法如图 5.23 所示。

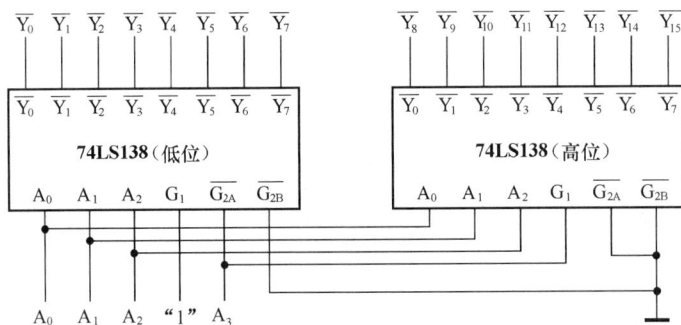

图 5.23　两片 74LS138 译码器扩展成 4 线-16 线译码器连接方法

A_3、A_2、A_1、A_0 为扩展后电路的信号输入端，$\overline{Y_{15}} \sim \overline{Y_0}$ 为输出端。当输入信号最高位 $A_3 = 0$ 时，高位芯片被禁止，$\overline{Y_{15}} \sim \overline{Y_8}$ 输出全部为 "1"，低位芯片被选中，低电平 "0" 输出端由 A_2、A_1、A_0 决定。$A_3 = 1$ 时，低位芯片被禁止，$\overline{Y_7} \sim \overline{Y_0}$ 输出全部为 "1"，高位芯片被选中，低电平 "0" 输出端由 A_2、A_1、A_0 决定。

用 74LS138 还可以实现三变量或者二变量的逻辑函数。因为变量译码器的每一个输出端的低电平都与输入逻辑变量的一个最小项相对应，所以当我们将逻辑函数变换为最小项表达式时，只要从相应的输出端取出信号，送入与非门的输入端，与非门的输出信号就是要求的逻辑函数。

2. 显示译码器

显示译码器是将二进制代码变换成显示器件所需特定状态的逻辑电路。

（1）数码显示器

数码显示器是常用的显示器件之一。常用的数码显示器也叫作数码管，类型有半导体发光二极管（LED）显示器和液晶显示器（Liquid Crystal Display，LCD）。将七段（或八段，含小数点）显示单元做成"日"字形，用来显示 0～9 这 10 个数码，如图 5.24 所示。

图 5.24　七段数码显示器

数码显示器在结构上分为共阴极和共阳极两种，共阴极结构的数码显示器需要高电平驱动才能显示；共阳极结构的数码显示器需要低电平驱动才能显示。所以，驱动数码显示器的译码器，除逻辑关系和连接要正确外，电源电压和驱动电流应在数码显示器规定的范围内，不得超过数码显示器允许的功耗。

TS547 是一个共阴极 LCD 七段数码显示器。引脚和发光段的关系见表 5.9（h 为小数点）。

表 5.9　　　　　　　　　　　　　引脚和发光段的关系

引　　脚	1	2	3	4	5	6	7	8	9	10
功　　能	e	d	地	c	h	b	a	地	f	g

（2）七段显示译码器

七段显示译码器用来与数码管相配合，把用 BCD 码表示的数字信号转换为数码管所需的输入信号。下面通过分析 74LS48 集成芯片，介绍这一类集成逻辑器件的功能和使用方法。

74LS48 是一个 16 脚的集成逻辑器件，除电源、接地端外，还有 4 个输入端 A_3、A_2、A_1、A_0，输入 4 位 BCD 码，高电平有效；7 个输出端 a～g，内部的输出电路有上拉电阻，可以直接驱动共阴极数码管；3 个使能端 $\overline{LT}$、$\overline{BI}/RBO$ 和 $\overline{RBI}$。74LS48 的引脚排列和惯用符号如图 5.25 所示。

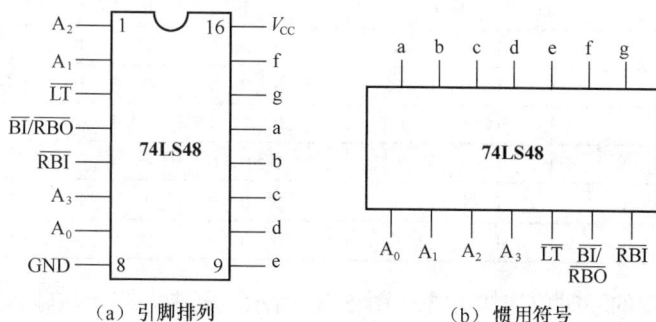

（a）引脚排列　　　　　　　　　（b）惯用符号

图 5.25　74LS48 的引脚排列和惯用符号

74LS48 的逻辑功能如下。

① 灯测试端 $\overline{LT}$：当 $\overline{LT} = 0$、$\overline{BI} = 1$ 时，不论其他输入端为何种电平，所有的输出端全部输出高电平"1"，驱动数码管显示数字 8。所以 $\overline{LT}$ 可以用来测试数码管是否发生故障、输出端和数码管之间的连接是否接触不良。正常使用时，$\overline{LT}$ 应处于高电平或者悬空状态。

② 灭灯输入端 $\overline{BI}$：当 $\overline{BI} = 0$ 时，不论其他输入端为何种电平，所有的输出端全部输出低电平"0"，数码管不显示。

③ 动态灭零输入端 $\overline{RBI}$：当 $\overline{LT} = \overline{BI} = 1$、$\overline{RBI} = 0$ 时，若 $A_3A_2A_1A_0 = 0000$，所有的输出端全部输出低电平"0"，数码管不显示；若 $A_3A_2A_1A_0$ 为其他代码组合，译码器正常输出。

④ 灭零输出端 $\overline{RBO}$：$\overline{RBO}$ 和灭灯输入端 $\overline{BI}$ 连在一起。当 $\overline{RBI} = 0$ 且 $A_3A_2A_1A_0 = 0000$ 时，$\overline{RBO}$ 输出为 0，表明译码器处于灭零状态。在多位显示系统中，利用 $\overline{RBO}$ 输出的信号，可以将整数前部（将高位的 $\overline{RBO}$ 连接相邻低位的 $\overline{RBI}$）和小数尾部（将低位的 $\overline{RBO}$ 连接相邻高位的 $\overline{RBI}$）多余的零灭掉，以便读取结果。

⑤ 正常工作状态下，$\overline{LT}$、$\overline{BI}/\overline{RBO}$、$\overline{RBI}$ 悬空或接高电平，在 A_3、A_2、A_1、A_0 端输入一组 8421 码，输出端可输出一组 7 位的二进制代码。将代码送入数码管，数码管就可以显示与输入相对应的十进制数。

74LS48 功能真值表见表 5.10。

表 5.10   74LS48 功能真值表

$\overline{LT}$	$\overline{RBI}$	$\overline{BI}/\overline{RBO}$	$A_3\,A_2\,A_1\,A_0$	a b c d e f g	功能显示
0	×	1	× × × ×	1 1 1 1 1 1 1	试灯（显示 8）
×	×	0	× × × ×	0 0 0 0 0 0 0	熄灭
1	0	0	0 0 0 0	0 0 0 0 0 0 0	灭零
1	1	1	0 0 0 0	1 1 1 1 1 1 0	显示 0
1	×	1	0 0 0 1	0 1 1 0 0 0 0	显示 1
1	×	1	0 0 1 0	1 1 0 1 1 0 1	显示 2
1	×	1	0 0 1 1	1 1 1 1 0 0 1	显示 3
1	×	1	0 1 0 0	0 1 1 0 0 1 1	显示 4
1	×	1	0 1 0 1	1 0 1 1 0 1 1	显示 5
1	×	1	0 1 1 0	1 0 1 1 1 1 1	显示 6
1	×	1	0 1 1 1	1 1 1 0 0 0 0	显示 7
1	×	1	1 0 0 0	1 1 1 1 1 1 1	显示 8
1	×	1	1 0 0 1	1 1 1 1 0 1 1	显示 9
1	×	1	1 0 1 0	0 0 0 1 1 0 1	显示 匸
1	×	1	1 0 1 1	0 0 1 1 0 0 1	显示 コ
1	×	1	1 1 0 0	0 1 1 1 1 1 0	显示 凵
1	×	1	1 1 0 1	1 0 0 1 0 1 1	显示 ⊏
1	×	1	1 1 1 0	0 0 0 1 1 1 1	显示 ⊏
1	×	1	1 1 1 1	0 0 0 0 0 0 0	无显示

时间显示电路中的小时位连接方法如图 5.26 所示。其中，当十位输入数码"0"时，应灭零；而个位输入数码"0"时，应显示。

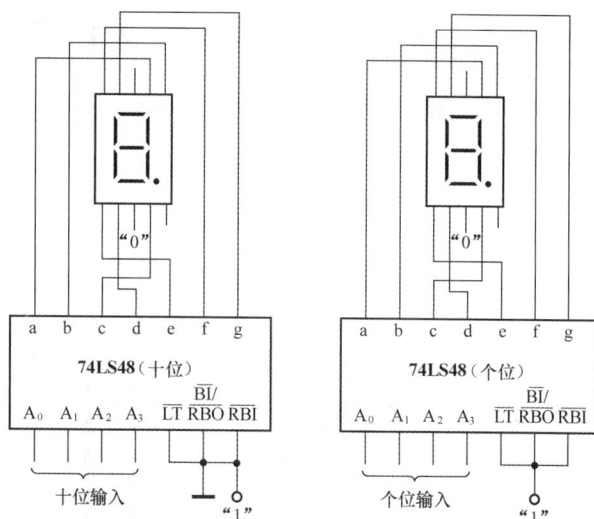

图 5.26　时间显示电路中的小时位连接方法

5.3.3　数值比较器

数字系统，特别是计算机，都需具有运算功能，一种简单的运算就是比较两个数的大小。对 A、B 两数进行比较，根据比较的结果决定下一步的操作，具有这种功能的电路，称为数值比较器。

1. 一位数值比较器

当对两个一位二进制数 A 和 B 进行比较时，一位数值比较器的比较结果有 3 种情况：$A < B$、$A = B$ 和 $A > B$。其真值表见表 5.11。

表 5.11　　　　　　　　　　　　　一位数值比较器真值表

A	B	$Y_{A<B}$	$Y_{A=B}$	$Y_{A>B}$
0	0	0	1	0
0	1	1	0	0
1	0	0	0	1
1	1	0	1	0

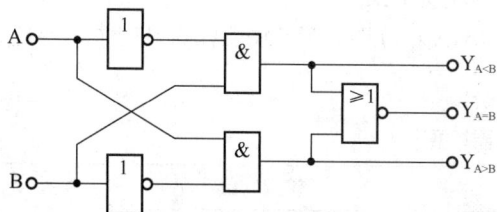

图 5.27　一位数值比较器逻辑电路

由表 5.11 所示可以得到一位数值比较器输出和输入之间的关系如下

$$Y_{A<B} = \overline{A}B$$

$$Y_{A=B} = \overline{\overline{A}B + A\overline{B}} = \overline{\overline{A}\,\overline{B} + A\overline{B}}$$

$$Y_{A>B} = A\overline{B}$$

由此可画出逻辑电路，如图 5.27 所示。

2. 集成数值比较器

常用的集成数值比较器有 74LS85（四位数值比较器）、74LS521（八位数值比较器）等。下面通过分析 74LS85，介绍这一类集成逻辑器件的使用方法。

74LS85 是一个 16 脚的集成逻辑器件，它的引脚排列如图 5.28 所示，其输入和输出均为高电平有效。除了两个 4 位二进制数的输入端和 3 个比较结果输出端外，还增加了 3 个低位比较结果的输入端，用于集成数值比较器"扩展"比较位数。

采用两个 74LS85 芯片级联，可构成八位数值比较器。两个 74LS85 芯片级联的位数扩展如图 5.29 所示。

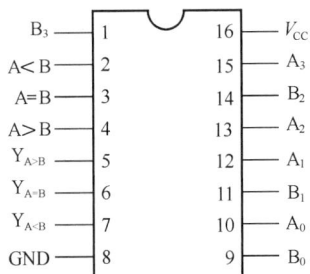

图 5.28　74LS85 引脚排列

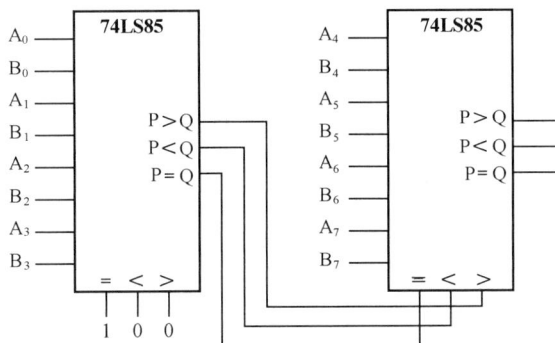

图 5.29　两个 74LS85 芯片级联的位数扩展

由图 5.29 可看出，两个 74LS85 集成芯片采用串联形式，低 4 位的比较结果作为高 4 位的条件：将低位芯片的输出端和高位芯片的比较输入端对应相连，高位芯片的输出端作为整个八位数值比较器的比较结果输出端。这种串联连接的扩展方法结构简单，但运算速度低。

74LS85 的位数扩展也可采用并联扩展两级比较法。并联扩展各组的比较是并行进行的，因此运算速度比级联扩展快。

5.3.4　数据选择器

在多路数据传送过程中，能够根据需求将其中任意一路挑选出来的电路，称为数据选择器，也叫作多路开关。

例如，四选一数据选择器如图 5.30 所示。

图 5.30　四选一数据选择器

其输入信号的四路数据通常用 D_0、D_1、D_2、D_3 来表示；两个选择控制信号分别用 A_1、A_0 表示；输出信号用 Y 表示，Y 可以是四路数据中的任意一路，由选择控制信号 A_1、A_0 来决定。

当 $A_1A_0=00$ 时，$Y=D_0$；$A_1A_0=01$ 时，$Y=D_1$；$A_1A_0=10$ 时，$Y=D_2$；$A_1A_0=11$ 时，$Y=D_3$。对应真值表见表 5.12。

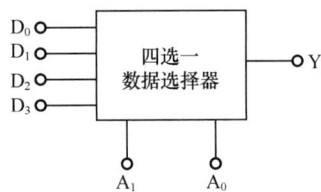

表 5.12　　　　　　　　　　　　　　　　　四选一数据选择器真值表

输　　入			输　　出
D	A_1	A_0	Y
D_0	0	0	D_0
D_1	0	1	D_1
D_2	1	0	D_2
D_3	1	1	D_3

由此可得到四选一数据选择器的逻辑函数表达式为

$$Y = D_0 \overline{A_1}\, \overline{A_0} + D_1 \overline{A_1} A_0 + D_2 A_1 \overline{A_0} + D_3 A_1 A_0$$

由逻辑函数表达式可画出对应的逻辑电路，如图 5.31 所示。

数据选择器的规格较多，常用的型号有 74LS151、CT4138（八选一数据选择器）、74LS153、CT1153（双四选一数据选择器）、74LS150（十六选一数据选择器）等。数据选择器的引脚排列及真值表均可在电子手册上查找到，关键是要能够看懂真值表、理解其逻辑功能、正确选用型号。图 5.32 所示为 74LS153 引脚排列。

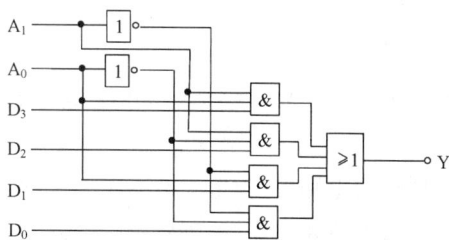

图 5.31　四选一数据选择器的逻辑电路

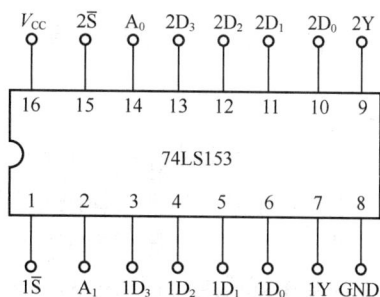

图 5.32　74LS153 引脚排列

74LS153 中，$D_0 \sim D_3$ 是输入的 4 路数据；A_0、A_1 是地址选择控制端；$\overline{S}$ 是选通控制端；Y 是输出端。输出端 Y 可以是 4 路数据中的任意一路。

任务实施　用译码器实现已知函数

试用译码器 74LS138 实现已知函数 $F = \overline{A}B + \overline{B}C + A\overline{C}$。

【解】F 的最小项表达式为

$$F = \overline{A}BC + \overline{A}B\overline{C} + A\overline{B}C + \overline{A}\,\overline{B}C + AB\overline{C} + A\overline{B}\,\overline{C}$$
$$= \sum m(1,2,3,4,5,6)$$

逻辑电路如图 5.33 所示。

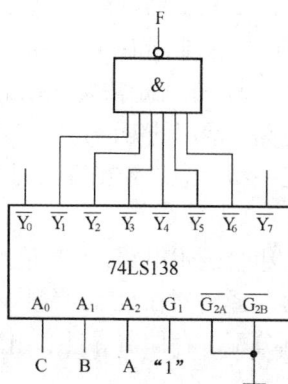

图 5.33　任务实施逻辑电路

思考与问题

1. 何为编码？优先编码器中"优先"二字如何理解？

2. 译码器的输入量是什么？输出量又是什么？你能熟练画出七段数码管对应 7 个发光二极管的符号图吗？

3. 常用的集成数值比较器有哪些型号？扩展连接方式一般采用哪两种？各有何特点？

4. 数据选择器能实现的功能是什么？集成数据选择器 74LS153 中，$D_0 \sim D_3$ 是什么端？A_0、A_1 又是什么端？

5. 数据选择器的输出端 Y 由电路中的什么信号来控制？

项目实训　测试编码器、译码器的逻辑功能实验

一、实验目的

1. 巩固和加深对常用中规模组合逻辑电路编码器与译码器逻辑功能的理解和掌握。

2. 进一步了解编码器与译码器在数字电路中的应用。

3. 进一步了解和熟悉用中小规模集成芯片实现组合电路的设计。

4. 学会中规模组合逻辑电路编码器、译码器的功能测试与电路连接。

二、实验设备

1. 数字电路实验装置（一套）。

2. 直流稳压电源（一台）。

3. 8 线-3 线优先编码器 74LS148、3 线-8 线译码器 74LS138、四 2 输入与非门 74LS00、六反相器 74LS04、七段共阴极译码器/驱动器 74LS48、数码显示器等。

4. 数字万用表（一只）。

5. 连接导线（若干）。

三、实验原理

1. 编码、编码器

人们在日常生活中经常遇到有关编码的问题，例如，开运动会时给运动员的编号、人们居住楼房的门牌编号等都属于编码。在数字电路中使用二进制代码 0、1 两个数字对所有的信息量进行编码。如有两个需要研究的信息，即可用一位二进制代码 0 和 1 两种状态表示；如有 4 个需要研究的信息，即可用两位二进制代码 00、01、10、11 共 4 种状态表示。一般来说，对 N 个信息进行编码，可用 $2n \geq N$ 来确定需要使用的二进制代码的位数 n。

编码器就是实现编码操作的电路，常用的编码器有二进制编码器、二-十进制编码器、优先编码器等。编码器的输入变量是一组信息，输出变量是对应的 n 位二进制代码。

2. 译码器及其应用

译码器是一种多输入多输出的组合逻辑电路，其功能是对每个输入的代码进行"翻译"，翻译成对应的输出高、低电平信号。译码器在数字系统中有广泛的用途，不仅用于代码的转换、终端的数字显示，还用于数据分配、存储器寻址和组合控制信号等。要实现不同的功能可选用不同种类的译码器。

（1）变量译码器

变量译码器又称二进制译码器，用来表示输入变量的状态，如 2 线-4 线、3 线-8 线和 4 线-16 线译码器。若有 n 个输入变量，则对应 2^n 个不同的组合状态，可构成 2^n 个输出端的译码器供其使用。而每一个输出所代表的函数对应 n 个输入变量的最小项。要常用的变量译码

器有 74LS138 等。

（2）码制变换译码器

码制变换译码器用于一个数据的不同代码之间的相互转换，如 BCD 码二-十进制译码器/驱动器 74LS145 等。

（3）显示译码器

显示译码器用来驱动各种数字、文字或符号的显示器，如共阴极 BCD-七段显示译码器/驱动器 74LS248 等。

（4）数码显示电路——译码器的应用

常见的数码显示器有发光二极管显示器和液晶显示器两种，前者又分为共阴极和共阳极两种类型。这两种显示器都可以用 TTL 和 CMOS 集成电路驱动。显示译码器的作用就是将BCD 码译成数码管所需要的驱动信号。

四、实验内容及步骤

1. 编码器功能测试电路

74LS148 的功能测试电路如图 5.34 所示。

实验步骤如下。

（1）在数字电路实验装置上把 74LS148 插在一个 16P 空插座上，把 74LS04 反相器插在一个 14P 的空插座上，然后把芯片分别与 "+5V" 电源和接 "地" 端接好。

（2）将编码器的 8 个输入端分别与逻辑电平开关相连，并按照表 5.13 所示置高、低电平（"0" 态接地，"1" 态接 " + 5V"）。

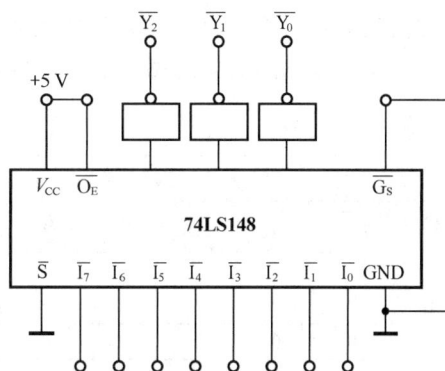

图 5.34 78LS148 的功能测试电路

（3）把 3 个使能端分别按图 5.34 所示与高、低电平相连。

（4）让编码器的 3 个输出端分别与数字电路实验装置中的发光二极管相连。当发光二极管亮时输出为高电平 "1"，否则为低电平 "0"。

（5）观察输出对应的每一个输入组合的状态，记录在表 5.13 中。

表 5.13   编码器功能测试实验数据

	输 入								输 出				
$\overline{S}$	$\overline{I_0}$	$\overline{I_1}$	$\overline{I_2}$	$\overline{I_3}$	$\overline{I_4}$	$\overline{I_5}$	$\overline{I_6}$	$\overline{I_7}$	$\overline{Y_2}$	$\overline{Y_1}$	$\overline{Y_0}$	$\overline{G_S}$	$\overline{O_E}$
1	×	×	×	×	×	×	×	×				1	1
0	1	1	1	1	1	1	1	1				1	0
0	×	×	×	×	×	×	×	0				0	1
0	×	×	×	×	×	×	0	1				0	1
0	×	×	×	×	×	0	1	1				0	1
0	×	×	×	×	0	1	1	1				0	1
0	×	×	×	0	1	1	1	1				0	1
0	×	×	0	1	1	1	1	1				0	1
0	×	0	1	1	1	1	1	1				0	1
0	0	1	1	1	1	1	1	1				0	1

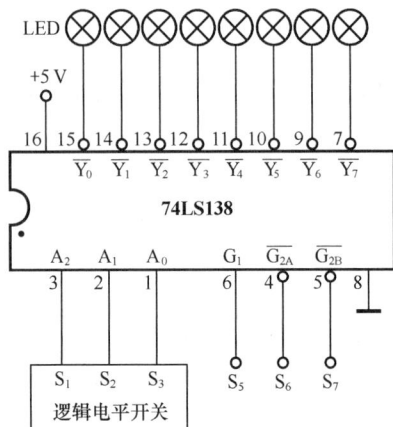

图 5.35　78LS138 的功能测试电路

2．74LS138 的功能测试电路

74LS138 的功能测试电路如图 5.35 所示。

实验步骤如下。

（1）在数字电路实验装置上把 74LS138 插在一个 16P 空插座上，按照图 5.35 所示连线，首先将芯片分别与"+5V"电源和接"地"端接好。

（2）把译码器的 3 个输入端分别与逻辑电平开关相连，并按照表 5.14 所示置高、低电平（"0"态接地，"1"态接"+5V"）。

（3）把 3 个使能端根据表 5.14 中的"0"和"1"分别按图 5.35 所示与高、低电平相连。

（4）让编码器的 8 个输出端分别与数字电路实验装置中的发光二极管相连。当发光二极管亮时输出为高电平"1"，否则为低电平"0"。

（5）观察输出对应的每一个输入组合的状态，对照表 5.14 看是否相符。

表 5.14　　74LS138 功能测试实验数据

输　入						输　出							
G_1	$\overline{G_{2A}}$	$\overline{G_{2B}}$	A_2	A_1	A_0	$\overline{Y_0}$	$\overline{Y_1}$	$\overline{Y_2}$	$\overline{Y_3}$	$\overline{Y_4}$	$\overline{Y_5}$	$\overline{Y_6}$	$\overline{Y_7}$
×	1	1	×	×	×	1	1	1	1	1	1	1	1
0	×	×	×	×	×	1	1	1	1	1	1	1	1
1	0	0	0	0	0	0	1	1	1	1	1	1	1
1	0	0	0	0	1	1	0	1	1	1	1	1	1
1	0	0	0	1	0	1	1	0	1	1	1	1	1
1	0	0	0	1	1	1	1	1	0	1	1	1	1
1	0	0	1	0	0	1	1	1	1	0	1	1	1
1	0	0	1	0	1	1	1	1	1	1	0	1	1
1	0	0	1	1	0	1	1	1	1	1	1	0	1
1	0	0	1	1	1	1	1	1	1	1	1	1	0

3．译码显示实验电路

译码显示实验电路如图 5.36 所示。

实验步骤如下。

（1）把集成电路 74LS48 插入 16P 空插座内，按照实验电路原理图连线：其中输入的 4 位二进制代码用拨码开关实现，输出接于发光二极管七段数码显示器的对应端上（注意数码显示器是共阴极还是共阳极，二者接法不同）。

（2）用拨码开关输入不同的 BCD 码，观察数码显示器的输出显示情况，与表 5.15 相对照，看结果是否相符。

（3）图 5.36 所示的实验电路中选用的 TS547 是一个共阴极发光二极管七段数码显示器。引脚和发光段的关系见表 5.16，其中 h 为小数点。

（4）分析实验结果的合理性，与前文所述的功能相对照，如严重不符，应查找原因并重做。

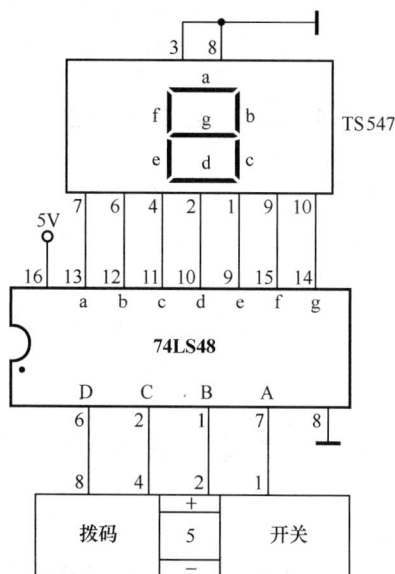

图 5.36 74LS48 逻辑功能实验电路

表 5.15　　　　　　　　　　　数码显示器的输出显示情况

$\overline{LT}$	$\overline{RBI}$	$\overline{BI}/\overline{RBO}$	$A_3\ A_2\ A_1\ A_0$	a b c d e f g	功能显示
0	×	1	× × × ×	1 1 1 1 1 1 1	试灯
×	×	0	× × × ×	0 0 0 0 0 0 0	熄灭
1	0	0	0 0 0 0	0 0 0 0 0 0 0	灭零
1	1	1	0 0 0 0	1 1 1 1 1 1 0	
1	×	1	0 0 0 1	0 1 1 0 0 0 0	
1	×	1	0 0 1 0	1 1 0 1 1 0 1	
1	×	1	0 0 1 1	1 1 1 1 0 0 1	
1	×	1	0 1 0 0	0 1 1 0 0 1 1	
1	×	1	0 1 0 1	1 0 1 1 0 1 1	
1	×	1	0 1 1 0	0 0 1 1 1 1 1	
1	×	1	0 1 1 1	1 1 1 0 0 0 0	
1	×	1	1 0 0 0	1 1 1 1 1 1 1	
1	×	1	1 0 0 1	1 1 1 0 0 1 1	

表 5.16　　　　　　　　　　　引脚和发光段的关系

引　脚	1	2	3	4	5	6	7	8	9	10
功　能	e	d	地	c	h	b	a	地	f	g

五、实验分析思考题

1. 显示译码器与变量译码器的根本区别在哪里？

2. 如果发光二极管数码显示器是共阳极的，与共阴极数码显示器的连接形式有何不同？

3. 74LS138 输入使能端有哪些功能？74LS148 输入、输出使能端有什么功能？

项目小结

1. 门电路是组合逻辑电路的基本逻辑单元，在基本逻辑门的基础上可以组成其他复合门电路，其中与非门是应用最多的一种。

2. 根据给定的逻辑电路，找出其输出信号和输入信号之间的逻辑关系，确定电路逻辑功能的过程称为组合逻辑电路的分析；根据给定功能，写出最简的逻辑函数式，并根据逻辑函数式构成相应的逻辑电路的过程称为组合逻辑电路的设计。

3. 编码器、译码器、数值比较器和数据选择器都是中规模组合逻辑电路器件，只有熟悉各种中规模组合逻辑电路的功能以及引脚用途，才能正确应用实际电路。

项目自测题（共100分，120分钟）

一、填空题（每空 0.5 分，共 25 分）

1. 具有基本逻辑关系的电路称为_____，其中最基本的有_____、_____和非门。

2. 具有"相异出 1，相同出 0"功能的逻辑门是_____门，它的反是_____门。

3. 数字集成电路按_____元件的不同可分为 TTL 和 CMOS 两大类。其中 TTL 集成电路是_____型，CMOS 集成电路是_____型。集成电路芯片中 74LS 系列芯片属于_____型集成电路，CC40 系列芯片属于_____型集成电路。

4. 功能为"有 0 出 1，全 1 出 0"的门电路是_____门；具有"_____"功能的门电路是或门；实际中集成_____门应用最为普遍。

5. 普通的 TTL 与非门具有_____结构，输出只有_____和_____两种状态；经过改造后的三态门除了具有_____态和_____态，还有_____态。

6. 使用_____门可以实现总线结构；使用_____门可实现"线与"逻辑。

7. 一般 TTL 集成电路和 CMOS 集成电路相比，_____集成电路的带负载能力强，_____集成电路的抗干扰能力强，_____集成电路的输入端通常不可以悬空。

8. 一个_____管和一个_____管并联时可构成一个传输门，其中两管源极相接作为_____端，两管漏极相连作为_____端，两管的栅极作为_____端。

9. 具有图腾结构的 TTL 集成电路，同一芯片上的输出端，不允许_____联使用；同一芯片上的 CMOS 集成电路，输出端可以_____联使用，但不同芯片上的 CMOS 集成电路上的输出端是不允许_____联使用的。

10. TTL 集成逻辑门输入端为_____逻辑关系时，多余的输入端可以做_____处理；TTL 集成逻辑门输入端为_____逻辑关系时，多余的输入端应接_____电平。CMOS 集成逻辑门输入端为"与"逻辑关系时，多余的输入端应接_____电平，为"或"逻辑关系时，多余的输入端应接_____电平，即 CMOS 门的输入端不允许_____。

11. 能将某种特定信息转换成机器识别的_____数码的_____逻辑电路，称为_____器；能将机器识别的_____制数码转换成人们熟悉的_____制或某种特定信息的_____逻辑电路，称为_____器；74LS85 是常用的_____逻辑电路_____器。

12. 在多路数据传送过程中，能够根据需要将其中任意一路挑选出来的电路，称为

_____器，也叫作_____开关。

二、判断题（每小题 1 分，共 10 分）

1. 组合逻辑电路的输出只取决于输入信号的现态。 （   ）
2. 3 线-8 线译码器电路是三-八进制译码器。 （   ）
3. 已知逻辑功能，求解逻辑函数表达式的过程称为逻辑电路的设计。 （   ）
4. 编码电路的输入量一定是人们熟悉的十进制数。 （   ）
5. 74LS138 集成芯片可以实现任意变量的逻辑函数。 （   ）
6. 组合逻辑电路中的每一个门实际上都是一个存储单元。 （   ）
7. 74 系列集成芯片是双极型的，CC40 系列集成芯片是单极型的。 （   ）
8. 无关最小项对最终的逻辑结果无影响，因此可任意视为 0 或 1。 （   ）
9. 三态门可以实现"线与"功能。 （   ）
10. 共阴极结构的显示器需要低电平驱动才能显示。 （   ）

三、选择题（每小题 2 分，共 20 分）

1. 具有"有 1 出 0，全 0 出 1"功能的逻辑门是（   ）。
   A. 与非门　　　　B. 或非门　　　　C. 异或门　　　　D. 同或门
2. 下列各型号中属于优先编译码器的是（   ）。
   A. 74LS85　　　　B. 74LS138　　　　C. 74LS148　　　　D. 74LS48
3. 七段数码显示器 TS547 是（   ）。
   A. 共阳极发光二极管　　　　　　　　B. 共阴极发光二极管
   C. 共阳极液晶显示器　　　　　　　　D. 共阴极液晶显示器
4. 八输入端的编码器按二进制数编码时，输出端的个数是（   ）。
   A. 2　　　　　　B. 3　　　　　　C. 4　　　　　　D. 8
5. 四输入端的译码器，其输出端最多为（   ）。
   A. 4 个　　　　　B. 8 个　　　　　C. 10 个　　　　D. 16 个
6. 当 74LS148 的输入端 $\overline{I_0} \sim \overline{I_7}$ 按顺序输入 11011101 时，输出 $\overline{Y_2} \sim \overline{Y_0}$ 为（   ）。
   A. 101　　　　　B. 010　　　　　C. 001　　　　　D. 110
7. 一个两输入端的门电路，当输入 1 和 0 时，输出不是 1 的门是（   ）。
   A. 与非门　　　　B. 或门　　　　　C. 或非门　　　　D. 异或门
8. 多余输入端可以悬空使用的门是（   ）。
   A. 与门　　　　　B. TTL 与非门　　　C. CMOS 与非门　　D. 或非门
9. 译码器的输出量是（   ）数。
   A. 二进制　　　　B. 八进制　　　　C. 十进制　　　　D. 十六进制
10. 编码器的输入量是（   ）数。
    A. 二进制　　　　B. 八进制　　　　C. 十进制　　　　D. 十六进制

四、简答题（每小题 3 分，共 15 分）

1. 何为逻辑门？何为组合逻辑电路？组合逻辑电路的特点是什么？
2. 分析组合逻辑电路的目的是什么？简述分析步骤。
3. 何为编码？二进制编码和二-十进制编码有何不同？

4. 何为译码？译码器的输入量和输出量在进制上有何不同？

5. TTL 集成逻辑门电路中，哪个有效地解决了"线与"问题？哪个可以实现"总线"结构？

五、分析题（共 20 分）

1. 根据表 5.17 所示内容，分析其功能，并画出其最简逻辑电路图。（8 分）

表 5.17 　　　　　　　　　　　　组合逻辑电路真值表

输　入			输　出
A	B	C	F
0	0	0	1
0	0	1	0
0	1	0	0
0	1	1	0
1	0	0	0
1	0	1	0
1	1	0	0
1	1	1	1

2. 图 5.37 所示是 u_A、u_B 两输入端的输入波形，试画出对应下列逻辑门的输出波形。（4 分）

① 与门。

② 与非门。

③ 或非门。

④ 异或门。

3. 写出图 5.38 所示电路的逻辑函数表达式。（8 分）

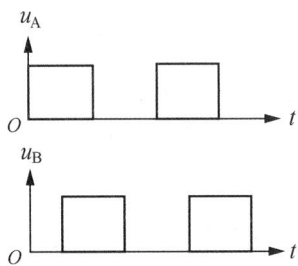

图 5.37　分析题 2 波形

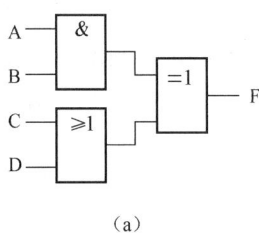

（a）

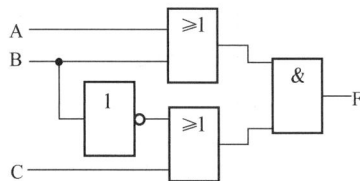

（b）

图 5.38　分析题 3 电路

六、设计题（共 10 分）

1. 画出实现逻辑函数 $F = AB + A\overline{B}C + \overline{A}C$ 的逻辑电路。（5 分）

2. 设计一个三变量的判偶逻辑电路。（5 分）

*3. 应用能力训练附加题。用与非门设计一个组合逻辑电路，完成功能：只有当 3 个裁判（包括裁判长）或裁判长和一个裁判认为杠铃已举起并符合标准时按下按键，使灯亮（或铃响），表示此次举重成功，否则表示举重失败。

项目 6 触发器

项目导入

时序逻辑电路与组合逻辑电路并驾齐驱,是数字电路两大重要分支。时序逻辑电路的显著特点是电路任何一个时刻的输出状态不仅取决于当时的输入信号,还与电路原来的状态有关。因此,时序逻辑电路必须含有具有记忆能力的存储器件。

组合逻辑电路的基本单元是门电路,时序逻辑电路的基本单元是触发器。

触发器有两个稳定的工作状态,在没有外来信号作用时,触发器处于原来的稳定状态保持不变,直到有外部输入信号作用时才可能翻转到另一个稳定状态。因此触发器是具有记忆功能的存储器件,常用来保存二进制信息。

按逻辑功能的不同,触发器可分为 RS 触发器、JK 触发器、D 触发器和 T 触发器;按触发方式的不同,触发器又可分为电平触发器、边沿触发器和主从触发器;按存储数据原理的不同,触发器还可分为静态触发器和动态触发器;按构成触发器的基本器件不同,触发器可分为双极型触发器和 MOS 型触发器。各类触发器的结构组成、工作原理、动作特点以及相关使用方法,是每个电子工程技术人员必须掌握的知识。

学 习 目 标

【知识目标】

了解各种常用触发器的结构组成及其特点,理解它们的工作原理、熟悉它们的动作特点,掌握各种触发器功能的几种描述方法以及分析步骤。

【技能目标】

在充分理解各种触发器功能的基础上,掌握对触发器进行功能测试的方法,初步具有对各种触发器功能测试的技能。

【素质目标】

培养对问题的深入思考和探索能力,具有脚踏实地、严谨细致的学习态度。培养规则意识。

任务 6.1　基本 RS 触发器

提出问题

基本 RS 触发器是如何构成的？基本 RS 触发器的触发方式是什么？工作原理如何？

知识准备

触发器属于时序逻辑电路，基本 RS 触发器把输出信号引回输入信号，形成反馈。这样使得输出信号的状态不但取决于同时刻输入信号的状态，也与输出信号之前的状态有关。

6.1.1　基本 RS 触发器的结构组成

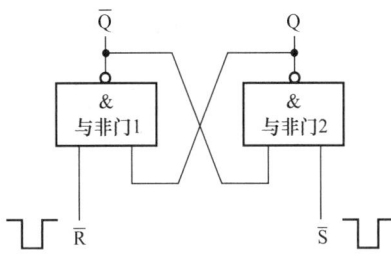

图 6.1　与非门构成的基本 RS 触发器

基本 RS 触发器是任何结构复杂的触发器必须包含的基本单元，是由两个与非门交叉连接构成的，如图 6.1 所示。

$\overline{R}$ 和 $\overline{S}$ 是基本 RS 触发器的两个输入端，两个输入端上方带有"非"号，说明输入端为低电平有效。Q 和 $\overline{Q}$ 是它的两个互非输出端。正常工作条件下，若输出端 Q 为高电平"1"，另一个输出端 $\overline{Q}$ 必为低电平"0"。人们习惯于把输出端 Q=1、$\overline{Q}=0$ 时触发器的状态称为"1"态；而把 Q=0、$\overline{Q}=1$ 时触发器的状态称为"0"态。即触发器正常工作时，两个输出端的状态一定是互非的。

6.1.2　基本 RS 触发器的工作原理

基本 RS 触发器的输入状态具有以下 4 种不同的组合。

（1）当输入端 $\overline{R}=0$、$\overline{S}=1$ 时，与非门 1 "有 0 出 1"，所以 $\overline{Q}=1$；$\overline{Q}=1$ 通过反馈线到与非门 2 的一个输入端，使得与非门 2 的两个输入端都为 1，因此与非门 2 "全 1 出 0"，则 Q=0。即无论触发器原来状态如何，只要符合上述输入条件，触发器均为置 0 功能。因此，常把 $\overline{R}$ 称为清零端。

基本 RS 触发器的
结构组成与
工作原理

（2）当输入端 $\overline{R}=1$、$\overline{S}=0$ 时，与非门 2 "有 0 出 1"，所以 Q=1；Q=1 的信息反馈到与非门 1 输入端，使与非门 1 "全 1 出 0"，所以 $\overline{Q}=0$。即无论触发器原来状态如何，只要符合上述输入条件，触发器均为置 1 功能。因此，常把 $\overline{S}$ 称为置 1 端。

（3）当输入端 $\overline{R}=1$、$\overline{S}=1$ 时，若触发器原来的状态为 Q=0、$\overline{Q}=1$，在反馈线作用下，与非门 1 "有 0 出 1"，输出端 $\overline{Q}$ 仍为 1；与非门 2 则"全 1 出 0"，输出端 Q 仍为 0。

若触发器原来的状态为 Q=1、$\overline{Q}=0$，在反馈线作用下，与非门 2 "有 0 出 1"，输出端 Q 仍为 1；与非门 1 则"全 1 出 0"，输出端 $\overline{Q}$ 仍为 0。

显然，只要两个输入端同时为 1，无论触发器原来状态如何，均能保持原来的状态不变，实现了保持功能。

（4）当输入端 $\overline{R}=0$、$\overline{S}=0$ 时，两个与非门均"有 0 出 1"，本该互非的两个输出端 Q 和 $\overline{Q}$ 出现了状态一致的情况，破坏了它们本该具有的互非性。而且当输入信号消失时，由于与非门传输延迟时间的不同而产生竞争，使电路状态无法确定，从而极有可能造成逻辑混乱。因此，我们把这种输入状态称为不定态。不定态在实际电路中禁止出现，是基本 RS 触发器的约束条件。

6.1.3　基本 RS 触发器的功能描述

各种触发器的逻辑功能通常可用特征方程、功能真值表、状态图、时序波形图或激励表等方法进行描述。

1．特征方程

表征触发器次态 Q^{n+1} 和输入、现态 Q^n 之间关系的逻辑函数表达式叫作触发器的特征方程。特征方程在时序逻辑电路的分析和设计中均有应用。图 6.1 所示的基本 RS 触发器的特征方程为

$$\begin{cases} Q^{n+1} = \overline{\overline{S}} + \overline{R}Q^n \\ \overline{R} + \overline{S} = 1 \qquad （约束条件） \end{cases} \qquad (6.1)$$

式（6.1）中的约束条件表明，基本 RS 触发器不允许两个输入端同时为有效状态的低电平。

2．功能真值表

功能真值表以表格的形式反映触发器从现态 Q^n 向次态 Q^{n+1} 转移的规律。这种方法很适合在时序逻辑电路的分析中使用。基本 RS 触发器的功能真值表见表 6.1。

表 6.1　　　　　　　　　　　　基本 RS 触发器的功能真值表

$\overline{S}$	$\overline{R}$	Q^n	Q^{n+1}	功能
1	0	0 或 1	0	置"0"
0	1	0 或 1	1	置"1"
1	1	0 或 1	0 或 1	保持
0	0	0 或 1	不定	禁止

3．状态图

描述触发器的状态转换关系及转换条件的图形称为状态图。如图 6.2 所示，状态图是一种有向图，两个圆圈中的 0 和 1 表示触发器输出的两种状态，带箭头线段则表示触发器状态转换的方向，带箭头线段旁边的标注是触发器状态转换的条件。在时序逻辑电路的分析和设计中，状态图是一种重要的工具。

4．时序波形图

基本 RS 触发器的时序波形图如图 6.3 所示。

时序波形图反映了触发器输入信号取值和状态之间的对应关系。时序波形图是一种直观地表示触发器特性和工作状态的描述方法，简称时序图，它在时序逻辑电路的分析中应用得

非常普遍。

5. 激励表

所谓激励表，就是以触发器的现态和次态作为输入逻辑变量，以输入信号作为逻辑函数所得到的一种真值表，也叫作控制表。基本 RS 触发器的激励表见表 6.2。

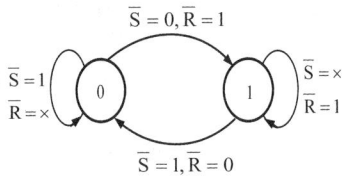

图 6.2　基本 RS 触发器的状态图

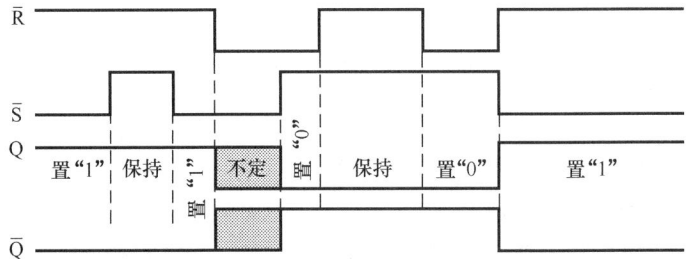

图 6.3　基本 RS 触发器的时序波形图

表 6.2　　　　　　　　　　　基本 RS 触发器的激励表

Q^n	Q^{n+1}	$\overline{S}$	$\overline{R}$
0	0	1	×
0	1	0	1
1	0	1	0
1	1	×	1

显然，激励表能够反映触发器从任一现态转换到任一次态时对输入条件的要求，激励表可以根据特征方程推得。

在数字电路中，凡根据输入信号 $\overline{R}$、$\overline{S}$ 情况的不同，具有置"0"、置"1"和保持功能的电路，都称为基本 RS 触发器。常用的基本 RS 触发器通常由上述两个与非门 $\overline{R}$、$\overline{S}$ 交叉组成，在实际应用中，有时根据需要还可由两个或非门交叉组合而成，读者可以自行分析其工作原理和功能。

常用的集成基本 RS 触发器芯片有 74LS279 和 CC4044，其引脚排列如图 6.4 所示。

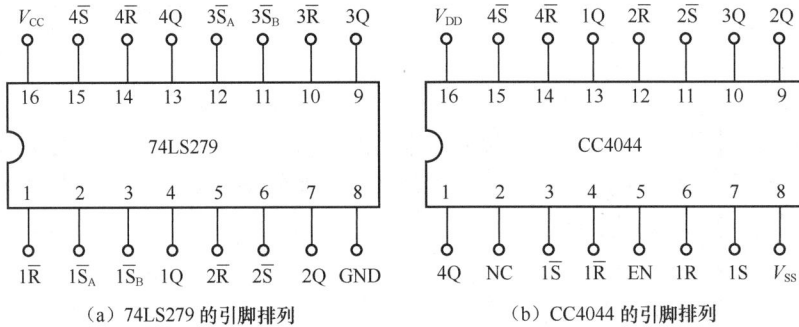

（a）74LS279 的引脚排列　　　　　　　（b）CC4044 的引脚排列

图 6.4　集成基本 RS 触发器引脚排列

由于基本 RS 触发器是直接由输入端数据信号控制输出的，因此线路简单、操作方便，被广泛应用于键盘输入电路、开关消噪声电路及远控部件等某些特定的场合。

任务实施 测试集成基本 RS 触发器的功能

1. 触发器的测试所需设备

（1）+5V 直流电源。

（2）单次时钟脉冲源。

（3）逻辑电平开关和逻辑电平显示器。

（4）两个集成与非门芯片。

（5）相关实验设备及连接导线若干。

用两个与非门交叉连接即可构成基本 RS 触发器，如图 6.1 所示。

按图 6.1 所示连接两个与非门，组成基本 RS 触发器，两个直接置"0"和置"1"端接实验装置上面的逻辑电平开关，两个互非的输出端分别接 LED 逻辑电平显示管，按表 6.3 所示测试，把测试的输出情况记录在表 6.3 中。

表6.3   输出情况记录

$\overline{R_D}$	$\overline{S_D}$	Q	$\overline{Q}$
1	$1 \rightarrow 0$		
	$0 \rightarrow 1$		
$1 \rightarrow 0$	1		
$0 \rightarrow 1$			
0	0		

2. 分析与思考

基本 RS 触发器的 $\overline{R_D}$ 和 $\overline{S_D}$ 为什么不允许出现 $\overline{R_D} + \overline{S_D} = 0$ 的情况？正常工作情况下，$\overline{R_D}$ 和 $\overline{S_D}$ 应为何态？

思考与问题

1. 触发器和门电路有何联系和区别？在输出形式上有何不同？
2. 基本 RS 触发器通常有哪几种组合？最常用的组合是哪一种？
3. 由两个与非门构成的基本 RS 触发器有哪几种功能？约束条件是什么？
4. 能否写出两个或非门构成的基本 RS 触发器的逻辑功能及约束条件？

【学海领航】

数字设计具有相应的逻辑顺序、研究步骤与设计规则。"不以规矩，不能成方圆。"，我们在日常生活、学习、工作中也必须自觉遵守规则，包括法律规则、道德规则、纪律规则、技术规则等。思考并举例说明规则对我们实际学习、工作和生活的影响。

任务 6.2 钟控 RS 触发器

提出问题

钟控 RS 触发器的结构组成如何？钟控 RS 触发器的触发方式和基本 RS 触发器一样吗？钟控 RS 触发器的工作原理你理解吗？钟控 RS 触发器是否存在空翻现象？

知识准备

钟控 RS 触发器的电路结构及动作特点

实际应用中，许多场合都要求触发器能够受节拍一定的时钟脉冲控制来改变状态，而不是由直接输入端的输入变化来控制电路状态。因此，人们研制出了时钟控制的 RS 触发器，简称钟控 RS 触发器。

6.2.1 钟控 RS 触发器的电路结构及动作特点

钟控 RS 触发器由 4 个门电路组成，电路结构如图 6.5 所示。其中门 1 和门 2 构成一个基本 RS 触发器，门 3 和门 4 构成一对导引门。基本 RS 触发器的输入端 $\overline{R_D}$ 是直接置“0”端，$\overline{S_D}$ 是直接置“1”端。触发器开始工作前可以根据需求把它们置“1”或者置“0”，但在触发器正常工作时，应将这两个输入端悬空，置高电平“1”。

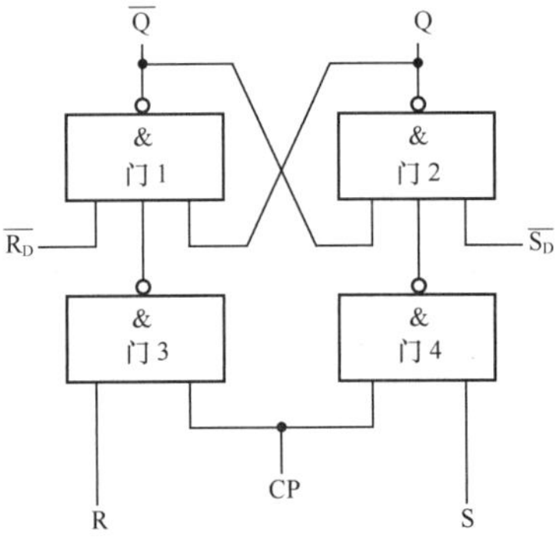

图 6.5 钟控 RS 触发器电路结构

钟控 RS 触发器的两个导引门受时钟脉冲 CP 的控制。当 CP=0 时，无论两个输入端 R 和 S 如何，钟控 RS 触发器的状态都不能发生改变；只有当作为同步信号的时钟脉冲到达时，触发器才能按输入信号改变状态，这一动作特点使得钟控 RS 触发器又被称作同步 RS 触发器。即钟控 RS 触发器的状态变化不仅取决于输入信号的变化，还受时钟脉冲 CP 的控制。因此，多个触发器在统一的时钟脉冲 CP 控制下可协调工作。

6.2.2 钟控 RS 触发器的工作原理

钟控 RS 触发器的工作原理

钟控 RS 触发器与基本 RS 触发器的最大不同点是电路的输出状态变化只能在 CP=1 期间发生。因此，只要 CP=0，不论 R、S 为何电平，电路均保持原来的状态不变（注意：钟控 RS 触发器的两个输入端“上方没有横杠”，表明它们的有效状态是高电平“1”）。

当时钟脉冲 CP=1 到来时，钟控 RS 触发器的输出状态取决于输入端 R 和 S。其工作原理分析如下。

（1）当 R=0、S=0 时，导引门 3 和门 4 均“有 0 出 1”，若触发器现态 Q=0、$\overline{Q}=1$，则 $\overline{Q}=1$ 通过反馈线到门 2 输入端，与非门 2“全 1 出 0”，Q 保持原来的“0”态不变；若触发器现态 Q=1、$\overline{Q}=0$，则 $\overline{Q}=0$ 通过反馈线到门 2 输入端，与非门 2“有 0 出 1”，Q 保持原来

的 "1" 态不变。

显然，这种输入状态下，钟控 RS 触发器无论现态如何，次态均保持原来的状态，具有保持功能。

（2）当 R=1、S=0 时，导引门 3 "全 1 出 0"，门 4 "有 0 出 1"，若触发器现态 Q=0、$\overline{Q}=1$，则 $\overline{Q}=1$ 通过反馈线到门 2 输入端，与非门 2 "全 1 出 0"，Q 保持 "0" 态不变，输出次态 $Q^{n+1}=0$；若触发器现态 Q=1、$\overline{Q}=0$，则门 3 "全 1 出 0"，致使门 1 "有 0 出 1"，使 $\overline{Q}=1$，$\overline{Q}=1$ 通过反馈线到门 2 输入端，与非门 2 "全 1 出 0"，Q 的状态由原来的 "1" 态翻转到 "0" 态，输出次态 $Q^{n+1}=0$。

显然，在 R=1、S=0 的输入状态下，CP=1 期间，无论钟控 RS 触发器现态如何，触发器均实现置 "0" 功能。可见，钟控 RS 触发器的清零端 R 高电平有效。

（3）当 R=0、S=1 时，导引门 3 "有 0 出 1"，门 4 "全 1 出 0"，若触发器现态 Q=1、$\overline{Q}=0$，则 $\overline{Q}=0$ 通过反馈线到门 2 输入端，与非门 2 "有 0 出 1"，Q 保持 "1" 态不变，输出次态 $Q^{n+1}=1$；若触发器现态 Q=0、$\overline{Q}=1$，由于门 3 "有 0 出 1"，致使门 1 "全 1 出 0"，使 $\overline{Q}=0$，$\overline{Q}=0$ 通过反馈线到门 2 输入端，与非门 2 "有 0 出 1"，Q 的状态由原来的 "0" 态翻转到 "1" 态，输出次态 $Q^{n+1}=1$。

由此可见，在 R=0、S=1 的输入状态下，CP=1 期间，无论钟控 RS 触发器现态如何，触发器均实现置 "1" 功能。置位输入端 S 高电平有效。

（4）当 R=1、S=1 时，导引门 3 和门 4 都将 "全 1 出 0"，门 1 和门 2 都会 "有 0 出 1"，由此破坏了两个输出端的互非性，造成触发器输出次态不稳定。因此，这种情况是钟控 RS 触发器的禁止状态。

6.2.3 钟控 RS 触发器的功能描述

1. 特征方程

钟控 RS 触发器的特征方程为

$$\begin{cases} Q^{n+1} = S + \overline{R}Q^n & （CP=1） \\ S \cdot R = 0 & （约束条件） \end{cases} \tag{6.2}$$

2. 功能真值表

钟控 RS 触发器的功能真值表见表 6.4。

表6.4　　　　　　　　钟控 RS 触发器的功能真值表

S	R	Q^n	Q^{n+1}	功能
0	0	0 或 1	0 或 1	保持
0	1	0 或 1	0	置 "0"
1	0	0 或 1	1	置 "1"
1	1	0 或 1	不定	禁止

3. 状态图

钟控 RS 触发器的状态图如图 6.6 所示。

钟控 RS 触发器的功能描述

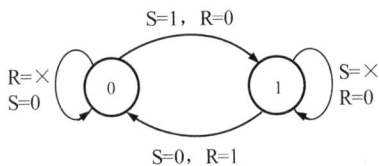

图 6.6　钟控 RS 触发器的状态图

4．时序波形图

钟控 RS 触发器受时钟脉冲 CP 控制。只要时钟脉冲 CP≠1，无论输入为何种状态，触发器的输出均不发生变化，即保持原来的状态不变；但在时钟脉冲 CP=1 期间，输出将随着输入的变化而发生改变，其时序波形图如图 6.7 所示。

可以看出，由于钟控 RS 触发器采用的是电位触发方式，因此在时钟脉冲 CP=1 期间，输出随输入的变化而变化。当输入端 R 或 S 在一个 CP=1 期间发生多次改变时（如图 6.7 所示第 6 个时钟脉冲期间），输出将随着输入而相应发生多次变化，在这种情况下，钟控 RS 触发器的状态反映出不稳定性。我们把一个 CP 脉冲为 1 期间触发器发生多次翻转的现象称为空翻。

实际应用中，要求触发器的工作规律是每来一个 CP 脉冲只置于一种状态，即使数据输入端发生了多次改变，触发器的状态也不能跟着改变。从这个角度上看，钟控 RS 触发器的抗干扰能力相对较差。

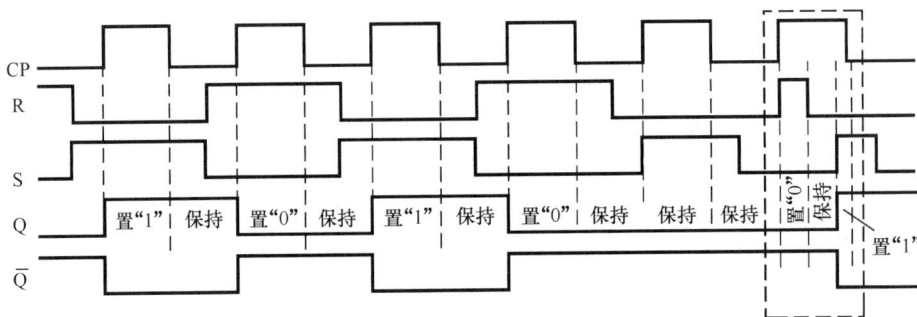

图 6.7　钟控 RS 触发器的时序波形图

产生空翻现象的根本原因是钟控 RS 触发器的导引门是简单的组合逻辑门，没有记忆功能。在 CP=1 期间，相当于导引门打开，同步触发器实质上成了异步触发器。输出与输入之间没有隔离作用，只要输入改变，输出就会跟着改变，输入改变多少次，输出也随之改变多少次，从而失去了抗输入变化的能力。

空翻现象

为确保数字电路的可靠工作，要求触发器在一个 CP 脉冲期间最多翻转一次，即不允许空翻现象的出现。为此，人们研制出了边沿触发方式的主从型 JK 触发器和维持阻塞型 D 触发器等。这些触发器的导引电路能够使触发器仅在 CP 脉冲的边沿处对输入进行瞬时采样，而在 CP 脉冲其他期间有效地隔离输出与输入，从而增强了触发器电路的抗干扰能力，有效地抑制了空翻。

任务实施　测试钟控 RS 触发器的功能

1．钟控 RS 触发器的功能测试所需设备

（1）+5V 直流电源。

（2）单次时钟脉冲源。

（3）逻辑电平开关和逻辑电平显示器。

（4）4 个集成与非门芯片。

（5）相关实验设备及连接导线若干。

用 4 个与非门交叉连接即可构成钟控 RS 触发器，如图 6.5 所示。

按图 6.5 所示连接 4 个与非门，组成钟控 RS 触发器，两个直接置"0"端和置"1"端接实验装置上面逻辑电平开关的高电平，输入端 R 和 S 也分别与逻辑电平开关相连，两个互非的输出端分别接 LED 逻辑电平显示管，按表 6.5 所示测试，把测试的输出情况记录在表 6.5 中。

表 6.5   输出情况记录

R	S	Q	$\overline{Q}$
1	1→0		
	0→1		
1→0	1		
0→1			
1	1		

2. 分析与思考

钟控 RS 触发器的 R 和 S 为什么不允许出现 R+S=1 的情况？正常工作情况下，R 和 S 应为何态？

思考与问题

1. 钟控 RS 触发器中的 $\overline{R_D}$ 和 $\overline{S_D}$ 在电路中起何作用？钟控 RS 触发器正常工作时它们应如何处理？

2. 钟控 RS 触发器两个输入端的有效状态和两个与非门构成的基本 RS 触发器的有效状态相同吗？区别在哪里？

3. 何为空翻？造成空翻的原因是什么？空翻和不定态有何区别？如何有效地解决空翻问题？

4. 钟控 RS 触发器的触发方式如何？在 CP=0 期间触发器为何状态不变？

任务 6.3 主从型 JK 触发器

提出问题

你了解主从型 JK 触发器的结构组成吗？你能否对照结构组成阐述主从型 JK 触发器的工作原理？主从型 JK 触发器的动作特点是什么？它存在空翻现象吗？

知识准备

基本 RS 触发器和钟控 RS 触发器由于采用的都是电位触发方式，因此它们都存在空翻现象，从而造成触发器工作的不稳定性。主从型 JK 触发器可以有效地抑制空翻现象，是目前功能完善、使用灵活、通用性较强的一种触发器。

6.3.1 主从型 JK 触发器的结构组成

图 6.8 所示为主从型 JK 触发器的结构组成。

其中，逻辑门 1～逻辑门 4 构成了主从型 JK 触发器的基本触发器部分，称为从触发器，从触发器门 3 和门 4 的一个输入端通过一个非门和 CP 脉冲控制端相连。逻辑门 5～逻辑门 8 构成了主从型 JK 触发器的导引触发电路，又叫作主触发器，主触发器门 7 和门 8 的一个输入端直接与 CP 脉冲相连。从触发器的 Q 直接反馈到主触发器门 7 的一个输入端；从触发器的 $\overline{Q}$ 直接反馈到主触发器门 8 的一个输入端，构成两条反馈线。主、从触发器中的 $\overline{R_D}$ 和 $\overline{S_D}$ 都是直接清零端和直接置"1"端，在触发器正常工作时它们应悬空为高电平"1"。

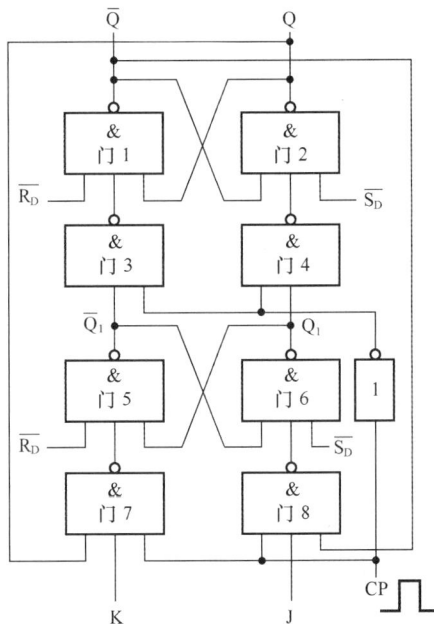

图 6.8 主从型 JK 触发器的结构组成

6.3.2 主从型 JK 触发器的工作原理

在 CP=1 期间，主触发器为敞门，其输出状态随 J、K 输入端的控制发生变化，存在空翻现象；而从触发器由于 $\overline{CP}=0$ 被封锁而成为封门，使主从型 JK 触发器的输出端不能发生变化。

当 CP 下降沿到来时，主触发器由于 CP=0 被封锁，在 CP=1 期间的最后输出状态被记忆下来，并作为输入信号被从触发器接收（CP 下降沿到来时，$\overline{CP}$ 由 0 跳变到 1，导致从触发器触发动作）。此时，Q_1 作为从触发器的 J 输入端，$\overline{Q_1}^{n+1}$ 作为从触发器的 K 输入端，Q^{n+1} 的状态根据它们的情况而发生相应变化。

下降沿之后的 $\overline{CP}=1$ 期间，由于主触发器被封锁而使从触发器的输入状态不再发生变化，因此主从型 JK 触发器保持下降沿时的状态不再发生变化。由于主从型 JK 触发器只在 CP 脉冲下降沿到来时触发动作，从而有效地抑制了"空翻"现象，保证了触发器工作的可靠性。

边沿触发方式的主从型 JK 触发器，在时钟触发脉冲 CP 下降沿到来时，其输出、输入端之间的对应关系如下：

① 当 J=0、K=0 时，触发器无论原态如何，次态 $Q^{n+1}=Q^n$，具有保持功能；

② 当 J=1、K=0 时，触发器无论原态如何，次态 $Q^{n+1}=1$，具有置"1"功能；

③ 当 J=0、K=1 时，触发器无论原态如何，次态 $Q^{n+1}=0$；具有置"0"功能；

④ 当 J=1、K=1 时，触发器无论原态如何，次态 $Q^{n+1}=\overline{Q^n}$，具有翻转功能。

可见，主从型 JK 触发器的逻辑功能有置"0"、置"1"、保持和翻转 4 种。当 J、K 状态不同时，主从型 JK 触发器的输出状态总是随着 J 的状态而发生变化；当 J、K 状态同时为 0 时，主从型 JK 触发器的输出保持原来的状态不变；当 J、K 状态同时为 1 时，主从型 JK 触发器的输出发生翻转。

6.3.3　主从型 JK 触发器的动作特点

（1）主从型 JK 触发器的输出状态变化发生在 CP 脉冲下降沿到来时。主从型 JK 触发器的状态变化分两步动作。第 1 步是在 CP=1 期间，主触发器接收输入信号且记忆下来，而从触发器被封锁不能动作。第 2 步是当 CP 下降沿到来时，从触发器被解除封锁，接收主触发器在 CP=1 期间记忆下来的状态，将其作为控制信号，使从触发器的输出状态按照主触发器记忆下来的状态发生变化；之后，由于主触发器被封锁，状态不再发生变化，因此，从触发器也保持 CP 下降沿到来时的状态不再发生变化。

（2）主触发器本身是一个钟控 RS 触发器，因此在 CP=1 期间都受输入信号的控制，即存在空翻现象。但是，只有 CP 下降沿到来前的主触发器状态，才是改变从触发器状态的控制信号，而 CP 下降沿到达时刻的主触发器状态不一定是从触发器的控制信号。

6.3.4　主从型 JK 触发器的功能描述

1. 特征方程

主从型 JK 触发器的特征方程为

$$Q^{n+1} = J\overline{Q^n} + \overline{K}Q^n \tag{6.3}$$

2. 功能真值表

主从型 JK 触发器的功能真值表见表 6.6。

表 6.6　　　　　主从型 JK 触发器的功能真值表

控　制　端			输　入　端		原　态	次　态	主从型 JK 触发器功能
CP			J	K	Q^n	Q^{n+1}	
1	1	↓	0	0	0 或 1	0 或 1	保持
1	1	↓	0	1	0 或 1	0	置 "0"
1	1	↓	1	0	0 或 1	1	置 "1"
1	1	↓	1	1	0 或 1	1 或 0	翻转

3. 状态图

集成 JK 触发器的状态图如图 6.9 所示。

4. 时序波形图

主从型 JK 触发器同样可以用时序波形图来表示其功能。但应注意，输出状态的变化总是发生在时钟脉冲 CP 下降沿时刻。

图 6.10 所示为主从型 JK 触发器的时序波形图。

主从型 JK 触发器的电路图形符号如图 6.11 所示。

图 6.9　集成 JK 触发器的状态图

其中，CP 脉冲引线上端的 "∧" 符号表示边沿触发；无 "∧" 符号表示电平触发；CP 脉冲引线端既有 "∧" 符号又有小圆圈时，表示触发器状态变化发生在时钟脉冲下降沿到来时刻；只有 "∧" 符号而没有小圆圈时，表示触发器状态变化发生在时钟脉冲上升沿时刻；$\overline{S_D}$ 和 $\overline{R_D}$

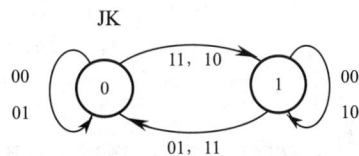

引线端处的小圆圈仍然表示低电平有效。

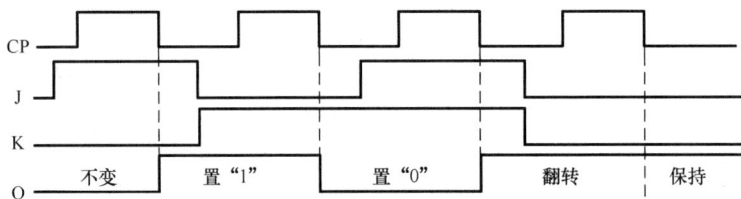

图 6.10　主从型 JK 触发器的时序波形图　　　图 6.11　主从型 JK 触发器的电路图形符号

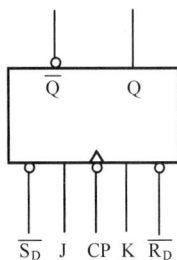

6.3.5　集成 JK 触发器

实际应用中，常用的集成 JK 触发器型号有 74LS112（下降沿触发的双 JK 触发器）、CC4027（上升沿触发的双 JK 触发器）和 74LS276 四 JK 触发器（共用置 "1"、清零端）等。74LS112 双 JK 触发器每片芯片包含两个具有复位、置位端的下降沿触发的 JK 触发器，通常用于缓冲触发器、计数器和移位寄存器电路中。74LS112 和 CC4027 的引脚排列如图 6.12 所示。

74LS112 是 TTL 型集成电路芯片，CC4027 是 CMOS 型集成电路芯片。引脚功能图中字符前的数字相同时，表示为同一个主从型 JK 触发器的端子。

集成 JK 触发器的特点如下。

① 边沿触发，即 CP 边沿到来时状态发生翻转。

② 具有置 "0"、置 "1"、保持、翻转 4 种功能，无钟控 RS 触发器的空翻现象。

③ 使用方便、灵活，抗干扰能力极强，工作速度很高。

（a）74LS112 的引脚排列　　　　　　（b）CC4027 的引脚排列

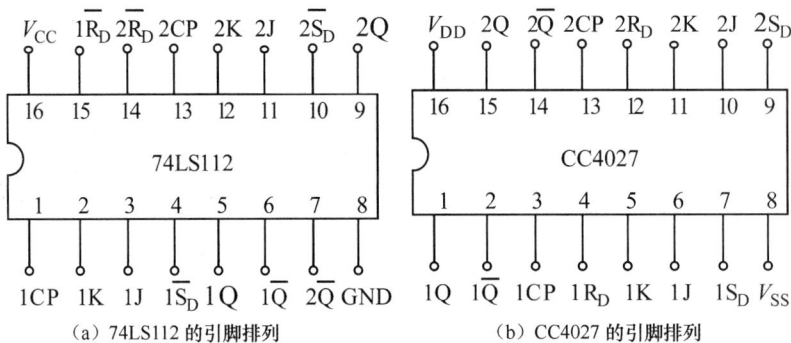

图 6.12　两种集成 JK 触发器的引脚排列

任务实施　测试主从型 JK 触发器的功能

1. 主从型 JK 触发器的功能测试所需设备

（1）+5V 直流电源。

（2）单次时钟脉冲源。

（3）逻辑电平开关和逻辑电平显示器。

（4）集成 JK 触发器 74LS112 芯片 1 个。

（5）相关实验设备及连接导线若干。

实际使用的集成 JK 触发器：TTL 型有 74LS107、74LS112（双 JK 下降沿触发，带清零）、74LS109（双 JK 上升沿触发，带清零）、74LS111（双 JK，带数据锁定）等；CMOS 型有 CD4027（双 JK 上升沿触发）等。主从型 JK 触发器的特征方程为 $Q^{n+1} = J\overline{Q^n} + \overline{K}Q^n$。

2. 输出情况记录

把集成电路 74LS112 中同一标号的一个主从型 JK 触发器的输入端接于逻辑电平开关，两个互非输出端接到逻辑显示电平发光二极管的输入插口上，时钟脉冲采用单次脉冲源，分别观察上升沿和下降沿到来时触发器的输出情况，记录在表 6.7 中。

表 6.7 输出情况记录

J K		CP	Q^{n+1}	
			$Q^n=0$	$Q^n=1$
0	0	⎍ ↓		
		⎍ ↑		
0	1	⎍ ↓		
		⎍ ↑		
1	0	⎍ ↓		
		⎍ ↑		
1	1	⎍ ↓		
		⎍ ↑		

3. 思考题

集成 JK 触发器为什么能够抑制空翻现象？

思考与问题

1. 主从型 JK 触发器的导引电路包括几个逻辑门？在什么情况下触发工作？何种情况下被封锁？属于哪种触发方式？

2. 主从型 JK 触发器的基本触发电路包括几个逻辑门？在什么情况下触发工作？何种情况下被封锁？属于哪种触发方式？

3. 试默写出主从型 JK 触发器的特征方程和功能真值表。

4. 主从型 JK 触发器具有哪些逻辑功能？

5. 主从型 JK 触发器能够抑制"空翻"现象，具体表现是什么？

任务 6.4 维持阻塞型 D 触发器

提出问题

你了解维持阻塞型 D 触发器的结构特点吗？维持阻塞型 D 触发器的工作原理如何？维持阻塞型 D 触发器的动作特点如何？

知识准备

TTL 维持阻塞型 D 触发器也是一种边沿触发方式的、能够有效抑制空翻现象的集成触发器。就目前应用来看，维持阻塞型 D 触发器与主从型 JK 触发器都是功能完善、使用灵活和通用性较强的触发器。

6.4.1 维持阻塞型 D 触发器的结构组成和动作特点

1. 结构组成

维持阻塞型 D 触发器只有一个输入端，集成 D 触发器分为上升沿触发和下降沿触发两种类型。图 6.13 所示是维持阻塞型 D 触发器的结构组成。

由此可知，维持阻塞型 D 触发器由 6 个与非门组成，其中门 1~门 4 构成钟控 RS 触发器，门 5 和门 6 构成输入信号的导引门。输入控制端 D 与门 5 相连，直接置"0"端 $\overline{R_D}$ 和直接置"1"端 $\overline{S_D}$ 作为门 1 和门 2 的两个输入端，在触发器工作之前可以根据需求直接置"0"或置"1"，触发器正常工作时 $\overline{R_D}$ 和 $\overline{S_D}$ 要保持高电平"1"。

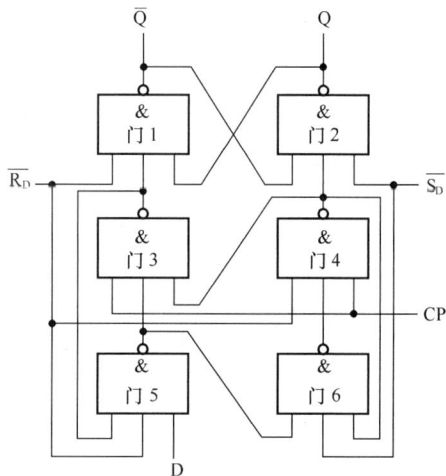

2. 动作特点

维持阻塞型 D 触发器的次态仅取决于 CP 上升沿到达前一瞬间输入的逻辑状态，而这一瞬间之前和之后，输入的状态变化不会对输出产生影响。这一特点显然有效地抑制了"空翻"现象，增强了触发器的抗干扰能力，提高了电路工作的可靠性。

图 6.13　维持阻塞型 D 触发器的结构组成

6.4.2 维持阻塞型 D 触发器的工作原理

维持阻塞型 D 触发器的输出状态只取决于时钟脉冲触发边沿到来前输入控制端 D 的状态，利用电路内部反馈实现边沿触发。

当CP=0时，门 3 和门 4 均"有 0 出 1"被封锁，因此触发器将保持现态不变。此时，无论触发器现态如何，只要触发器输入控制端D=1，门 5 将"全 1 出 0"，输出状态为 $\overline{D}=0$。$\overline{D}$ 通过反馈线加在门 6 输入端，致使门 6"有 0 出 1"，这个"1"作为门 4 的一个输入端，为门 4 的开启创造了条件。因此，CP=0 为触发器的数据准备阶段。

当 CP 上升沿到来时，钟控 RS 触发器触发开启，门 5、门 6 在 CP=0 时的输出数据被门 3 和门 4 接收，触发器动作。下面分两种情况进行讨论。

① D=1 时，由于门 6 输出与 D 保持一致，门 4"全 1 出 0"，门 3 则"有 0 出 1"。门 4 输出的"0"使门 2"有 0 出 1"，即 Q^{n+1}=D=1；门 3 输出的"1"使门 1"全 1 出 0"。由此，维持阻塞型 D 触发器的两个输出端保持互非，为置"1"功能。

② D=0 时，则门 6 输出也为 0，门 4"有 0 出 1"，门 3"全 1 出 0"。门 4 的输出使门 2"全 1 出 0"，即 Q^{n+1}=D=0；门 1 则"有 0 出 1"。维持阻塞型 D 触发器的两个输出端仍保持

互非，为置"0"功能。

上述分析表明，无论触发器原来状态如何，维持阻塞型 D 触发器的输出随着输入控制端 D 的变化而变化，且在时钟脉冲上升沿到来时触发。由图 6.13 也不难看出，触发器的状态在 CP 上升沿到来时总是维持原来的输入信号 D 作用的结果，而输入信号的变化在此时被有效地阻塞掉了，这一点正是"维持阻塞"名称的由来。

6.4.3　维持阻塞型 D 触发器的功能描述

1. 特征方程

维持阻塞型 D 触发器的特征方程为

$$Q^{n+1}=D^n \qquad\qquad (6.4)$$

2. 功能真值表

维持阻塞型 D 触发器的功能真值表见表 6.8。

表6.8　　　　　　　　　　维持阻塞型 D 触发器的功能真值表

控　制　端			输　入　端	原　　态	次　　态	触发器功能
$\overline{S_D}$	$\overline{R_D}$	CP	D	Q^n	Q^{n+1}	
0	1	×	×	×	1	置"1"
1	0	×	×	×	0	置"0"
0	0	×	×	×	不定	禁止
1	1	↑	0	0 或 1	0	置"0"
1	1	↑	1	0 或 1	1	置"1"

3. 状态图

由表 6.8 可看出，维持阻塞型 D 触发器具有置"0"和置"1"两种功能。维持阻塞型 D 触发器的应用非常广泛，常用作数字信号的寄存、移位寄存、分频、波形发生等。维持阻塞型 D 触发器的状态图如图 6.14 所示。

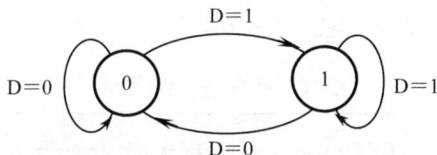

图 6.14　维持阻塞型 D 触发器的状态图

6.4.4　集成 D 触发器的工作原理

目前国内生产的集成 D 触发器主要是维持阻塞型，这种 D 触发器都在时钟脉冲的上升沿触发翻转。常用的集成电路有 74LS74 双 D 触发器、74LS75 四 D 触发器和 74LS176 六 D 触发器等。图 6.15 所示为 74LS74 引脚排列及图形符号。

观察逻辑符号，CP 输入端处的"^"符号下面不带小圆圈，说明它在上升沿到来时触发。

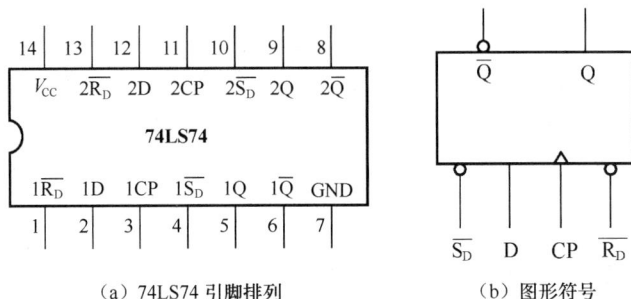

(a) 74LS74 引脚排列　　　　(b) 图形符号

图 6.15　74LS74 引脚排列及图形符号

任务实施　　**测试维持阻塞型 D 触发器的功能**

1. 维持阻塞型 D 触发器的功能测试所需设备

（1）+5V 直流电源。

（2）单次时钟脉冲源。

（3）逻辑电平开关和逻辑电平显示器。

（4）集成主从型 JK 触发器 74LS112 芯片 1 个。

（5）相关实验设备及连接导线若干。

实际使用的维持阻塞型 D 触发器型号很多，TTL 型有 74LS74（双 D）、74LS174（六 D）、74LS175（四 D）、74LS377（八 D）等；CMOS 型有 CD4013（双 D）、CD4042（四 D）。本实验选用 74LS74（上升沿触发）。

触发器的状态仅取决于时钟脉冲信号 CP 上升沿到来前输入控制端 D 的状态，其特征方程为 $Q^{n+1}=D$。维持阻塞型 D 触发器的应用很广，可用于数字信号的寄存、移位寄存、分频和波形发生等。

2. 测试维持阻塞型 D 触发器的逻辑功能

74LS74 双 D 触发器引脚排列如图 6.15（a）所示。测试维持阻塞型 D 触发器的功能时只需对集成电路中标号相同的其中之一进行连接测试即可。输入端均与逻辑电平开关相连，输出端与逻辑电平发光二极管相连，注意实验中采用的数字实验装置上面的单次 CP 脉冲源。分别观察上升沿和下降沿到来时的情况，记录在表 6.9 中。

表 6.9　　　　　　　　　　　　CP 边沿到来时的情况记录

D	CP	Q^{n+1}	
		$Q^n=0$	$Q^n=1$
0	⎍ ↑		
	⎍ ↓		
1	⎍ ↑		
	⎍ ↓		

3. 思考题

维持阻塞型 D 触发器存在空翻现象吗？为什么？

思考与问题

1. 为什么说维持阻塞型 D 触发器可以有效地抑制空翻现象？维持阻塞型 D 触发器的结构组成分哪两大部分？

2. 如何解释维持阻塞型 D 触发器的"维持"和"阻塞"？

3. 默写出维持阻塞型 D 触发器的特征方程和功能真值表。

4. 在逻辑符号中，如何区别出某触发器是"电平"触发还是"边沿"触发？又如何判断某触发器输入端是高电平有效还是低电平有效？

项目实训　测试 T 触发器和 T′触发器的功能实验

一、实验目的

1. 通过实验了解和熟悉各种集成触发器的引脚功能及其连线。

2. 进一步理解和掌握各种集成触发器的逻辑功能及其应用。

二、实验设备

1. +5V 直流电源。

2. 单次时钟脉冲源。

3. 逻辑电平开关和逻辑电平显示器。

4. 74LS112（或 CC4027）集成 JK 触发器（双 JK）电路各 1 只。

5. 相关实验设备及连接导线若干。

三、实验原理

实际使用的集成 JK 触发器：TTL 型有 74LS107、74LS112（双 JK 下降沿触发，带清零）、74LS109（双 JK 上升沿触发，带清零）、74LS111（双 JK，带数据锁定）等；CMOS 型有 CD4027（双 JK 上升沿触发）等。其特征方程为 $Q^{n+1} = J\overline{Q^n} + \overline{K}Q^n$。

四、实验内容及步骤

把集成 JK 触发器的 J、K 两输入端连接在一起构成 T 触发器进行测试，恒输入"1"时又可构成 T′触发器，分别测试并观察其输出，将输出情况记录在表 6.10 中。

表 6.10　　　　　　　　　　输出情况记录

J	K	CP	Q^{n+1}	
			$Q^n=0$	$Q^n=1$
0	0	⊓↓		
		⊓↑		
0	1	⊓↓		
		⊓↑		
1	0	⊓↓		
		⊓↑		
1	1	⊓↓		
		⊓↑		

五、实验分析

1. T 触发器

在数字电路中，凡在 CP 时钟脉冲控制下，根据输入信号取值的不同，只具有"保持"和"翻转"功能的电路，均称为 T 触发器。如果我们把一个集成 JK 触发器的输入控制端 J 和 K 连接在一起作为一个输入端 T，就构成一个 T 触发器：当 T 输入低电平"0"时，相当于 J=K=0，触发器具有保持功能；当 T 输入高电平"1"时，相当于 J=K=1，触发器具有翻转功能。这时，由集成 JK 触发器构成的 T 触发器功能真值表见表 6.11。

表 6.11　　　　　　　　　　　　T 触发器功能真值表

控　制　端			输　入　端	原　态	次　态	触发器的功能
$\overline{S_D}$	$\overline{R_D}$	CP	T	Q^n	Q^{n+1}	
0	1	×	×	×	1	置"1"
1	0	×	×	×	0	置"0"
1	1	↓	0	0 或 1	0 或 1	保持
1	1	↓	1	0 或 1	1 或 0	翻转

显然，T 触发器只具有保持和翻转两种功能。

2. T′触发器

如果让集成 JK 触发器的 J 和 K 两个输入端连在一起，且恒输入"1"时，就构成一个 T′触发器。T′触发器在每来一个时钟脉冲时电路状态都会随之翻转一次，相当于 J=K=1，触发器具有翻转功能。由集成 JK 触发器构成的 T′触发器功能真值表见表 6.12。

表 6.12　　　　　　　　　　　　T′触发器功能真值表

控　制　端			输　入　端	原　态	次　态	触发器的功能
$\overline{S_D}$	$\overline{R_D}$	CP	T′	Q^n	Q^{n+1}	
0	1	×	×	×	1	置"1"
1	0	×	×	×	0	置"0"
1	1	↓	1	0 或 1	1 或 0	翻转

由此看出，T′触发器所具有的逻辑功能只有翻转。

项目小结

1. 触发器是数字电路的另一种基本单元。双稳态触发器有 0 和 1 两个稳定输出状态，在一定外界信号作用下可以从一个稳定状态翻转为另一个稳定状态。因此，双稳态触发器是具有记忆功能的元件，每个触发器能存储 1 位二进制数。

2. 按照触发器结构的不同，可以把触发器分为基本 RS 触发器、基本钟控 RS 触发器、主从型 JK 触发器、维持阻塞型 D 触发器以及 T 触发器和 T′触发器。其中基本 RS 触发器具有约束条件，主从型 JK 触发器、维持阻塞型 D 触发器和 T 触发器以及 T′触发器均为边沿触发方式，可以是上升沿，也可以是下降沿。

3. 描述触发器逻辑功能的方法有特征方程、功能真值表、状态图以及时序波形图等，由于它们在本质上是相通的，所以可以互相转换。

4. 从应用的角度出发，读者应在理解的基础上熟练掌握各类常用触发器的逻辑功能并记住其图形符号。

项目自测题（共 100 分，120 分钟）

一、填空题（每空 0.5 分，共 20 分）

1. 两个与非门构成的基本 RS 触发器的工作功能有_____、_____和_____。电路中不允许两个输入端同时为_____，是禁止状态，这种情况下触发器将出现逻辑混乱。

2. 一个 CP 脉冲引起触发器多次翻转的现象称为_____，有这种现象的是_____触发器，此类触发器的工作属于_____触发方式。

3. 为有效地抑制空翻，人们研制出了_____触发方式的_____触发器和_____触发器。

4. 主从型 JK 触发器具有_____、_____、_____和_____4 种功能。欲使主从型 JK 触发器实现 $Q^{n+1} = \overline{Q^n}$ 的功能，则输入端 J 应接_____，K 应接_____。

5. 维持阻塞型 D 触发器的输入端有_____个，具有_____和_____的功能。

6. 触发器的逻辑功能通常可用_____、_____、_____和_____等多种方法进行描述。

7. 组合逻辑电路的基本单元是_____，时序逻辑电路的基本单元是_____。

8. 主从型 JK 触发器的次态方程为_____；维持阻塞型 D 触发器的次态方程为_____。

9. 触发器有两个互非的输出端 Q 和 $\overline{Q}$，通常规定 Q=1、$\overline{Q} = 0$ 时为触发器的_____状态；Q=0、$\overline{Q} = 1$ 时为触发器的_____状态。

10. 两个与非门组成的基本 RS 触发器在正常工作时，不允许 $\overline{R} = \overline{S} =$_____，其特征方程为_____，约束条件为_____。

11. 钟控 RS 触发器在正常工作时，不允许输入端 R=S=_____，其特征方程为_____，约束条件为_____。

12. 把主从型 JK 触发器_____就构成了 T 触发器，T 触发器具有的逻辑功能是_____和_____。

13. 让_____触发器恒输入"1"就构成了 T′触发器，这种触发器仅具有_____功能。

二、判断题（每小题 1 分，共 10 分）

1. 仅具有保持和翻转功能的触发器是 RS 触发器。 （   ）

2. 基本 RS 触发器具有空翻现象。 （   ）

3. 钟控 RS 触发器的约束条件是 R + S=0。 （   ）

4. 主从型 JK 触发器的特征方程是 $Q^{n+1} = JQ^n + \overline{K}Q^n$。 （   ）

5. 维持阻塞型 D 触发器的输出总是跟随其输入的变化而变化。 （　　　）

6. CP=0 时，由于主从型 JK 触发器的导引门被封锁，从而触发器状态不变。 （　　　）

7. 主从型 JK 触发器的从触发器开启时刻在 CP 下降沿到来时。 （　　　）

8. 触发器和逻辑门一样，输出取决于输入现态。 （　　　）

9. 维持阻塞型 D 触发器状态变化在 CP 下降沿到来时。 （　　　）

10. 凡采用电位触发方式的触发器，都存在"空翻"现象。 （　　　）

三、选择题（每小题 2 分，共 20 分）

1. 仅具有置"0"和置"1"功能的触发器是（　　　）。

    A. 基本 RS 触发器　　　　　　　　　　　　B. 钟控 RS 触发器

    C. 维持阻塞型 D 触发器　　　　　　　　　　D. 主从型 JK 触发器

2. 由与非门组成的基本 RS 触发器不允许输入的变量组合 $\overline{S} \cdot \overline{R}$ 为（　　　）。

    A. 00　　　　　　　B. 01　　　　　　　C. 10　　　　　　　D. 11

3. 钟控 RS 触发器的特征方程是（　　　）。

    A. $Q^{n+1} = \overline{R} + Q^n$　　　　　　B. $Q^{n+1} = S + Q^n$

    C. $Q^{n+1} = R + \overline{S}Q^n$　　　　　　D. $Q^{n+1} - S + \overline{R}Q^n$

4. 仅具有保持和翻转功能的是（　　　）。

    A. 主从型 JK 触发器　　　　　　　　　　　B. T 触发器

    C. 维持阻塞型 D 触发器　　　　　　　　　　D. T′ 触发器

5. 触发器由门电路构成，但它不同于门电路功能，主要特点是（　　　）。

    A. 具有翻转功能　　　　　B. 具有保持功能　　　　　C. 具有记忆功能

6. TTL 集成触发器直接置"0"端 $\overline{R_D}$ 和直接置"1"端 $\overline{S_D}$ 在触发器正常工作时应（　　　）。

    A. $\overline{R_D} = 1$，$\overline{S_D} = 0$　　　　B. $\overline{R_D} = 0$，$\overline{S_D} = 1$

    C. 保持高电平"1"　　　D. 保持低电平"0"

7. 按触发器触发方式的不同，双稳态触发器可分为（　　　）。

    A. 高电平触发和低电平触发　　　　　　　　B. 上升沿触发和下降沿触发

    C. 电平触发或边沿触发　　　　　　　　　　D. 输入触发或时钟触发

8. 按逻辑功能的不同，双稳态触发器可分为（　　　）。

    A. RS、JK、D、T 等　　　　　　　　　　　B. 主从型和维持阻塞型

    C. TTL 型和 CMOS 型　　　　　　　　　　D. 上述均包括

9. 为避免空翻现象，应采用（　　　）方式的触发器。

    A. 主从触发　　　　　　B. 边沿触发　　　　　　C. 电平触发

10. 为防止空翻，应采用（　　　）结构的触发器。

    A. TTL　　　　　　　　B. CMOS　　　　　　C. 主从或维持阻塞

四、简答题（每小题 3 分，共 15 分）

1. 时序逻辑电路的基本单元是什么？组合逻辑电路的基本单元又是什么？

2. 何为空翻现象？抑制空翻现象可采取什么措施？

3. 触发器有哪几种常见的电路结构？它们各有什么样的动作特点？

4. 试分别写出钟控 RS 触发器、主从型 JK 触发器和维持阻塞型 D 触发器的特征方程。

5. 由两个或非门组成的基本 RS 触发器的功能是什么？写出其真值表。

五、分析题（共 35 分）

1. 已知 TTL 主从型 JK 触发器的输入控制端 J 和 K 及 CP 脉冲波形如图 6.16 所示，试根据它们的波形画出相应输出端 Q 的波形。（8 分）

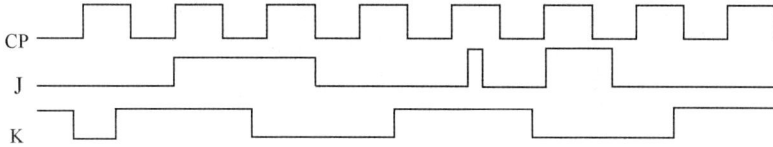

图 6.16　分析题 1 波形

2. 写出图 6.17 所示各电路的次态方程。（每图 3 分，共 18 分）

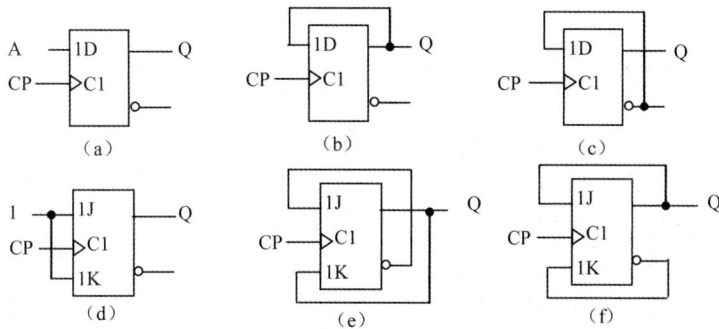

图 6.17　分析题 2 电路

3. 图 6.18 所示为维持阻塞型 D 触发器构成的电路，试画出在 CP 脉冲下 Q_0 和 Q_1 的波形（设它们的初态为 0）。（9 分）

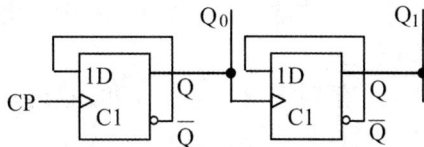

图 6.18　分析题 3 电路

项目 7 时序逻辑电路

项目导入

项目导入

时序逻辑电路的概念

数字电路通常可分为组合逻辑电路和时序逻辑电路两大类。组合逻辑电路的有关内容在前面的项目里已经做了介绍，组合逻辑电路的特点是输入的变化直接反映输出的变化，其输出的状态仅取决于输入的当前的状态，与输入、输出的原始状态无关。时序逻辑电路与组合逻辑电路不同，它在任意时刻的输出不仅和该时刻输入逻辑变量有关，还和电路原来的状态有关，因此时序逻辑电路的基本单元是具有存储功能的触发器。

时序逻辑电路是数字电路的重要组成部分，时序逻辑电路又称时序电路，主要由存储电路和组合逻辑电路两部分组成。时序逻辑电路在结构以及功能上的特殊性，相较其他种类的数字电路而言，往往具有难度大、电路复杂且应用范围广的特点。

时序逻辑电路在工程实际中应用非常广泛，如在数字钟、交通灯、计算机、电梯的控制盘、门铃和防盗报警系统中都能见到。

学习时序逻辑电路，首先要了解时序逻辑电路的功能描述方法和基本分析方法，在此基础上，还需了解时序逻辑电路的设计思路等。

学习目标

【知识目标】

理解时序逻辑电路的结构组成特点、逻辑功能特点及逻辑功能表示方法；了解时序逻辑电路的分类；掌握时序逻辑电路的基本分析方法；熟悉时序逻辑电路的设计思路；了解集成计数器、寄存器、555 定时电路的结构组成；熟悉各种时序逻辑器件的特点，掌握它们的功能及其逻辑电路的分析方法。

【技能目标】

具有对中规模时序逻辑电路计数器、寄存器芯片以及 555 定时器的功能测试技能以及正确使用的能力；掌握用中规模集成计数器构成任意进制计数器的方法。

【素质目标】

培养爱国情怀和科学创新精神。养成严谨的学习态度，具备自主学习能力。

任务 7.1　时序逻辑电路的分析和设计思路

提出问题

时序逻辑电路和组合逻辑电路有什么不同？时序逻辑电路的主要特点是什么？时序逻辑电路是如何分类的？如何对时序逻辑电路进行功能描述？时序逻辑电路的基本分析方法是什么？时序逻辑电路的设计思路是什么？

知识准备

随着科技水平的不断提高，各种实用电子系统的集成度越来越高、功能越来越强，数字电路的时间相关系统在数字电子技术中的应用也越来越广泛。本项目中时序逻辑电路的分析方法和同步时序逻辑电路的设计方法是电子工程技术人员应掌握的基础知识，能够设计出符合要求的电路是电子工程技术人员学习的主要目标之一。尽快掌握简单时序逻辑电路的分析和设计思路知识，对每一位电子工程技术人员来讲都是刻不容缓的事情。

7.1.1　时序逻辑电路的特点

时序逻辑电路在逻辑功能上的特点：任意时刻的输出不仅取决于该时刻的输入信号，还取决于电路原来的状态。

时序逻辑电路的结构组成如图 7.1 所示。其中 X 代表输入信号，Y 代表输出信号，Z 代表存储电路的输入信号，Q 代表存储电路的输出信号，同时也是组合逻辑电路输入的一部分。

时序逻辑电路有两个显著特点：一是时序逻辑电路通常包含组合逻辑电路和存储电路两个组成部分，其中存储电路必不可少；二是存储电路的输出状态必须反馈到组合逻辑电路的输入端，与输入信号一起决定电路的输出。

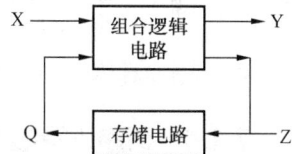

图 7.1　时序逻辑电路的结构组成

7.1.2　时序逻辑电路的分类

触发器是最简单的时序逻辑电路之一，常用来作为比较复杂的时序逻辑电路的基本单元。

① 按功能的不同，时序逻辑电路可分为计数器、寄存器、移位寄存器、读/写存储器、顺序脉冲发生器等。

② 按触发器状态变化是否同步，时序逻辑电路可分为同步时序逻辑电路和异步时序逻辑电路。

③ 按输出信号的特性，时序逻辑电路可分为米利型时序逻辑电路和摩尔型时序逻辑电路。

④ 按能否编程，时序逻辑电路又有可编程和不可编程时序逻辑电路之分。

⑤ 按集成度的不同，时序逻辑电路还可分为小规模、中规模、大规模和超大规模时序逻辑电路。

⑥ 按使用开关元件类型的不同，时序逻辑电路又可分为 TTL 型和 CMOS 型时序逻辑电路。

7.1.3 时序逻辑电路的功能描述

由图 7.1 可以看出，电路中的各输入、输出信号之间存在一定的关系，这些关系可以用以下方程描述。

1. 输出方程： $Y(t_n) = F[X(t_n), Q(t_n)]$

输出方程是组合逻辑电路的输出 Y 与其输入 X 以及存储电路的反馈量 Q^n 之间的关系式。

2. 驱动方程： $Z(t_n) = G[X(t_n), Q(t_n)]$

驱动方程有时也称作激励方程，是存储电路的输入量 Z 和存储电路的输出量 Q^n 之间的关系式。

3. 次态方程： $Q(t_{n+1}) = H[Z(t_n), Q(t_n)]$

次态方程又称为存储电路的状态方程，用来表示时序逻辑电路的输出 Q^{n+1} 和存储电路的输出 Z、时序逻辑电路的输出 Q^n 之间的关系。

上述 3 个方程，都要用到 t_n 和 t_{n+1} 这两个相邻的离散时间。这两个相邻的离散时间中，t_n 对应存储电路的现态（存储电路触发前的输出状态），t_{n+1} 对应存储电路的次态（存储电路触发后的输出状态）。显然，时序逻辑电路的描述方法比组合逻辑电路的复杂。

上述方程虽然可以完整地描述时序逻辑电路的功能，但描述方法不够形象、直观。为了把在一系列时钟脉冲操作下电路状态转换的全过程形象直观地描述出来，常用方法是状态转换真值表、状态图、时序波形图和激励表等。这些方法将在后文对时序逻辑电路进行分析的过程中，更加具体地加以阐明。

7.1.4 时序逻辑电路的基本分析方法

所谓电路的分析，就是通过已知电路找出其功能的过程。

【例7.1】 图7.2所示为时序逻辑电路，其输出信号由各触发器的Q端输出。设触发器现态为"0"态，试分析该电路的逻辑功能。

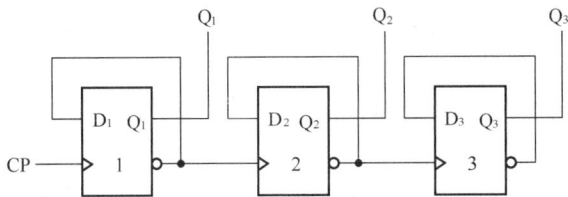

图 7.2 例 7.1 电路

【分析】 ① 判断电路类型。

该时序逻辑电路除CP时钟脉冲外，无其他输入信号，且各触发器的时钟脉冲不同，因此

判断是摩尔型异步时序逻辑电路。

② 写出该时序逻辑电路分析时所需的相应方程。

该时序逻辑电路的各位均为CP上升沿到来时发生状态翻转的维持阻塞型D触发器，因此电路的驱动方程为

$$D_3 = \overline{Q_3}, \quad D_2 = \overline{Q_2}, \quad D_1 = \overline{Q_1}$$

将驱动方程代入各位触发器的状态方程，可得时序逻辑电路的次态方程为

$$Q_3^{n+1} = D_3^n = \overline{Q_3^n}, \quad Q_2^{n+1} = D_2^n = \overline{Q_2^n}, \quad Q_1^{n+1} = D_1^n = \overline{Q_1^n}$$

由于电路中各位触发器不是由同一时钟脉冲控制的，因此求出电路的时钟方程为

$$CP_3 = \overline{Q_2}, \quad CP_2 = \overline{Q_1}, \quad CP_1 = CP$$

③ 根据上述方程对电路进行分析。

电路初始状态为"000"，因此第1个CP脉冲上升沿到来时，根据触发器1的次态方程可得 $Q_1^{n+1} = D_1^n = \overline{Q_1^n} = 1$，触发器1的状态由0翻转为1；此变化使$CP_2$出现下降沿，因此触发器2状态不变；因$CP_3$不变，触发器3的状态也不发生变化。$Q_3Q_2Q_1$由初始状态000变为001。

第2个CP脉冲上升沿到来时，触发器1的状态再次翻转，$Q_1^{n+1} = 0$；触发器2由于得到一个上升沿的CP_2而发生状态翻转，有$Q_2^{n+1} = D_2^n = \overline{Q_2^n} = 1$；此变化使$CP_3$出现下降沿，因此触发器3状态不变。$Q_3Q_2Q_1$由001变为010。

第3个CP脉冲上升沿到来时，触发器1的状态又发生翻转，$Q_1^{n+1} = 1$；CP_2出现下降沿，触发器2状态不变，因此Q_2不变；CP_3也不变。$Q_3Q_2Q_1$由010变为011。

第4个CP脉冲上升沿到来时，触发器1的状态又翻转为$Q_1^{n+1} = 0$；$\overline{Q_1}$的变化使CP_2出现上升沿，触发器2状态也发生翻转，$Q_2^{n+1} = 0$；$\overline{Q_2}$的变化使CP_3出现上升沿；触发器3的状态翻转为$Q_3^{n+1} = 1$。$Q_3Q_2Q_1$由011变为100。

……

直到第8个CP脉冲上升沿到来时，$Q_3Q_2Q_1$由111又重新变为000。以后电路将周而复始地重复上述循环。

把以上分析结果填入表7.1中。

表7.1　　　　　　　　　　　例7.1 时序逻辑电路状态转换真值表

CP_3	CP_2	CP_1	Q_3^n	Q_2^n	Q_1^n	Q_3^{n+1}	Q_2^{n+1}	Q_1^{n+1}
		1↑	0	0	0	0	0	1
	↑	2↑	0	0	1	0	1	0
		3↑	0	1	0	0	1	1
↑	↑	4↑	0	1	1	1	0	0
		5↑	1	0	0	1	0	1
	↑	6↑	1	0	1	1	1	0
		7↑	1	1	0	1	1	1
↑	↑	8↑	1	1	1	0	0	0

观察表7.1可看出，电路中各位触发器状态变化的规律：每来一个CP脉冲上升沿，触发器1的状态就会翻转一次；每当Q_1出现下降沿时，触发器2的状态就会翻转一次；每当Q_2出现下降沿时，触发器3的状态就会翻转一次。

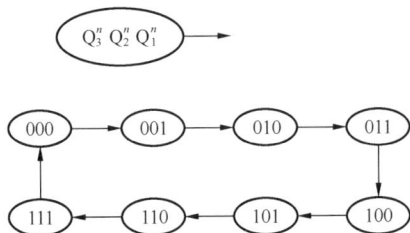

图7.3 例7.1电路状态图

另外，该时序逻辑电路在运行时所经历的状态变化是周期性的，即在有限个状态中循环。人们把一次循环所包含的状态总数称为时序逻辑电路的"模"。显然，此例中的时序逻辑电路是一个异步三位二进制模8加计数器电路。

异步三位二进制模8加计数器的状态图如图7.3所示。

通过此例可以概括出时序逻辑电路的一般分析步骤如下。

① 确定时序逻辑电路的类型。根据时序逻辑电路除CP外是否还有其他输入信号，来判断电路是米利型还是摩尔型，如有其他输入信号端，则为米利型时序逻辑电路；如果像图7.2所示电路一样没有其他输入信号，就是摩尔型时序逻辑电路。根据电路中各位触发器是否共用一个时钟脉冲CP触发电路，可判断电路是同步时序逻辑电路还是异步时序逻辑电路。若电路中各位触发器共用一个时钟脉冲CP触发，为同步时序逻辑电路；若各位触发器的时钟脉冲CP触发电路不同，如图7.2所示，则为异步时序逻辑电路。

② 根据已知时序逻辑电路，分别写出相应输出方程（注：摩尔型时序逻辑电路没有输出方程）、驱动方程和次态方程。当所分析电路属于异步时序逻辑电路时，还需要写出各位触发器的时钟脉冲方程。

③ 根据次态方程、时钟方程、输出方程或时钟脉冲方程，填写出相应状态转换真值表或画出其状态图。

④ 根据分析结果和状态转换真值表（或状态图），得出时序逻辑电路的逻辑功能。

7.1.5 时序逻辑电路的设计思路

根据给出的电路功能，描绘出满足要求的时序逻辑电路的过程称为时序逻辑电路的设计。显然，时序逻辑电路的设计与时序逻辑电路的分析互为逆过程。

时序逻辑电路的一般设计步骤如下。

1. 进行逻辑抽象，建立原始状态图

① 分析给定设计要求，确定输入变量、输出变量、电路内部状态间的关系及状态数等。

② 定义输入变量、输出变量。根据逻辑状态的含义，对电路各个状态进行赋值并编号。

③ 根据逻辑建立原始状态图。

2. 进行状态化简，求最简状态图

① 确定等价状态：原始状态图中，凡是在输入相同时，输出相同、要转换到的次态也相同的状态，都是等价状态。

② 合并等价状态，画最简状态图：对电路外部特性来说，等价状态是可以合并的，将多个等价状态合并成一个状态，多余的都去掉，即可画出最简状态图。

3. 进行状态分配，画出用二进制数进行编码后的状态图

① 确定二进制代码的位数：如果用 M 表示电路的状态数，用 N 表示待使用的二进制代码的位数，则根据编码的概念，依据下列不等式来确定二进制代码的位数

$$2^{N-1} \leqslant M \leqslant 2^N$$

② 对电路状态进行编码：N 位二进制代码有 2^N 种不同取值，用来对 M 个状态进行编码，方案很多。如果方案选择恰当，可得到比较简单的设计结果；若方案选择不好，设计出来的电路就会复杂。好的设计方案通常要经过仔细研究、反复比较来得出，因此既与技巧有关，也与经验有关。

③ 画出编码后的状态图：电路状态编码方案确定之后，便可画出用二进制代码表示电路状态的状态图。此状态图的电路次态、输出与现态及输入间的函数关系都应准确无误地规定。

4. 选择触发器，求时钟方程、输出方程和状态方程

① 选择触发器：一般选择边沿触发方式的主从型 JK 触发器或维持阻塞型 D 触发器，触发器的个数应等于对电路状态进行编码的二进制代码的位数。

② 求时钟方程：若采用同步方案，就不需求时钟方程；如果采用异步方案，则要先根据状态图画出时序波形图，然后从状态转换要求出发，为各个触发器选择出合适的时钟脉冲信号。

③ 求输出方程：由状态图规定的输出与现态和输入的逻辑关系可写出输出信号的标准与或表达式，用公式法或卡诺图法求出最简表达式。注意对无效状态的处理应按约束项进行。

④ 求状态方程：采用同步方案时可以直接写出次态的标准"与或"表达式，再进行化简；采用异步方案时则要注意一些特殊约束项的确认和处理，充分地利用约束项进行化简，才能得到最简单的状态方程。

5. 求驱动方程

① 变换状态方程，使其具有和触发器特征方程相一致的表达式形式。

② 与特征方程进行比较，按变量相同、系数相等则两个方程必相等的原则，求出驱动方程。换句话说，所谓的驱动方程就是各位触发器同步输入端信号的逻辑函数表达式。

6. 画出时序逻辑电路

① 画触发器，并进行必要的编号，标出有关的输入端和输出端。

② 按照时钟方程、驱动方程和输出方程进行连线。

7. 检查设计的电路能否自启动

① 将电路无效状态依次代入状态方程中进行计算，观察在输入时钟脉冲信号操作下能否回到有效状态。如果无效状态形成了循环，则所设计的电路不能自启动；反之则可以自启动。注意计算时所使用的应该是与特征方程做比较的次态方程，该方程就自身来说不一定是最简形式。

② 若电路不能自启动，应采取措施予以解决。

任务实施　分析时序逻辑电路功能

说明图 7.4 所示逻辑电路的用途，设电路的初始状态为"111"。

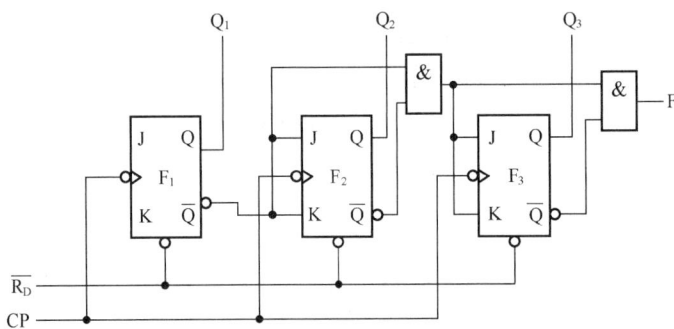

图 7.4　任务实施的时序逻辑电路

【分析】① 电路中各位触发器时钟脉冲为同一个 CP 输入端，具有同时翻转的条件，而且电路中除了三位触发器，还有两个与门，因此判断该电路为米利型同步时序逻辑电路。

② 电路的驱动方程为

$$J_1 = K_1 = 1 \qquad J_2 = K_2 = \overline{Q_1^n} \qquad J_3 = K_3 = \overline{Q_1^n} \cdot \overline{Q_2^n}$$

电路的输出方程为

$$F = \overline{Q_1^n} \cdot \overline{Q_2^n} \cdot \overline{Q_3^n}$$

电路的次态方程为

$$Q_1^{n+1} = \overline{Q_1^n}$$

$$Q_2^{n+1} = \overline{Q_1^n} \cdot \overline{Q_2^n} + Q_1^n \cdot Q_2^n = \overline{Q_1^n \oplus Q_2^n}$$

$$Q_3^{n+1} = \overline{(Q_1^n + Q_2^n)}\,\overline{Q_3^n} + (Q_1^n + Q_2^n)Q_3^n$$

$$= \overline{(Q_1^n + Q_2^n) \oplus Q_3^n}$$

③ 根据上述方程，填写相应状态转换真值表，见表 7.2。

表 7.2　　　　　　　　　　任务实施的时序逻辑电路状态转换真值表

CP	Q_3^n Q_2^n Q_1^n	F	Q_3^{n+1} Q_2^{n+1} Q_1^{n+1}
1↓	1　1　1	0	1　1　0
2↓	1　1　0	0	1　0　1
3↓	1　0　1	0	1　0　0
4↓	1　0　0	0	0　1　1
5↓	0　1　1	0	0　1　0
6↓	0　1　0	0	0　0　1
7↓	0　0　1	0	0　0　0
8↓	0　0　0	1	1　1　1

④ 由表 7.2 可看出，此电路为同步二进制模 8 减计数器，电路每完成一个循环，输出 F 为 "1"。

和例 7.1 相比较，同步时序逻辑电路与异步时序逻辑电路虽然都是由 n 位处于计数工作状态的触发器组成的，但是同步时序逻辑电路中往往含有门电路，因此电路结构比异步时序逻辑电路复杂。异步时序逻辑电路通常采用的是串行计数，工作速度较低；同步时序逻辑电路由于各位触发器受同一时钟脉冲 CP 控制，决定各触发器状态（J、K 状态）的条件并行产生，输出也是并行的，因此状态翻转速度比相应异步时序逻辑电路速度快得多。

思考与问题

1. 如何区分同步时序逻辑电路和异步时序逻辑电路？
2. 什么是米利型时序逻辑电路和摩尔型时序逻辑电路？
3. 试述时序逻辑电路的分析步骤。

【学海领航】

查阅资料了解并学习：中国科学院院士、中国工程院院士、应用力学专家、航天技术和系统工程学家钱学森"国为重、家为轻，科学最重、名利最轻""五年归国路、十年两弹成"的爱国情怀和科学创新精神，注重培养创新进取精神和民族自强的家国情怀，增强使命感和担当精神。

任务 7.2　集成计数器

提出问题

你了解计数器的概念吗？二进制计数器有什么特点？十进制计数器呢？什么是集成计数器？你是否能够掌握集成计数器的应用和扩展应用？

知识准备

计数器是一种累计输入脉冲数目的逻辑部件。计数器中的"数"是用触发器的状态组合表示的。在计数脉冲作用下，使一组触发器的状态逐个转换成不同的状态组合，以此表示数的增加或减少，从而达到计数目的。

7.2.1　二进制计数器

按计数器内部各触发器的动作步调，计数器可分为异步计数器和同步计数器；按计数功能，计数器可分为加计数器、减计数器及可逆计数器。

1. 异步二进制计数器

异步二进制计数器的各位触发器所用计数脉冲不同，通常时钟脉冲加到最低位触发器的 CP 端，其他触发器的 CP 端分别由低位触发器的 Q 端或 $\overline{Q}$ 端控制。图 7.5 所示是一个由主从型 JK 触发器构成的异步二进制计数器。

图 7.5 所示电路中，每一个 JK 触发器都接成一位计数器，只有最低位触发器的 CP 端与时钟脉冲相连，其余触发器的 CP 端均与相邻低位触发器的输出端 Q 相连，即低位输出端 Q 为相邻高位触发器的时钟脉冲信号。该电路不存在组合逻辑电路，因此是摩尔型异步时序逻辑电路。其时钟方程分别为

$$CP_3=Q_2 \qquad CP_2=Q_1 \qquad CP_1=Q_0 \qquad CP_0=CP$$

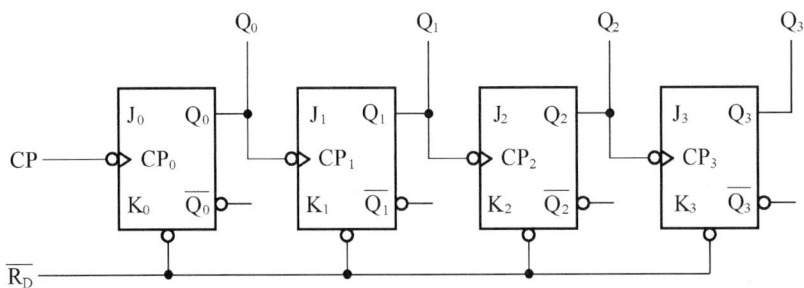

图 7.5　由主从型 JK 触发器构成的异步二进制计数器

驱动方程分别为

$$J_0=K_0=1 \qquad J_1=K_1=1 \qquad J_2=K_2=1 \qquad J_3=K_3=1$$

次态方程分别为

$$Q_3^{n+1} = J_3\overline{Q_3^n} + \overline{K_3}Q_3^n = \overline{Q_3^n} \qquad Q_2^{n+1} = J_2\overline{Q_2^n} + \overline{K_2}Q_2^n = \overline{Q_2^n}$$

$$Q_1^{n+1} = J_1\overline{Q_1^n} + \overline{K_1}Q_1^n = \overline{Q_1^n} \qquad Q_0^{n+1} = J_0\overline{Q_0^n} + \overline{K_0}Q_0^n = \overline{Q_0^n}$$

计数前各位触发器清零，使二进制计数器的初始状态为"0000"。当第 1 个 CP 时钟脉冲下降沿到来时计数器开始工作，根据上述方程可分析出计数器逻辑状态转换真值表，见表 7.3。

表 7.3　　　　　由 JK 触发器构成的异步二进制计数器逻辑状态转换真值表

CP_0=CP	CP_1=Q_0	CP_2=Q_1	CP_3=Q_2	Q_3^n Q_2^n Q_1^n Q_0^n	Q_3^{n+1} Q_2^{n+1} Q_1^{n+1} Q_0^{n+1}
1 ↓	0→1 ↑	0→0	0→0	0　0　0　0	0　0　0　1
2 ↓	1→0 ↓	↑	0→0	0　0　0　1	0　0　1　0
3 ↓	0→1 ↑	1→1	0→0	0　0　1　0	0　0　1　1
4 ↓	1→0 ↓	↓	↑	0　0　1　1	0　1　0　0
5 ↓	0→1 ↑	0→0	1→1	0　1　0　0	0　1　0　1
6 ↓	1→0 ↓	↑	1→1	0　1　0　1	0　1　1　0
7 ↓	0→1 ↑	1→1	1→1	0　1　1　0	0　1　1　1
8 ↓	1→0 ↓	↓	↓	0　1　1　1	1　0　0　0
9 ↓	0→1 ↑	0→0	0→0	1　0　0　0	1　0　0　1
10 ↓	1→0 ↓	↑	0→0	1　0　0　1	1　0　1　0
11 ↓	0→1 ↑	1→1	0→0	1　0　1　0	1　0　1　1
12 ↓	1→0 ↓	↓	↑	1　0　1　1	1　1　0　0
13 ↓	0→1 ↑	0→0	1→1	1　1　0　0	1　1　0　1
14 ↓	1→0 ↓	↑	1→1	1　1　0　1	1　1　1　0
15 ↓	0→1 ↑	1→1	1→1	1　1　1　0	1　1　1　1
16 ↓	1→0 ↓	↓	↓	1　1　1　1	0　0　0　0

由此可看出，该异步二进制计数器是一个模 16 的四位二进制加计数器。

如果我们把电路做一改动：图 7.5 中除最低位外，其余各位触发器的 CP 端由与相邻低位触发器的 Q 端相连改为与相邻低位触发器的 $\overline{Q}$ 端相连，把直接置"0"端改为直接置"1"端，就构成了图 7.6 所示的异步二进制减计数器。

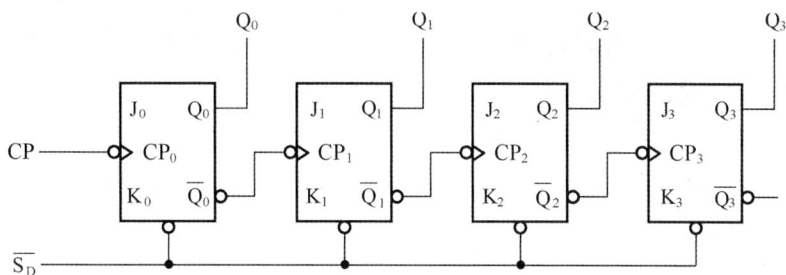

图 7.6　由主从型 JK 触发器构成的异步二进制减计数器

电路的时钟方程分别为

$$CP_3=\overline{Q_2} \qquad CP_2=\overline{Q_1} \qquad CP_1=\overline{Q_0} \qquad CP_0=CP$$

驱动方程分别为

$$J_0=K_0=1 \qquad J_1=K_1=1 \qquad J_2=K_2=1 \qquad J_3=K_3=1$$

次态方程分别为

$$Q_3^{n+1} = J_3\overline{Q_3^n} + \overline{K_3}Q_3^n = \overline{Q_3^n} \qquad Q_2^{n+1} = J_2\overline{Q_2^n} + \overline{K_2}Q_2^n = \overline{Q_2^n}$$

$$Q_1^{n+1} = J_1\overline{Q_1^n} + \overline{K_1}Q_1^n = \overline{Q_1^n} \qquad Q_0^{n+1} = J_0\overline{Q_0^n} + \overline{K_0}Q_0^n = \overline{Q_0^n}$$

计数前各位触发器置 "1"，使图 7.6 所示二进制减计数器初始状态为 "1111"。当第 1 个 CP 时钟脉冲下降沿到来时计数器开始工作，根据上述方程可分析出电路的逻辑状态转换真值表，见表 7.4。

表 7.4　　　　由 JK 触发器构成的异步二进制减计数器逻辑状态转换真值表

$CP_0=CP$	$CP_1=\overline{Q_0}$	$CP_2=\overline{Q_1}$	$CP_3=\overline{Q_2}$	$Q_3^n\ Q_2^n\ Q_1^n\ Q_0^n$	$Q_3^{n+1}\ Q_2^{n+1}\ Q_1^{n+1}\ Q_0^{n+1}$
1 ↓	0→1 ↑	0→0	0→0	1　1　1　1	1　1　1　0
2 ↓	1→0 ↓	↑	0→0	1　1　1　0	1　1　0　1
3 ↓	0→1 ↑	1→1	0→0	1　1　0　1	1　1　0　0
4 ↓	1→0 ↓	↓	↑	1　1　0　0	1　0　1　1
5 ↓	0→1 ↑	0→0	1→1	1　0　1　1	1　0　1　0
6 ↓	1→0 ↓	↑	1→1	1　0　1　0	1　0　0　1
7 ↓	0→1 ↑	1→1	1→1	1　0　0　1	1　0　0　0
8 ↓	1→0 ↓	↓	↓	1　0　0　0	0　1　1　1
9 ↓	0→1 ↑	0→0	0→0	0　1　1　1	0　1　1　0
10 ↓	1→0 ↓	↑	0→0	0　1　1　0	0　1　0　1
11 ↓	0→1 ↑	1→1	0→0	0　1　0　1	0　1　0　0
12 ↓	1→0 ↓	↓	↑	0　1　0　0	0　0　1　1
13 ↓	0→1 ↑	0→0	1→1	0　0　1　1	0　0　1　0
14 ↓	1→0 ↓	↑	1→1	0　0　1　0	0　0　0　1
15 ↓	0→1 ↑	1→1	1→1	0　0　0　1	0　0　0　0
16 ↓	1→0 ↓	↓	↓	0　0　0　0	1　1　1　1

由此可看出，该异步二进制减计数器是一个模16的四位二进制减计数器。显然，只要把主从型JK触发器的输入端J和K悬空为"1"或都接高电平，每一位触发器就都可构成一位计数器。如果把Q作为相邻高位触发器的时钟脉冲信号，就可构成多位二进制加计数器；如果把$\overline{Q}$作为相邻高位触发器的时钟脉冲信号，则可构成多位二进制减计数器。

同理，如果把D触发器的输出端Q作为相邻高位触发器的时钟脉冲信号，即可构成减计数器；若把$\overline{Q}$端作为相邻高位触发器的时钟脉冲信号，又可构成加计数器。读者可自行分析。

2. 同步二进制计数器

同步二进制计数器把计数脉冲同时加到所有触发器的时钟脉冲CP端，通过控制电路控制各触发器的状态转换。同步计数器通常包含组合逻辑电路，因此分析起来比异步时序逻辑电路复杂。但是，同步计数器的速度要比异步计数器快得多。

7.2.2 十进制计数器

日常生活中人们习惯于十进制的计数规则，当利用计数器进行十进制计数时，必须构成满足十进制计数规则的电路。十进制计数器是在二进制计数器的基础上得到的，因此也称为二-十进制计数器。

用4位二进制代码表示十进制的某一位数时，至少要用四位触发器才能实现。常用的二进制代码是8421码。8421码取前面的"0000～1001"来表示十进制的"0～9"10个数码，后面的"1010～1111"6个二进制数在8421码中称为无效码。因此，采用8421码计数至第10个时钟脉冲时，十进制计数器的输出会从"1001"跳变到"0000"，完成一次一位十进制计数循环。下面以十进制同步加计数器为例，介绍这类逻辑电路的工作原理。

图7.7所示是十进制同步加计数器的逻辑电路。电路中含有"清零"端$\overline{R_D}$，因只有输入端CP，所以其是摩尔型时序逻辑电路。

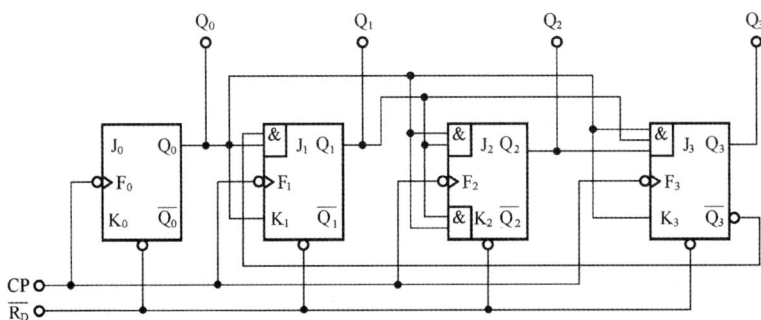

图7.7 十进制同步加计数器的逻辑电路

其中各位触发器的驱动方程分别为

$$J_0 = K_0 = 1$$

$$J_1 = Q_0^n \overline{Q_3^n}, \quad K_1 = Q_0^n$$

$$J_2 = K_2 = Q_0^n Q_1^n$$

$$J_3 = Q_0^n Q_1^n Q_2^n, \quad K_3 = Q_0^n$$

电路中各位触发器的次态方程分别为

$$Q_0^{n+1} = \overline{Q_0^n}$$

$$Q_1^{n+1} = Q_0^n \overline{Q_3^n Q_1^n} + \overline{Q_0^n} Q_1^n$$

$$Q_2^{n+1} = Q_0^n Q_1^n \overline{Q_2^n} + \overline{Q_0^n Q_1^n} Q_2^n$$

$$Q_3^{n+1} = Q_0^n Q_1^n Q_2^n \overline{Q_3^n} + \overline{Q_0^n} Q_3^n$$

将各位触发器的现态代入次态方程，可得到该逻辑电路的次态值。这种逻辑关系可用状态转换真值表（见表 7.5）来表述。

表 7.5　　　　　　　　　　　十进制同步加计数器的逻辑电路状态转换真值表

CP	Q_3^n Q_2^n Q_1^n Q_0^n				Q_3^{n+1} Q_2^{n+1} Q_1^{n+1} Q_0^{n+1}			
1 ↓	0	0	0	0	0	0	0	1
2 ↓	0	0	0	1	0	0	1	0
3 ↓	0	0	1	0	0	0	1	1
4 ↓	0	0	1	1	0	1	0	0
5 ↓	0	1	0	0	0	1	0	1
6 ↓	0	1	0	1	0	1	1	0
7 ↓	0	1	1	0	0	1	1	1
8 ↓	0	1	1	1	1	0	0	0
9 ↓	1	0	0	0	1	0	0	1
10 ↓	1	0	0	1	回零进位			
无效码	1	0	1	0	1	0	1	1
	1	0	1	1	0	1	0	0
	1	1	0	0	1	1	0	1
	1	1	0	1	0	1	0	0
	1	1	1	0	1	1	1	1
	1	1	1	1	0	1	0	0

该电路的状态图如图 7.8 所示。

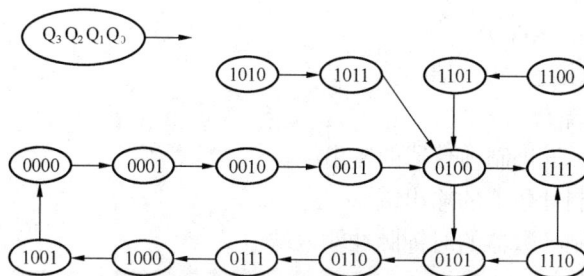

图 7.8　十进制同步加计数器的逻辑电路状态图

从状态转换真值表和状态图都可看出，该电路每来 10 个时钟脉冲，状态就从 0000 开始，经 0001、0010、0011、…、1001，又返回 0000 形成模 10 循环计数器。而不在循环内的 1010、1011、1100 等 6 个无效状态只允许在电源刚接通时出现，只要电路一开始工作，由状态图可知，电路将很快进入有效循环体中的某一状态，此后这些无效的非循环状态就不可能再出现。因此，图 7.7 所示的摩尔型模 10 计数器电路是一个具有自启动能力的十进制同步加计数器。

所谓自启动能力，是指时序逻辑电路某计数器中的无效码若在开机时出现，不用人工或其他设备的干预，计数器能够很快自行进入有效循环体，使无效码不再出现的能力。

7.2.3 集成计数器及其应用

计数器在控制、分频、测量等电路中应用非常广泛，所以具有计数功能的集成电路型号较多。常用的集成芯片有 74LS161、74LS90、74LS197、74LS160、74LS92 等。下面以 74LS90、74LS161 为例，介绍集成计数器的引脚功能及正确使用方法等。

1. 74LS90

74LS90 是一种 14 脚的集成芯片，其内部是一个二进制计数器和一个五进制计数器，下降沿触发。其引脚排列及逻辑功能如图 7.9 所示。

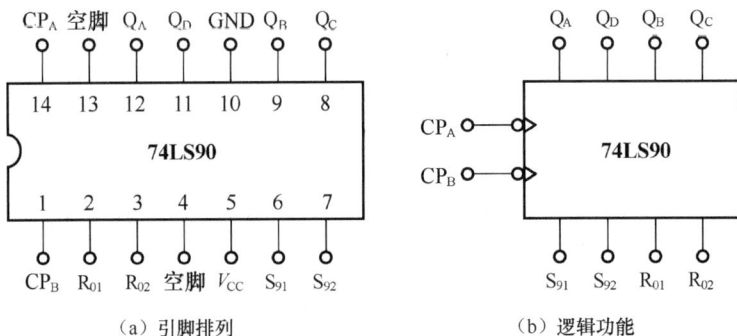

图 7.9　74LS90 的引脚排列及逻辑功能

（1）引脚功能

引脚 1——五进制计数器的时钟脉冲输入端。

引脚 2 和 3——直接清零（复位）端。

引脚 4、13——空脚。

引脚 5——电源端（+5V）。

引脚 6 和 7——直接置"9"端。

引脚 10——接地端。

引脚 9、8、11——五进制计数器的输出端。

引脚 12——二进制计数器的输出端。

引脚 14——二进制计数器的时钟脉冲输入端。

（2）计数电路的构成

① 74LS90 在使用时，若时钟脉冲端由引脚 14 输入，由引脚 12 输出，则可构成二进制计数器。

② 当 74LS90 的时钟脉冲端由引脚 1 输入，由引脚 9、8、11（由低位→高位排列）输出时，可构成五进制计数器。

③ 74LS90 还可构成十进制计数器。当计数脉冲由引脚 14 输入，引脚 12 直接和引脚 1 相连时，就构成 8421 码二-十进制计数器，输出由高到低的排列顺序为引脚 11、8、9、12。当计数脉冲由引脚 14 输入，引脚 11 和引脚 14 直接相连时，又可构成 5421 码二-十进制计数器，输出由高到低的排列顺序为引脚 12、11、8、9。构成上述两种二-十进制计数器的连接方法如图 7.10 和图 7.11 所示。

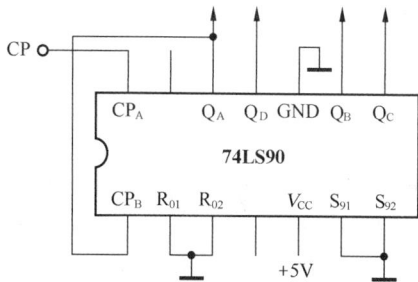

图 7.10　8421 码二-十进制计数器的连接方法

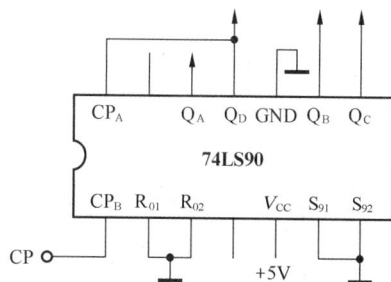

图 7.11　5421 码二-十进制计和器的连接方法

（3）74LS90 的逻辑功能真值表

74LS90 的逻辑功能真值表见表 7.6。

表 7.6　　　　　　　　　　74LS90 的逻辑功能真值表

输　　入						输　　出			
R_{01}	R_{02}	S_{91}	S_{92}	CP_A	CP_B	Q_D	Q_C	Q_B	Q_A
1	1	0	×	×	×	0	0	0	0
1	1	×	0	×	×	0	0	0	0
×	×	1	1	×	×	1	0	0	1
×	0	×	0	↓	0	二进制计数			
×	0	0	×	0	↓	五进制计数			
0	×	×	0	↓	Q_0	8421 码二-十进制计数			
0	×	0	×	Q_1	↓	5421 码二-十进制计数			

由此可看出，74LS90 的两个清零端 R_{01} 和 R_{02} 同时为 1 时，计数器清零；两个置 "9" 端 S_{91} 和 S_{92} 在 8421 码情况下同时为 "1" 时，引脚 Q_D 和引脚 Q_A 输出为 "1"，引脚 Q_C 和引脚 Q_B 输出为 "0"，即电路直接置 "9"。当计数器无论在何种计数情况下正常计数时，两个清零端和两个置 "9" 端中都必须至少有一个为低电平 "0"。

2. 74LS161

74LS161 是一种 16 脚的集成芯片，上升沿触发，具有异步清零、同步预置数、进位输出等功能，其引脚排列如图 7.12 所示。

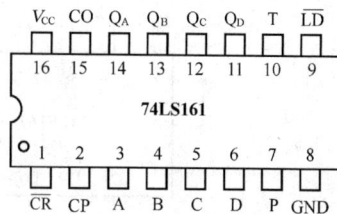

图 7.12　74LS161 引脚排列

（1）引脚功能

引脚 1——直接清零端 $\overline{CR}$。

引脚 2——时钟脉冲输入端 CP。

引脚 3、4、5、6——预置数信号输入端 A、B、C、D。

引脚 7、10——输入使能端 P 和 T。

引脚 8——接"地"端。

引脚 9——同步预置数端 $\overline{\text{LD}}$ 。

引脚 11、12、13、14——数据输出端 Q_D、Q_C、Q_B、Q_A，由高位到低位。

引脚 15——进位输出端 CO。

引脚 16——电源端 V_{CC}。

（2）功能真值表

74LS161 功能真值表见表 7.7。

表 7.7   74LS161 功能真值表

清零	预置	使能		时钟	预置数据输入				输　　出				工作状态
$\overline{\text{CR}}$	$\overline{\text{LD}}$	P	T	CP	D	C	B	A	Q_D	Q_C	Q_B	Q_A	
0	×	×	×	×	×	×	×	×	0	0	0	0	异步清零
1	0	×	×	↑	d_3	d_2	d_1	d_0	d_3	d_2	d_1	d_0	同步预置数
1	1	0	×	×	×	×	×	×	保持				数据保持
1	1	×	0	×	×	×	×	×	保持				数据保持
1	1	1	1	↑	×	×	×	×	计数				加法计数

由此可看出，74LS161 的控制输入端与电路功能之间的关系如下。

① 只要 $\overline{\text{CR}}$ 输入低电平"0"，无论其他输入端如何，都有数据输出端 $Q_DQ_CQ_BQ_A$=0000，电路工作状态为"异步清零"。

② 当 $\overline{\text{CR}}$ =1、$\overline{\text{LD}}$ = 0 时，在时钟脉冲 CP 上升沿到来时，数据输出端 $Q_DQ_CQ_BQ_A$= DCBA，其中 DBCA 为预置输入数值，这时电路工作状态为"同步预置数"。

③ 当 $\overline{\text{CR}}$ = $\overline{\text{LD}}$ =1 时，若使能端 P 和 T 中至少有一个为低电平"0"，无论其他输入端为何电平，数据输出端 $Q_DQ_CQ_BQ_A$ 的状态都保持不变。此时的电路工作状态为"数据保持"。

④ 当 $\overline{\text{CR}}$ = $\overline{\text{LD}}$ =P=T=1 时，在时钟脉冲作用下，电路处于"加法计数"工作状态。加法计数状态下，$Q_DQ_CQ_BQ_A$=1111 时，进位输出端 CO=1。

（3）构成任意进制的计数器

用 74LS161 可构成任意进制的计数器。图 7.13 所示为构成任意进制时的两种连接方法。

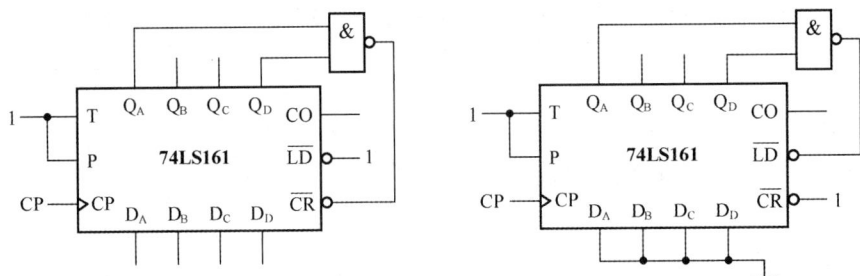

（a）反馈清零法构成九进制计数器的电路连接　　（b）反馈预置数法构成十进制计数器的电路连接

图 7.13　构成任意进制时的两种连接方法

① 反馈清零法。图 7.13（a）所示为反馈清零法构成九进制计数器的电路连接。所谓反

馈清零法，就是利用芯片的清零端和门电路，跳越 $M–N$ 个状态，从而获得 N 进制计数器。根据图 7.13（a）所示可看出，当计数至 1001 时，通过与非门引出一个"0"信号直接进入清零端 $\overline{CR}$，使计数器归零。

② 反馈预置数法。用反馈预置数法构成其他进制计数器时，要根据预置数和计数器的进制大小来选择反馈信号。要构成 N 进制计数器，则应将（预置数+N–1）所对应二进制代码中的"1"取出，送入与非门的输入端，与非门的输出端接 74LS161 的 $\overline{LD}$ 端。而预置数接至 DCBA 端。图 7.13（b）所示为反馈预置数法构成十进制计数器的电路连接。其中，预置数为 0000，反馈信号为 1001。利用反馈预置数法构成的同步预置数计数器不存在无效状态。

任务实施　扩展使用集成计数器芯片

如果需要构成多位十进制计数器，就要将两个（或多个）集成计数器芯片级联。例如将两个 74LS90 芯片级联后扩展使用构成二十四进制计数器的方法，如图 7.14 所示。

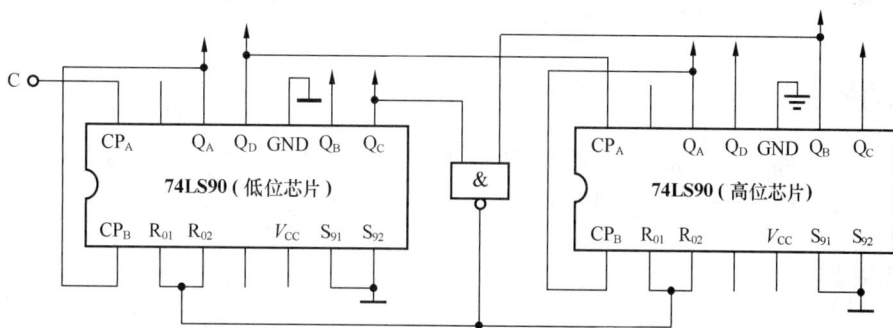

图 7.14　74LS90 构成二十四进制计数器的方法

将高位芯片的时钟脉冲输入端 CP_A 接至低位芯片的最高位信号输出端 Q_D，低位芯片的 CP_A 端作为电路时钟脉冲的输入端，两芯片的 Q_A 端均直接和各自的 CP_B 端相连，使其形成 3 位二进制输出的十进制数进位关系。把两芯片中的置"9"端直接与"地"相连，让低位芯片的输出端 Q_C 和高位芯片的输出端 Q_B 分别连接在与非门的输入端上，而两芯片的清零端并在一起连接在与非门的输出端上。当高位芯片 Q_B 端和低位芯片 Q_C 端均为高电平"1"时，对应二进制数为"24"，使与非门"全 1 出 0"，驱使清零端工作，电路归零。显然，这是利用反馈清零法构成二十四进制计数器的实例。

74LS161 构成的 8 位同步二进制计数器如图 7.15 所示。

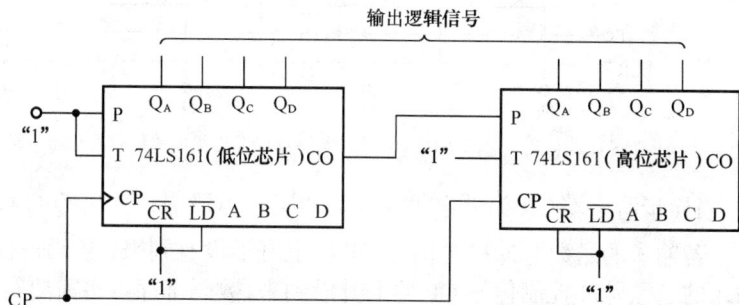

图 7.15　74LS161 构成的 8 位同步二进制计数器

当两个 74LS161 芯片构成 8 位同步二进制计数器时，可将低位芯片的两个使能端 P 和 T 连在一起恒接"1"，CO 端直接与高位芯片的使能端 P 相连；高位芯片的使能端 T 恒接高电平"1"；两芯片的清零端 $\overline{CR}$ 和预置数端 $\overline{LD}$ 分别连在一起接高电平"1"，CP 端连在一起与时钟输入信号相连，从而构成同步二进制计数器。

如果用反馈清零法或反馈预置数法将 74LS161 芯片构成任意进制的计数器，其方法和用 74LS90 所采用的方法类似。

思考与问题

1. 何为计数器的"自启动"能力？
2. 试用 74LS90 集成计数器构成十二进制计数器，要求用反馈预置数法实现。
3. 试用 74LS161 集成计数器构成六十进制计数器，要求用反馈清零法实现。

任务 7.3　寄存器

提出问题

什么是寄存器？数码寄存器和移位寄存器各有什么特点？集成双向寄存器又有什么不同？你了解集成移位寄存器的应用吗？

知识准备

寄存器是一种重要的数字电路部件，常用来暂时存放指令、参与运算的数据或运算结果等。寄存器不但是数字测量和数字控制系统中常用的部件，也是计算机的主要部件之一。按照功能的不同，寄存器可分为数码寄存器和移位寄存器两大类。

7.3.1　数码寄存器

图 7.16 所示是维持阻塞型 D 触发器组成的数码寄存器。

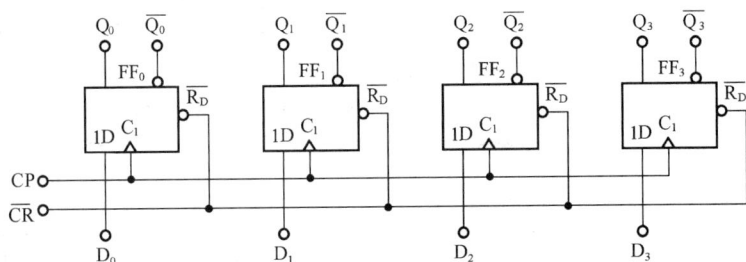

图 7.16　维持阻塞型 D 触发器组成的数码寄存器

工作原理：当异步清零端 $\overline{CR}$ 为低电平时，数码寄存器清零，输出 $Q_3Q_2Q_1Q_0= 0000$。当 $\overline{CR}$ 为高电平时，若输入的送数脉冲控制信号 CP 的上升沿没有到来，数码寄存器保持原来的状态不变；若输入的送数脉冲控制信号 CP 的上升沿到来，数码寄存器将需要寄存的数据 D_3、D_2、D_1、D_0 并行送入寄存器中寄存，此时对应的输出 $Q_3Q_2Q_1Q_0= D_3D_2D_1D_0$。

显然，数码寄存器只能并行送入数据，需要时也只能并行输出数据。构成数码寄存器的集成芯片有四位双稳锁存器 74LS77、八位双稳锁存器 74LS100、六位寄存器 74LS174 等。其中锁存器采用电平触发，在送数状态下，输入端送入的数据电位不能变化，否则将出现空翻现象。图 7.17 所示是 74LS174 的引脚排列，芯片内 6 个触发器共用一个上升沿时刻触发的时钟脉冲 CP 和一个低电平有效的异步清零脉冲 $\overline{CR}$。

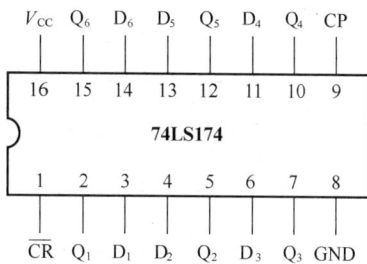

图 7.17　74LS174 的引脚排列

7.3.2　移位寄存器

移位寄存器中的数据可以在移位脉冲作用下依次右移或左移，数据既可以并行输入、并行输出，又可以串行输入、串行输出，也可以并行输入、串行输出，还可以串行输入、并行输出，使用十分灵活，用途也很广。

图 7.18 所示为四位单向右移移位寄存器。由此可看出，后一位触发器的输入总是和前一位触发器的输出相连，这 4 位触发器时钟脉冲为同一个，构成同步时序逻辑电路。当输入信号从第一位触发器 FF_0 输入一个高电平"1"时，其输出 Q_0 在时钟脉冲上升沿到来时移入这个"1"，其他 3 位触发器同时移入前一位的触发器输出，好比它们的输出同时向右移动一位。

例如，设右移移位寄存器的现态是 $Q_0^n Q_1^n Q_2^n Q_3^n = 0101$，输入端 $D_{IR}=1$。当第 1 个 CP 脉冲上升沿到达后，$Q_0^{n+1} = D_{IR} = 1$，相当于输入数据 D_{IR} 被移入触发器 FF_0 中；FF_1 的次态则相当于 FF_0 的现态"0"被移入，即 $Q_1^{n+1} = Q_0^n = 0$；类似地，FF_2 的现态移入 FF_3 中；FF_3 内原来的"1"被移出（或称溢出），如图 7.19 所示。

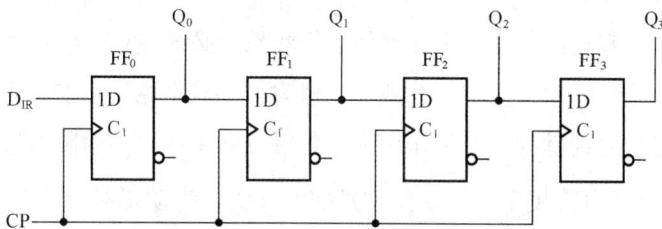

图 7.18　四位单向右移移位寄存器

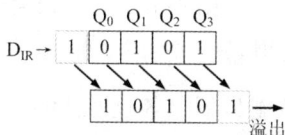

图 7.19　右移

其中 D_{IR} 称为串行输入数据端，经历 4 个移位脉冲后，寄存器中原来储存的数据被全部移出，变为 D_{IR} 在 4 次时钟脉冲下送入的输入数据。Q_0、Q_1、Q_2、Q_3 在每一个时钟脉冲信号输入下都可以同时观察到被移入的新数据，称为并行输出端；而从 FF_3 的 Q_3 端观察或取出依次被移出的数据，则称为串行输出。

7.3.3　集成双向移位寄存器

实际应用中，若需要将寄存器中的二进制信息向左或向右移动，常选用集成双向移位寄存器。74LS194 就是典型的四位 TTL 型集成双向移位寄存器，具有左移、右移、并行输入、保持数据和清除数据等功能。其引脚排列及逻辑功能如图 7.20 所示。

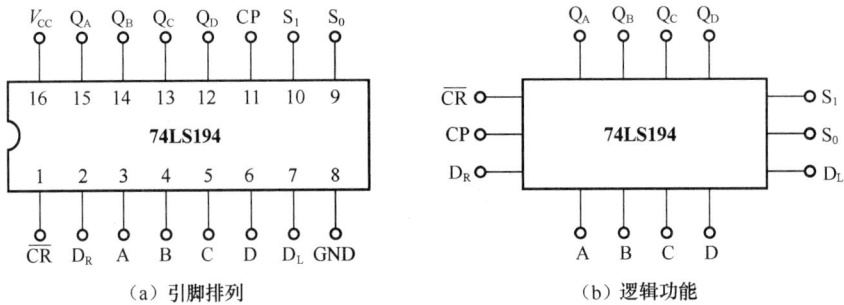

（a）引脚排列　　　　　　　　　　　（b）逻辑功能

图7.20　74LS194引脚排列及逻辑功能

其中，$\overline{CR}$端为异步清零端，优先级别最高；S_1、S_0为控制端；D_L为左移数据输入端；D_R为右移数据输入端；A、B、C、D为并行数据输入端；$Q_A \sim Q_D$为并行数据输出端；S_1、S_0为控制方式选择端；CP为移位时钟脉冲。

74LS194的功能真值表见表7.8。

表7.8　　　　　　　　　　　　　74LS194的功能真值表

$\overline{CR}$	S_1	S_0	CP	功　能
0	×	×	×	异步清零
1	0	0	×	静态保持
1	0	0	↑	动态保持
1	0	1	↑	右移移位
1	1	0	↑	左移移位
1	1	1	↑	并行输入

① 异步清零。当$\overline{CR}$为0时，不论其他输入端输入何种电平信号，各触发器均复位，各位触发器输出Q均为0，为异步清零功能。要工作在其他工作状态，必须使$\overline{CR}$为1。

② 保持功能。只要移位时钟脉冲CP无上升沿出现，则触发器的状态始终不变，为静态保持功能；当$S_1 S_0 = 00$时，在移位时钟脉冲上升沿作用下，各触发器将各自的输出信号重新送入触发器，各触发器的次态输出为$Q_A^{n+1} Q_B^{n+1} Q_C^{n+1} Q_D^{n+1} = Q_A^n Q_B^n Q_C^n Q_D^n$，为动态保持功能。

③ 右移移位。当$S_1 S_0 = 01$时，在移位时钟脉冲CP上升沿作用下，电路完成右移移位过程，各触发器的次态输出为$Q_A^{n+1} Q_B^{n+1} Q_C^{n+1} Q_D^{n+1} = D_R Q_A^n Q_B^n Q_C^n$，为右移移位功能。

④ 左移移位。当$S_1 S_0 = 10$时，在移位时钟脉冲CP上升沿作用下，电路完成左移移位过程，各触发器的次态输出为$Q_A^{n+1} Q_B^{n+1} Q_C^{n+1} Q_D^{n+1} = Q_B^n Q_C^n Q_D^n D_L$，为左移移位功能。

⑤ 并行输入。当$S_1 S_0 = 11$时，在移位时钟脉冲CP上升沿作用下，并行数据输入端的数据A、B、C、D被送入4个触发器，触发器的次态输出为$Q_A^{n+1} Q_B^{n+1} Q_C^{n+1} Q_D^{n+1} = ABCD$，为并行输入功能。

7.3.4　移位寄存器的应用

移位寄存器应用很广，可构成移位寄存器型计数器（如环形计数器、扭环形计数器）、顺序脉冲发生器、串行累加器以及数据转换器等。下面以构成环形计数器、扭环形计数器进行说明。

1.　构成环形计数器

将移位寄存器的串行输出端和串行输入端连接在一起，就构成了环形计数器。图 7.21（a）所示为 74LS194 构成的具有自启动功能的四位环形计数器逻辑电路，图 7.21（b）所示为其时序波形。

移位寄存器构成环形计数器时，正常工作过程中清零端状态始终要保持高电平 "1"，并且将单向移位寄存器的串行输入端 D_R 和串行输出端 Q_D 相连，构成闭合的 "环"。实现环形计数器时，必须设置适当的初态，且输出端 Q_A、Q_B、Q_C、Q_D 初始状态不能完全一致（即不能全为 "1" 或 "0"），这样电路才能实现计数。环形计数器的进制数 N 与移位寄存器内的触发器个数 n 相等，即 $N=n$。

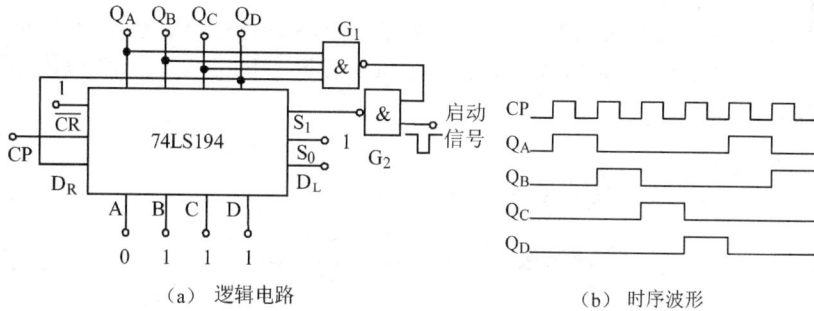

（a）逻辑电路　　　　　　　（b）时序波形

图 7.21　74LS194 构成的四位环形计数器逻辑电路及时序波形

工作原理分析如下。

根据起始状态设置的不同，在输入计数脉冲 CP 的作用下，环形计数器的有效状态可以循环移位一个 "1"，也可以循环移位一个 "0"。即当连续输入 CP 脉冲时，环形计数器中各个触发器的 Q 端（或 $\overline{Q}$ 端），将轮流出现矩形脉冲。

四位移位寄存器的循环时序一般有 16 个，但构成环形计数器后只能从这些循环时序中选出一个来工作，这就是环形计数器的工作时序，也称为正常时序或有效时序。其他未被选中的循环时序称为异常时序或无效时序。例如上述分析的环形计数器只循环一个 "1"，因此不用经过译码就可从各位触发器的 Q 端得到顺序脉冲输出。

由于某种原因使电路的工作状态进入 12 个无效状态中的任意一个时，74LS194 构成的四位环形计数器可实现自启动，方法是利用与非门作为反馈电路。

当输出信号从任何一个 Q 端取出时，可以实现对时钟脉冲信号的四分频。图 7.22 所示为四位环形计数器状态图。

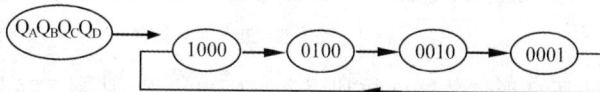

图 7.22　四位环形计数器状态图

2. 构成扭环形计数器

用移位寄存器构成的扭环形计数器的结构特点：将输出触发器的反向输出端 $\overline{Q}$ 与数据输入端相连接，如图 7.23 所示。

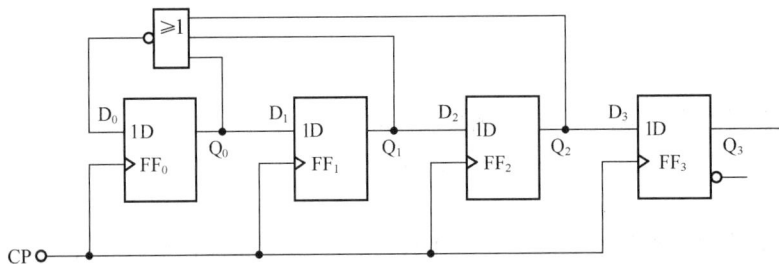

图 7.23　能自启动的四位扭环形计数器

实现扭环形计数器时，不必设置初态。扭环形计数器的进制数 N 与移位寄存器内的触发器个数 n 满足 $N=2n$ 的关系。环形计数器是从 Q_D 端反馈到 D 端，而扭环形计数器则是从 $\overline{Q_D}$ 端反馈到 D 端，从 Q_D 端扭向 $\overline{Q_D}$ 端，故得扭环名称。扭环形计数器也称为约翰逊计数器。

当扭环形计数器的初始状态为 0000 时，在移位脉冲的作用下，按图 7.24 所示形成状态循环，一般称为有效循环；若初始状态为 0100，将形成另一状态循环，称为无效循环。所以，该计数器不能自启动。

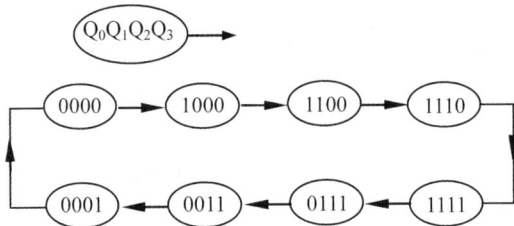

图 7.24　四位扭环形计数器状态图

为了实现电路的自启动，根据无效循环的状态特征 0101 和 1101，首先保证当 $Q_3=0$ 时，$D_0=1$；然后当 $Q_2Q_1=01$ 时，不论 Q_3 为何逻辑值，$D_0=1$。据此添加反馈逻辑电路，$D_0 = \overline{Q_3} + \overline{Q_2}Q_1 = \overline{\overline{Q_3}\ \overline{\overline{Q_2}Q_1}}$，即得到能自启动的扭环形计数器，如图 7.25 所示。

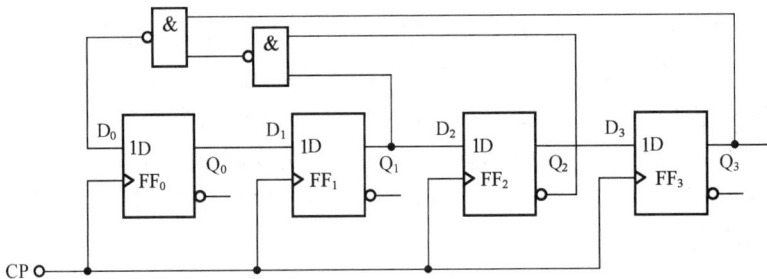

图 7.25　能自启动的四位扭环形计数器

扭环形计数器解决了环形计数器计数利用率不高的问题，从图 7.24 所示可以看出四位触发器构成的扭环形计数器的有效循环状态个数是 8。每来一个 CP 脉冲，扭环形计数器中只有一个触发器翻转。并且在 CP 作用下，这个 "1" 在扭环形计数器中循环。

此外，移位寄存器在分频、序列信号发生、数据检测、模/数转换等领域中均获得了应用。

任务实施　探寻寄存器在电子工程实际中的用途

我们知道，可对寄存器内的数据执行算术及逻辑运算；存于寄存器内的地址可用来指向内存的某个位置，即寄存器可用来寻址；寄存器还可用来读写数据到计算机的周边设备。除此之外，请同学们在课后上网查阅寄存器在电子工程实际中还有哪些用途。

装有寄存器的产品设备	用途

思考与问题

1. 如何用主从型 JK 触发器构成单向移位寄存器？
2. 环形计数器初态的设置有哪几种？
3. 相同位数的触发器下，移位寄存器构成的环形计数器和扭环形计数器的有效循环数相同吗？各为多少？
4. 数码寄存器和移位寄存器有什么区别？
5. 什么是寄存器的并行输入、串行输入、并行输出、串行输出？

任务 7.4　555 定时电路

提出问题

你了解 555 定时电路吗？你能理解和掌握 555 定时电路的工作原理吗？你了解 555 定时电路的应用吗？

知识准备

555 定时电路是一种应用非常广泛的中规模集成电路，只要在外部配上适当阻容元件，就可以方便地构成脉冲产生、整形和变换电路，如多谐振荡器、单稳态触发器以及施密特触发器等。由于它性能优良，使用灵活、方便，因而在波形的产生与变换、测量与控制、定时、仿声、电子乐器及防盗报警等方面获得了广泛的应用。

7.4.1　555 定时电路的组成

555 定时电路有 TTL 集成定时器和 CMOS 集成定时电路，其功能完全一样，不同之处是前者的驱动力大于后者。

图 7.26 所示为集成 555 定时器 CC7555 逻辑电路，主要由电阻分压器、

555 定时电路的组成

电压比较器、基本 RS 触发器、放电开关管和输出缓冲器等几部分组成。

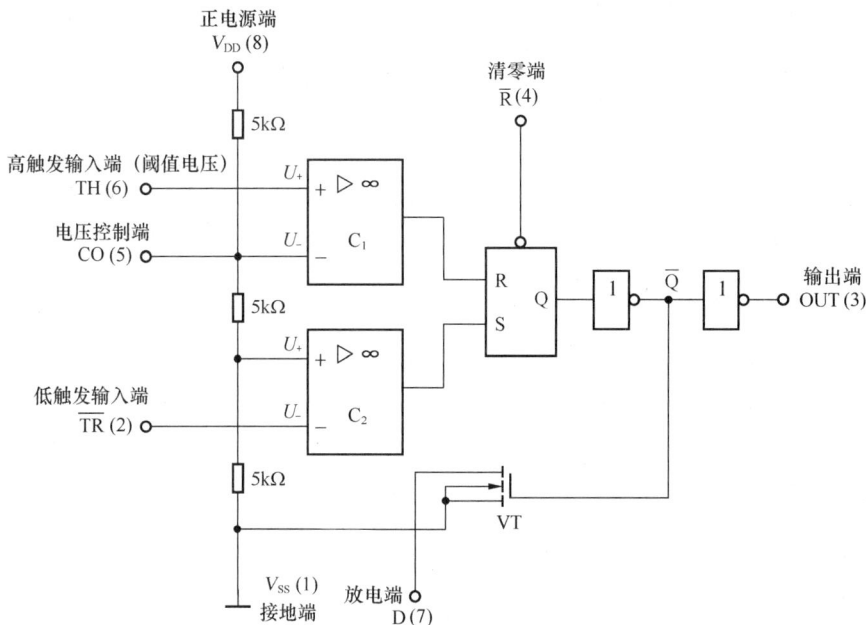

图 7.26 集成 555 定时器 CC7555 逻辑电路

电路各部分的作用如下。

1. 电阻分压器

由 3 个 5kΩ 的电阻串联起来构成分压器，555 定时器因此得名。分压器为电压比较器 C_1 和 C_2 提供两个基准电压。电压比较器 C_1 的基准电压是 $2V_{DD}/3$，C_2 的基准电压是 $V_{DD}/3$。如果在控制端外加一控制电压，则可改变两个电压比较器的基准电压。

2. 电压比较器

C_1 和 C_2 是两个结构完全相同的高精度电压比较器，分别由两个开环的集成运放构成。电压比较器 C_1 的反相输入端接基准电压，同相端 TH 称为高触发端。电压比较器 C_2 的同相输入端 U_+ 接基准电压，反相输入端 U_- 为低触发端 $\overline{TR}$。

3. 基本 RS 触发器

基本 RS 触发器由两个或非门组成，R 和 S 两个输入端均为高电平有效。电压比较器的输出控制触发器输出端的状态：C_1 输出高电平时，基本 RS 触发器输出为 "0"；C_2 输出高电平时，基本 RS 触发器输出为 "1"。$\overline{R}$ 端是外部直接清零端，555 定时器正常工作时将此引脚置高电平 "1"。

4. 放电开关管

放电开关管 VT 是一个 N 沟道的 CMOS 管，其状态受 $\overline{Q}$ 端的控制。当 $\overline{Q}$ 为 "0" 时，栅极电压为低电平，VT 截止；当 $\overline{Q}$ 为 "1" 时，栅极电压为高电平，VT 导通饱和。当放电管漏极 D（引脚 7）经一电阻 R 接电源 V_{DD} 时，则放电开关管 VT 的输出与集成 555 定时器 CC7555 的输出逻辑状态相同。

5. 输出缓冲器

两级反相器构成 555 定时器的输出缓冲器，用来提高输出电流，以增强定时器的带负载能力。同时输出缓冲器还可隔离负载对定时器的影响。

图 7.27 为 CC7555 引脚排列。其中 8 个引脚的名称和作用如下。

引脚 1：V_{SS}——接地端（或副电源端）。

引脚 2：$\overline{TR}$——低触发输入端（阈值电压）。

引脚 3：OUT——输出端。

引脚 4：$\overline{R}$——清零端。

图 7.27　CC7555 引脚排列

引脚 5：CO——电压控制端。通过其输入不同的电压值来改变比较器的基准电压。不用时，要经 $0.01\mu F$ 的电容接"地"。

引脚 6：TH——高触发输入端（阈值电压）。

引脚 7：D——放电端。外接电容，当 VT 导通时，电容由 D 经 VT 放电。

引脚 8：V_{DD}——正电源端。

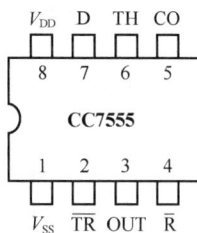

7.4.2　555 定时器的工作原理

555 定时器的工作状态取决于电压比较器 C_1、C_2，它们的输出控制着基本 RS 触发器和放电开关管 VT 的状态。当高触发输入端 TH 的电压高于 $2V_{DD}/3$ 这个上门限电平的阈值电压时，上比较器 C_1 输出为高电平，使基本 RS 触发器置"0"，即 Q=0，$\overline{Q}=1$，放电开关管 VT 导通；当低触发输入端 $\overline{TR}$ 的电压低于 $V_{DD}/3$ 这个下门限电平的阈值电压时，下比较器 C_2 输出为高电平，使基本 RS 触发器置"1"，即 Q=1、$\overline{Q}=0$，放电开关管 VT 截止。

当 TH 端电压低于 $2V_{DD}/3$ 或 $\overline{TR}$ 端电压高于 $V_{DD}/3$ 时，两个比较器 C_1 和 C_2 的输出均为"0"，放电开关管 VT 和定时器输出端将保持原状态不变。CC7555 的功能真值表见表 7.9。

表 7.9　　　　　　　　　　　　　　　　CC7555 的功能真值表

高触发输入端 TH	低触发输入端 $\overline{TR}$	清零端 $\overline{R}$	输出端 OUT	放电开关管 VT
×	×	0	0	导通
$>2V_{DD}/3$	$>V_{DD}/3$	1	0	导通
$<2V_{DD}/3$	$>V_{DD}/3$	1	原态	原态
$<2V_{DD}/3$	$<V_{DD}/3$	1	1	截止

7.4.3　应用实例

用 555 定时器可以组成产生脉冲和对信号整形的各种单元电路，如施密特触发器、单稳态触发器和多谐振荡器等。

只要把 555 定时器的引脚 2 和引脚 6 连接在一起，就可构成施密特触发器，如图 7.28 所示。

555 定时器构成的施密特触发器可以把缓慢变化的输入波形变换成边沿陡峭的矩形波输出，主要用于波形变换和整形。其电路特点：能够把变化非常缓慢的输入脉冲波形，整形成满足数字电路需求的矩形脉冲，而且电路传输过程中具有回差特性。施密特触发器的电压传输特性如图 7.29 所示。

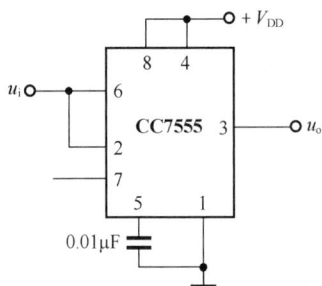

图 7.28　施密特触发器

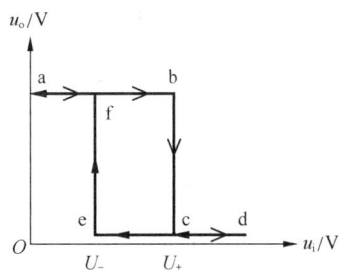

图 7.29　施密特触发器的电压传输特性

从施密特触发器的电压传输特性可以看出，所谓的回差特性，就是当输入电压从小到大变化的开始阶段，输出电压为高电平"1"，当输入电压增大至基准电压 U_+ 时，输出电压由"1"跳变到低电平"0"并保持；当输入电压从大到小变化时，初始阶段对应的输出电压为低电平"0"，当输入电压减小至 U_- 时，输出电压由"0"跳变到高电平"1"并保持。

施密特触发器的显著特点有两个：一是输出电压随输入电压变化的曲线不是单值的，具有回差特性；二是电路状态转换时，输出电压具有陡峭的跳变沿。利用施密特触发器的上述两个特点，可对电路中的输入电信号进行波形整形、波形变换、幅度鉴别及脉冲展宽等。

任务实施　**绘制由 555 定时器构成的施密特触发器的电路**

若已知输入波形如图 7.30 所示，试画出电路的输出波形。如引脚 5 接 10kΩ 电阻，再画出输出波形。

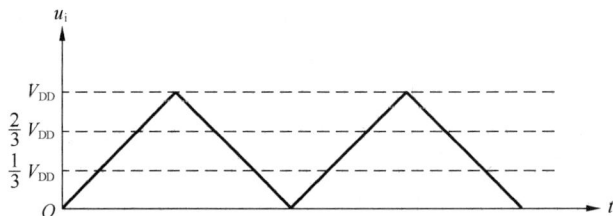

图 7.30　任务实施的输入波形

【解】题目要求的施密特触发器的电路如图 7.28 所示。电路输出波形如图 7.31（a）所示。当引脚 5 接 10kΩ 电阻时，就改变了 555 定时器中比较器的基准电压，即改变了施密特触发器电路的回差电压，此时 $U_+ = V_{DD}/2$、$U_- = V_{DD}/4$，输出波形的宽度发生了变化，如图 7.31（b）所示。

555 定时器还可以用作单稳态触发器和多谐振荡器。单稳态触发器只有一个暂稳态、一个稳态。在外加触发信号作用下，单稳态触发器能够从稳态翻转到暂稳态，经过一段时间后又能自动返回稳态，其处于暂稳态的时间是单稳态触发器输出脉冲的宽度，其大小取决于电路本身的参数，而与触发信号无关。多谐振荡器又称无稳态电路。其在状态变换时，触发信号不需要由外部输入，而是由电路中的 RC 电路提供；状态的持续时间也由 RC 电路决定。

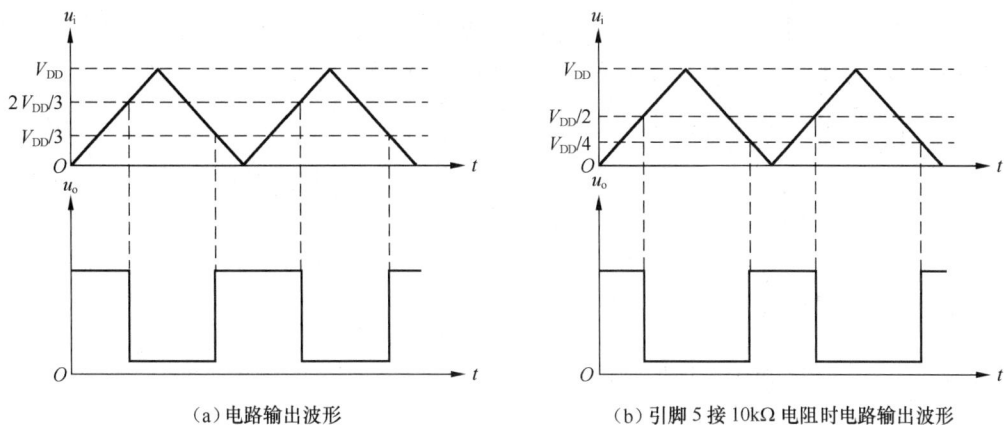

（a）电路输出波形　　　　　　　　　（b）引脚 5 接 10kΩ 电阻时电路输出波形

图 7.31　任务实施的两个输出波形

思考与问题

1. 555 定时器电路由哪几部分组成？各部分的作用是什么？
2. 施密特触发器主要有哪些用途？其电压传输特性如何？
3. 555 定时器电路中的两个电压比较器工作在开环还是闭环情况下？

项目实训　测试移位寄存器的功能实验

一、实验目的

1. 熟悉中规模四位双向移位寄存器的使用方法及功能测试。
2. 进一步了解移位寄存器的应用。

二、实验设备

1. +5V 直流电源。
2. 单次时钟脉冲源和连续时钟脉冲源。
3. 逻辑电平开关和逻辑电平显示器。
4. 74LS194（或 CC40194）芯片 2 只，74LS30（或 CC4068）芯片 1 只，74LS00（或 CC4011）集成芯片 1 只。
5. 相关实验设备及连接导线若干。

三、实验原理

（1）移位寄存器的移位功能是指寄存器中所存的代码能够在移位脉冲的作用下依次左移或右移。既能左移又能右移的称为双向移位寄存器，只需要改变左、右移位的控制信号便可实现双向移位要求。根据存取信息的方式不同，移位寄存器可分为串入串出、串入并出、并入串出、并入并出 4 种形式。

（2）实验选用 CC40194 或 74LS194 四位双向通用移位寄存器（两者功能相同，可互换使用），其逻辑符号及引脚排列如图 7.32 所示。

引脚 1 为直接无条件清零端 $\overline{CR}$；引脚 2 为右移串行输入端 S_R；引脚 6、5、4、3 分别为并行输入端 D_3、D_2、D_1、D_0；引脚 7 为左移串行输入端 S_L；引脚 8 为"负电源端"或接"地"

端；引脚9和10为操作模式控制端 S_0 和 S_1；引脚11为时钟脉冲控制端CP；引脚12~15为并行输出端 Q_3、Q_2、Q_1、Q_0；引脚16为正电源端，接+5V直流电压。

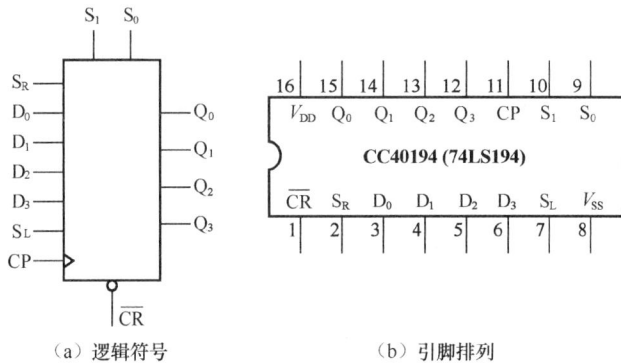

（a）逻辑符号　　　　　　　　　（b）引脚排列

图7.32　移位寄存器逻辑符号及引脚排列

（3）CC40194有5种不同操作模式：并行送数寄存、右移（方向为 $Q_0 \rightarrow Q_3$）、左移（方向为 $Q_3 \rightarrow Q_0$）、保持及清零。

（4）CC40194中 S_1、S_0 和 $\overline{CR}$ 端的控制作用见表7.10。

（5）移位寄存器应用很广，可构成移位寄存器型计数器、顺序脉冲发生器、串行累加器等。其可用作数据转换，即把串行数据转换为并行数据，或把并行数据转换为串行数据等。本实验研究移位寄存器用作环形计数器和数据的串、并行转换。

表7.10　　　　　　　　　　　　CC40194中 S_1、S_0 和 $\overline{CR}$ 端的控制作用

功能	输　　入									输　　出			
	CP	$\overline{CR}$	S_1	S_0	S_R	S_L	D_0	D_1	D_2	D_3	Q_0	Q_1	Q_2	Q_3
清除	×	0	×	×	×	×	×	×	×	×	0	0	0	0
送数	↑	1	1	1	×	×	a	b	c	d	a	b	c	d
右移	↑	1	0	1	D_{SR}	×	×	×	×	×	D_{SR}	Q_0	Q_1	Q_2
左移	↑	1	1	0	×	D_{SL}	×	×	×	×	Q_1	Q_2	Q_3	D_{SL}
保持	↑	1	0	0	×	×	×	×	×	×	Q_0^n	Q_1^n	Q_2^n	Q_3^n
保持	↓	1	×	×	×	×	×	×	×	×	Q_0^n	Q_1^n	Q_2^n	Q_3^n

① 环形计数器。把移位寄存器的输出反馈到它的串行输入端，就可以进行循环移位。

把输出端 Q_3 和右移串行输入端 S_R 相连接，设初始状态 $Q_0Q_1Q_2Q_3=1000$，则在时钟脉冲作用下 $Q_0Q_1Q_2Q_3$ 将依次变为 $0100 \rightarrow 0010 \rightarrow 0001 \rightarrow 1000 \rightarrow \cdots$，见表7.11。

表7.11　　　　　　　　　　　　　　环形计数器

CP	Q_0	Q_1	Q_2	Q_3
0	1	0	0	0
1	0	1	0	0
2	0	0	1	0
3	0	0	0	1

可见这是一个具有 4 个有效状态的计数器，这种类型的计数器通常称为环形计数器。根据图 7.32 和表 7.11 所示连接的环形计数器可以输出在时间上有先后顺序的脉冲，也可作为顺序脉冲发生器。

如果将输出端 Q_0 与左移串行输入端 S_L 相连接，即可达左移循环移位。

② 数据的串、并行转换。

a. 串行/并行转换器。串行/并行转换是指串行输入的数码，经转换电路之后变换成并行输出。图 7.33 所示为由两片 CC40194（74LS194）四位双向移位寄存器组成的七位串行/并行数据转换电路。

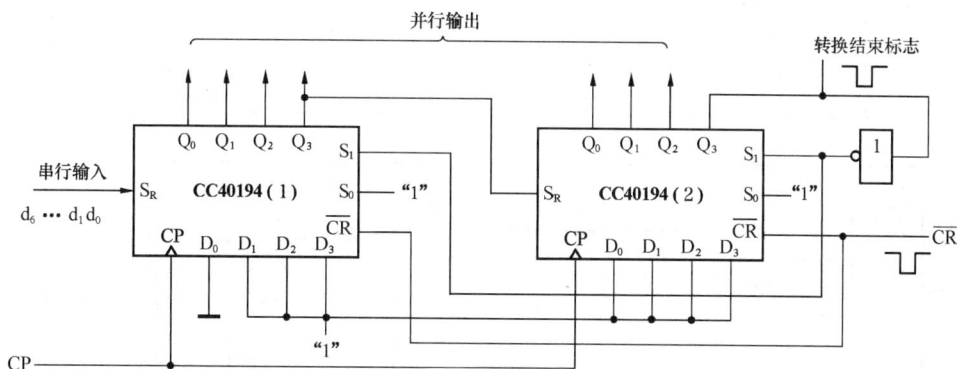

图 7.33　七位串行/并行数据转换电路

电路中 S_0 端接高电平 "1"，S_1 受 Q_7 控制，两片寄存器连接成串行输入右移工作方式。Q_7 是转换结束标志。当 $Q_7=1$ 时，S_1 为 0，使之成为 $S_1S_0=01$ 的串入右移工作方式；当 $Q_7=0$ 时，$S_1=1$，有 $S_1S_0=10$，则串行送数结束，标志着串行输入的数据已转换成并行输出。

串行/并行转换的具体过程：转换前，$\overline{CR}$ 端加低电平，使 1、2 两片寄存器的内容清零，此时 $S_1S_0=11$，寄存器执行并行输入工作方式。当第一个 CP 脉冲到来后，寄存器的输出状态 $Q_0 \sim Q_7$ 为 01111111，与此同时 S_1S_0 变为 01，转换电路变为执行串入右移工作方式，串行输入数据从 1 片的 S_R 端加入。随着 CP 脉冲的依次加入，串行/并行转换输出状态的变化见表 7.12。

由此可见，右移操作 7 次之后，Q_7 变为 0，S_1S_0 又变为 11，说明串行输入结束。这时，串行输入的数码已经转换成并行输出了。

当再来一个 CP 脉冲时，电路又重新执行一次并行输入，为第二组串行数码转换做好准备。

b. 并行/串行转换器。图 7.34 所示是由两片 CC40194（74LS194）组成的七位并行/串行数据转换电路，其中有两只与非门 G_1 和 G_2，电路工作方式同样为右移。

寄存器清零后，加一个转换启动信号（负脉冲或低电平）。此时，由于工作方式控制 S_1S_0 为 11，转换电路执行并行输入操作。当第一个 CP 脉冲到来后，$Q_0 \sim Q_7$ 的状态为 $D_0 \sim D_7$，并行输入数码存入寄存器。从而使得 G_1 输出为 1，G_2 输出为 0。结果，S_1S_0 变为 01，转换电路随着 CP 脉冲的加入，开始执行右移串行输出。随着 CP 脉冲的依次加入，输出状态依次右移，待右移操作 7 次后，$Q_0 \sim Q_6$ 的状态都为高电平 "1"，与非门 G_1 输出为低电平，G_2 门输出为高电平，S_1S_0 又变为 11，表示并行/串行转换结束，且为第二次并行输入创造了条件。并行/串行转换过程见表 7.13。

表 7.12　　　　　　　　　　　　　　　　　串行/并行转换输出状态的变化

CP	Q_0	Q_1	Q_2	Q_3	Q_4	Q_5	Q_6	Q_7	说明
0	0	0	0	0	0	0	0	0	清零
1	0	1	1	1	1	1	1	1	送数
2	d_0	0	1	1	1	1	1	1	右移操作7次
3	d_1	d_0	0	1	1	1	1	1	
4	d_2	d_1	d_0	0	1	1	1	1	
5	d_3	d_2	d_1	d_0	0	1	1	1	
6	d_4	d_3	d_2	d_1	d_0	0	1	1	
7	d_5	d_4	d_3	d_2	d_1	d_0	0	1	
8	d_6	d_5	d_4	d_3	d_2	d_1	d_0	0	
9	0	1	1	1	1	1	1	1	送数

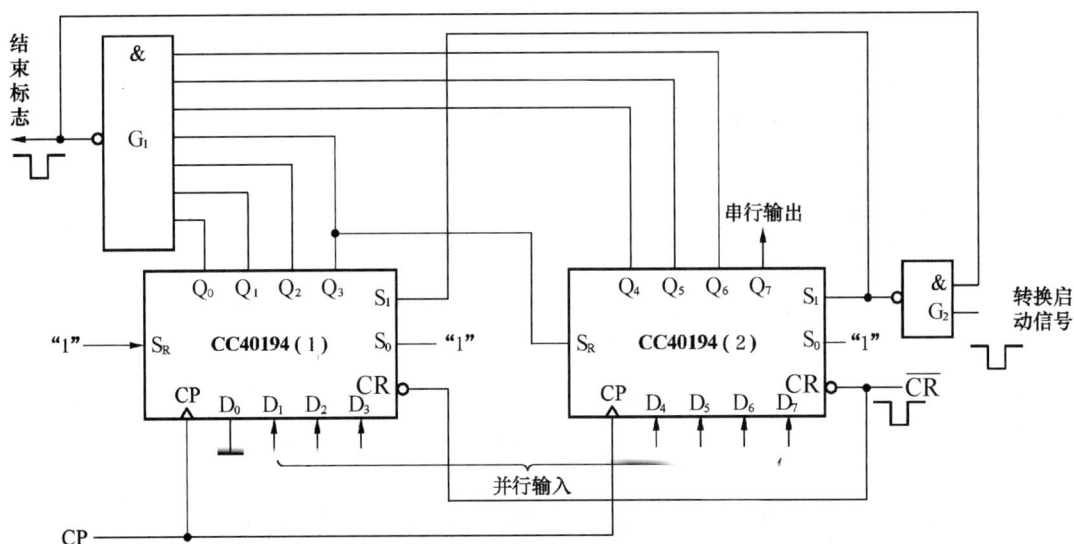

图 7.34　七位并行/串行数据转换电路

表 7.13　　　　　　　　　　　　　　　　　并行/串行转换过程

CP	Q_0	Q_1	Q_2	Q_3	Q_4	Q_5	Q_6	Q_7	串 行 输 出						
0	0	0	0	0	0	0	0	0							
1	0	D_1	D_2	D_3	D_4	D_5	D_6	D_7							
2	1	0	D_1	D_2	D_3	D_4	D_5	D_6	D_7						
3	1	1	0	D_1	D_2	D_3	D_4	D_5	D_6	D_7					
4	1	1	1	0	D_1	D_2	D_3	D_4	D_5	D_6	D_7				
5	1	1	1	1	0	D_1	D_2	D_3	D_4	D_5	D_6	D_7			
6	1	1	1	1	1	0	D_1	D_2	D_3	D_4	D_5	D_6	D_7		
7	1	1	1	1	1	1	0	D_1	D_2	D_3	D_4	D_5	D_6	D_7	
8	1	1	1	1	1	1	1	0	D_1	D_2	D_3	D_4	D_5	D_6	D_7
9	0	D_1	D_2	D_3	D_4	D_5	D_6	D_7							

中规模集成移位寄存器，其位数往往以 4 位居多，当需要的位数多于 4 位时，可把几片移位寄存器通过级联的方法来扩展位数。

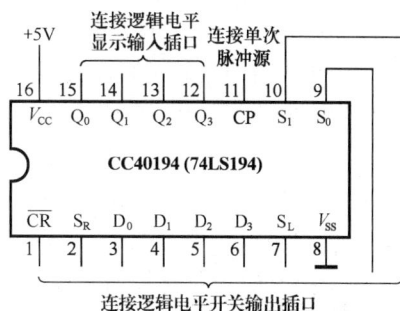

图 7.35 移位寄存器功能测试连线

四、实验内容及步骤

1. 测试 CC40194（或 74LS194）四位双向寄存器的逻辑功能

按图 7.35 所示连线，$\overline{CR}$、S_1、S_0、S_L、S_R、D_0、D_1、D_2、D_3 分别连接逻辑电平开关输出插口；Q_0、Q_1、Q_2、Q_3 连接逻辑电平显示输入插口；CP 端连接单次脉冲源。按表 7.14 所示的输入状态，逐项进行测试，并将测试结果填入表 7.14 中。

表 7.14　　　　　　　　CC40194（74LS194）逻辑功能测试

清除	模式		时钟	串行		输入				输出				功能总结
—	S_1	S_0	CP	S_I	S_R	D_0	D_1	D_2	D_3	Q_0	Q_1	Q_2	Q_3	
0	×	×	×	×	×	×	×	×	×					
1	1	1	↑	×	×	a	b	c	d					
1	0	1	↑	×	0	×	×	×	×					
1	0	1	↑	×	1	×	×	×	×					
1	0	1	↑	×	0	×	×	×	×					
1	0	1	↑	×	×	×	×	×	×					
1	1	0	↑	1	×	×	×	×	×					
1	1	0	↑	×	×	×	×	×	×					
1	1	0	↑	×	×	×	×	×	×					
1	1	0	↑	1	×	×	×	×	×					
1	0	0	↑	×	×	×	×	×	×					

2. 构成环形计数器

自拟实验线路，用并行送数法预置寄存器为某二进制数码（如 0100），然后进行右移循环，观察寄存器输出端状态的变化，将结果记入表 7.15 中。

表 7.15　　　　　　　　　　　环形计数器测试

CP	Q_0	Q_1	Q_2	Q_3
0	0	1	0	0
1				
2				
3				
4				

3. 实现数据的串行/并行转换

（1）串行输入、并行输出

按图 7.33 所示的电路图接线，进行右移串入、并出实验，串入数码自定。改接线路用左移方式实现并行输出，按表 7.16 所示进行。自拟表格，记录实验数据。

（2）并行输入、串行输出

按图7.34所示的电路图连线，进行右移并入、串出实验，并入数码自定。改接线路用左移方式实现串行输出，按表7.16所示进行。自拟表格，记录实验数据。

表7.16 数据的串行/并行转换

功能	输 入										输 出			
	CP	$\overline{CR}$	S_1	S_0	S_R	S_L	D_0	D_1	D_2	D_3	Q_0	Q_1	Q_2	Q_3
右移	↑	1	0	1	D_{SR}	×	×	×	×	×	D_{SR}	Q_0	Q_1	Q_2
左移	↑	1	1	0	×	D_{SL}	×	×	×	×	Q_1	Q_2	Q_3	D_{SL}

五、实验分析与思考

1. 在对 CC40194 进行送数后，若要使输出端改成另外的数码，是否一定要使寄存器清零？

2. 使寄存器清零，除采用 $\overline{CR}$ 输入低电平外，可否采用右移或左移的方法？可否使用并行送数法？若可行，应该如何进行操作？

项目小结

1. 时序逻辑电路任何时刻的输出不仅与当时的输入信号有关，而且还和电路原来的状态有关。从电路的组成来看，时序逻辑电路一定含有存储电路（触发器）。

2. 对各种由计数器和寄存器构成的时序逻辑电路进行分析时，应重点掌握它们的逻辑功能，对于内部电路的分析，可放在次要位置。

3. 计数器是一种非常典型、应用很广的时序逻辑电路，计数器不仅能统计输入时钟脉冲个数，还能用于分频、定时、产生节拍脉冲等。计数器按时钟脉冲引入方式和触发器翻转时序的异同，可分为同步计数器和异步计数器；按计数体制的异同，可分为二进制计数器、二-十进制计数器和任意进制计数器；按计数器中数字变化规律的异同，可分为加计数器、减计数器和可逆计数器。

4. 数码寄存器是用触发器的两个稳定状态来存储0或1的，一般具有清零、存数、输出等功能。可以用基本 RS 触发器配合一些控制电路或用 D 触发器来组成数码寄存器。移位寄存器除具有数码寄存器的功能外，还具有移位功能，还可实现数据的串行/并行转换以及数据处理功能。

5. 555 定时器是一种用途很广的集成电路，除了能构成施密特触发器、单稳态触发器和多谐振荡器以外，还可以接成各种应用电路。读者可以参阅相关书籍，自行设计构成555定时器所需的电路。

项目自测题（共100分，120分钟）

一、填空题（每空 0.5 分，共 33 分）

1. 时序逻辑电路按各位触发器接收_____信号的不同，可分为_____步时序逻辑电路和_____步时序逻辑电路两大类。在_____步时序逻辑电路中，各位触发器无统一的_____信号，输出状态的变化通常不是_____发生的。

2. 根据已知的_____，找出电路的_____和其现态及_____之间的关系，最后总结出电路逻辑_____的一系列步骤，称为时序逻辑电路的_____。

3. 当时序逻辑电路的触发器位数为 n，电路状态按_____数的自然态序循环，经历的独立状态为 2^n 个，这时，我们称此类电路为_____计数器。_____计数器除了按_____、_____分类外，还可按计数的_____规律分为_____计数器、_____计数器和_____计数器。

4. 在_____计数器中，要表示一位十进制数时，至少要用_____位触发器才能实现。十进制计数电路中最常采用的是_____码来表示一位十进制数。

5. 时序逻辑电路中仅有存储记忆电路而没有逻辑门电路时，构成的电路类型通常称为_____型时序逻辑电路；如果电路中不但有存储记忆电路的输入端，还有逻辑门电路的输入端，则构成的电路类型称为_____型时序逻辑电路。

6. 分析时序逻辑电路时，首先要根据已知逻辑的电路分别写出相应的_____方程、_____方程和_____方程，若所分析电路属于_____步时序逻辑电路，则还要写出各位触发器的_____方程。

7. 时序逻辑电路某计数器中的_____码若在开机时出现，不用人工或其他设备的干预，计数器能够很快自行进入_____，使_____码不再出现的能力称为_____能力。

8. 在_____、_____、_____等电路中，计数器应用得非常广泛。构成一个六进制计数器最少要采用_____位触发器，这时构成的电路有_____个有效状态，_____个无效状态。

9. 寄存器可分为_____寄存器和_____寄存器，74LS194 属于_____移位寄存器。用四位移位寄存器构成环形计数器时，有效状态共有_____个；若构成扭环形计数器时，其有效状态是_____个。

10. _____器是可用来存放数码、运算结果或指令的电路，通常由具有存储功能的多位_____器组合起来构成。一位_____器可以存储一个二进制代码，存放 n 个二进制代码的_____器，需用 n 位_____器来构成。

11. 74LS194 是典型的四位 TTL 型集成双向移位寄存器，具有_____、并行输入、_____和_____等功能。

12. 555 定时器可以构成施密特触发器，施密特触发器具有_____特性，主要用于脉冲波形的_____和_____。555 定时器还可以用作多谐振荡器和_____稳态触发器。_____稳态触发器只有一个_____态、一个_____态，当外加触发信号作用时，_____态触发器能够从_____态翻转到_____态，经过一段时间又能自动返回_____态。

13. 用集成计数器 CC40192 构成任意进制的计数器时，通常可采用反馈_____法和反馈_____法。

二、判断题（每小题 1 分，共 10 分）

1. 集成计数器通常都具有自启动能力。　　　　　　　　　　　　　　（　　　）

2. 使用 3 个触发器构成的计数器最多有 8 个有效状态。　　　　　　　（　　　）

3. 同步时序逻辑电路中各触发器的时钟脉冲 CP 不一定相同。　　　　（　　　）

4. 利用一个 74LS90 可以构成一个十二进制的计数器。 （　　　）

5. 用移位寄存器可以构成 8421 码计数器。 （　　　）

6. 555 定时电路的输出只能出现两个状态稳定的逻辑电平之一。 （　　　）

7. 施密特触发器的作用就是利用其回差特性稳定电路。 （　　　）

8. 分析摩尔型时序逻辑电路时通常不写输出方程。 （　　　）

9. 十进制计数器是用十进制数码"0～9"进行计数的。 （　　　）

10. 利用集成计数器芯片的预置数功能可获得任意进制的计数器。 （　　　）

三、选择题（每小题 2 分，共 20 分）

1. 描述时序逻辑电路功能的两个必不可少的重要方程是（　　　）。
   A. 次态方程和输出方程　　　　　　　B. 次态方程和驱动方程
   C. 驱动方程和时钟方程　　　　　　　D. 驱动方程和输出方程

2. 用 8421 码作为代码的十进制计数器，至少需要的触发器个数是（　　　）。
   A. 2　　　　　　B. 3　　　　　　C. 4　　　　　　D. 5

3. 按各触发器的状态转换与时钟输入脉冲 CP 的关系分类，计数器可分为（　　　）计数器。
   A. 同步和异步　　　B. 加和减　　　C. 二进制和十进制

4. 能用于脉冲整形的电路是（　　　）。
   A. 双稳态触发器　　B. 单稳态触发器　　C. 施密特触发器

5. 四位移位寄存器构成的扭环形计数器是（　　　）计数器。
   A. 模 4　　　　　　B. 模 8　　　　　　C. 模 16

6. 下列叙述正确的是（　　　）。
   A. 译码器属于时序逻辑电路　　　　　B. 寄存器属于组合逻辑电路
   C. 555 定时器属于时序逻辑电路　　　D. 计数器属于时序逻辑电路

7. 利用中规模集成计数器构成任意进制计数器的方法是（　　　）。
   A. 复位法　　　　B. 预置数法　　　　C. 级联复位法

8. 不产生多余状态的计数器是（　　　）。
   A. 同步预置数计数器　　　　　　　　B. 异步预置数计数器
   C. 复位法构成的计数器

9. 数码可以并行输入、并行输出的寄存器有（　　　）。
   A. 移位寄存器　　B. 数码寄存器　　C. 二者皆有

10. 改变 555 定时电路的电压控制端 CO 的电压值，可改变（　　　）。
   A. 555 定时电路的高、低输出电平　　B. 放电开关管的开关电平
   C. 比较器的阈值电压　　　　　　　　D. 置"0"端 $\overline{R}$ 的电平值

四、简答题（每小题 3 分，共 12 分）

1. 同步时序逻辑电路和异步时序逻辑电路有何不同？
2. 钟控 RS 触发器能用作移位寄存器吗？为什么？
3. 何为计数器的自启动能力？
4. 施密特触发器具有什么显著特征？主要应用有哪些？

五、分析题（共 25 分）

1. 试用 74LS161 构成十二进制计数器。要求采用反馈预置法实现。（7 分）

2. 电路及时钟脉冲、输入端 D 的波形如图 7.36 所示，设起始状态为"000"。试画出各触发器的输出时序波形，并说明电路的功能。（10 分）

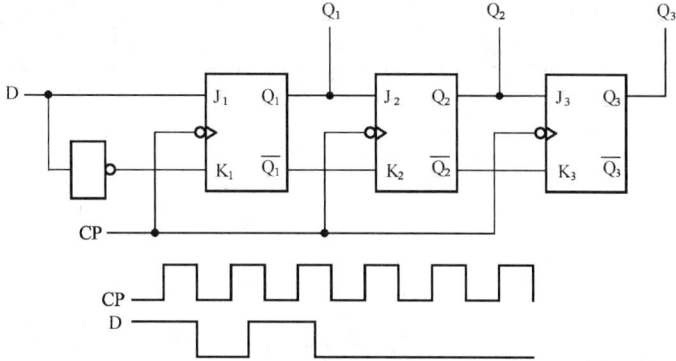

图 7.36　分析题 2 波形

3. 已知计数器的输出端 Q_2、Q_1、Q_0 的输出波形如图 7.37 所示，试画出对应的状态图，并分析该计数器为几进制计数器。（8 分）

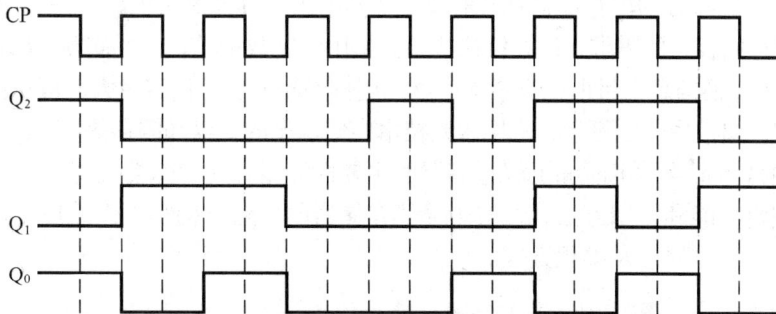

图 7.37　分析题 3 输出波形

项目 8　存储器

项目导入

　　存储器是用来存储数据和程序的"记忆"装置，相当于存放资料的仓库，是计算机的重要组成部分。计算机中的全部信息，包括数据、程序、指令以及运算的中间数据和最后结果等都要存放在存储器中。

　　计算机的存储器分为内存储器和外存储器，其中内存储器和 CPU 合在一起称为主机。为满足计算机对存储容量的需求，计算机往往还会采用一定数量的辅助存储器，简称外存。外存不直接与 CPU 交换信息。目前计算机中广泛采用价格较低、存储容量大、可靠性高的磁介质作为外存储器，如常用的硬磁盘、采用激光技术存储信息的光盘和闪存等。

　　通过本项目，希望学生能够了解存储器的主要性能指标对存储器性能的影响；掌握半导体存储器的逻辑功能和使用方法，理解半导体存储器的电路结构和工作原理；熟悉可编程逻辑器件的类型、工作原理及编程方式。

学习目标

【知识目标】

　　了解存储器的基本知识；了解随机存取存储器（RAM）的功能及结构组成；理解 RAM 存储单元的工作原理以及集成 RAM 芯片使用的扩展方法；了解只读存储器（ROM）的结构组成及其工作原理；了解可编程逻辑器件的分类；熟悉可编程逻辑器件中逻辑图的逻辑关系及表示方法。

【技能目标】

　　具有正确判别集成芯片引脚功能的能力和运用实验手段正确连接集成运放各种运算电路的基本技能；具有对工程实际集成电路进行读图和识图的能力。

【素质目标】

　　树立科学思想，弘扬科学精神。培养精益求精的工匠精神。

任务 8.1 认识存储器

提出问题

存储器和前面讲到的寄存器有何不同？存储器有哪些分类？存储器的主要技术指标有哪些？

知识准备

存储器和可编程逻辑器件均属于大规模集成电路范畴。由于大规模集成电路集成度高，往往能将较复杂的逻辑部件或数字系统集成到一块芯片上。存储器和可编程逻辑器件的应用，能有效地缩小设备体积，减轻设备重量，降低功耗，提高系统稳定性和可靠性。

存储器是计算机硬件系统的重要组成部分，有了存储器，计算机才具有"记忆"功能，才能把程序及数据的代码保存起来，使计算机系统脱离人的干预，具有自动完成信息处理的功能。

8.1.1 存储器概述

计算机对存储器的要求是存储容量大、存取快、成本低。因此，存储器系统的 3 项主要性能指标是存储容量、存取速度和成本。

存储容量是存储器系统的首要性能指标，因为存储容量越大，系统能够保存的信息量就越多，相应计算机系统的功能就越强。存储器的存取速度直接决定整个计算机系统的运行速度，因此，存取速度是存储器系统的重要性能指标。另外，成本也是存储器系统的重要性能指标。

在实际应用中，存储器系统同时兼顾这 3 个性能指标很困难。为了解决矛盾，目前在计算机系统中，通常采用主存储器、高速缓冲存储器、外存储器三者构成的统一多级存储系统。从整体看，其存取速度接近高速缓存的速度，其存储容量接近外存储器的容量，其成本则接近廉价、慢速的外存储器平均成本。

8.1.2 存储器的分类

按构成的器件和存储介质，存储器主要可分为磁芯存储器、半导体存储器、光电存储器、磁膜、磁泡和其他磁表面存储器以及光盘存储器等；按存取方式，又可分为随机存取存储器、只读存储器两种形式。

随机存取存储器（Random Access Memory，RAM）又称读写存储器，是能够通过指令随机地、个别地对其中各个单元进行读/写操作的一类存储器。

只读存储器（Read-Only Memory，ROM）在计算机系统的在线运行过程中，是只能对其进行读操作，而不能进行写操作的一类存储器。ROM 通常用来存放固定不变的程序，如汉字字型库、字符及图形符号等。

计算机的多级存储器体系中，主存储器位于系统主机的内部，CPU 可以直接对其中的单元进行读/写操作，因此被称作系统的主存储器或者内存储器。内存储器（简称内存）一般由半导体存储器构成，通常装在计算机主板上，存取快，但容量有限；辅助存储器位于系统主机的外部，CPU 对其进行存/取操作时，必须通过内存储器才能进行，因此称作外存储器。由于 CPU 不能直接对外存储器进行访问，因此外存储器的信息必须调入内存储器后才能被 CPU 访问并处理。外存储器可弥补内存储器容量的不足，外存储器所储信息既可修改也可长期保存，但存取速度较慢；缓冲存储器（简称缓存）位于主存储器与 CPU 之间，其存取速度非常快，但存储容量更小，一般用来暂时解决存取速度与存储容量之间的矛盾，提高整个系统的运行速度。内存储器、外存储器与 CPU 的关系如图 8.1 所示。

图 8.1　内存储器、外存储器与 CPU 的关系

1. 内存储器

内存储器的物理实质是一组或多组具备数据输入、输出和数据存储功能的集成电路。按存储信息的功能，内存储器可分为 ROM、可擦编程只读存储器（Erasable Programmable Read Only Memory，EPROM）和 RAM。从数字系统设计的角度来看，目前计算机内存储器大多采用的是半导体存储器，使用类型主要是 RAM 和可编程逻辑器件。

ROM 中的程序和数据是事先存入的，计算机与使用者只能读取和保存 ROM 中的程序，不能变更或存入资料。ROM 被储存在一个非挥发性芯片上，即使关机之后储存的内容仍然被保存，即事先存入的信息不会因为下电而丢失。因此，ROM 常用来存放计算机系统程序、监控程序、基本输入输出程序等具有特定功能的程序。

计算机的内存通常指 RAM，RAM 的存储单元根据具体需求可以读出，也可以写入或改写。RAM 主要用来存放各种现场的输入输出数据、中间计算结果以及与外存储器交换的信息等。当操作过程中突然发生断电情况，而写入的数据等没有及时保存时，RAM 中的数据就会丢失。

RAM 帮助 CPU 工作，从键盘或鼠标之类的来源读取指令，帮助 CPU 把资料写到可读、可写的辅助内存储器中，以便日后仍可取用。RAM 还能主动把资料送到输出装置，例如打印机、显示器等。RAM 的大小直接影响计算机的速度，RAM 越大，表明计算机所能容纳的资料越多，CPU 读取的速度越快。目前使用的 RAM 多为 MOS 型半导体电路，一般分为静态和动态两种。静态 RAM 靠双稳态触发器记忆信息，动态 RAM 则靠 MOS 电路中的栅极电容记忆信息。动态 RAM 比静态 RAM 集成度高、功耗低、成本低，适合作为大容量存储器。因此，内存储器通常采用动态 RAM，而高速缓冲存储器一般使用静态 RAM。

2. 外存储器

外存储器就是辅助存储器，简称外存。外存储器一般用来存放需要永久保存或是暂时不用的程序和数据信息等。外存储器不直接与 CPU 交换信息，当需要时可以调入内存和 CPU 交换信息。目前计算机中广泛采用价格较低、存储容量大、可靠性高的磁介质作为外存储器。外存储器设备种类很多，微型计算机中常用的外存储器是磁盘存储器（简称磁盘）、光盘存储器（简称光盘）和 U 盘存储器（简称 U 盘）等。

磁盘存储器分为软盘和硬盘，目前软盘因存储容量太小而基本淘汰，硬盘由于具有存储容量大、存取快等突出特点而成为最广泛的外存储器之一。硬盘中的每个盘片都可划分成若干个磁道和扇区，各个盘片中的同一个磁道称为一个柱面。一块硬盘可以被划分成几个逻辑盘，并分别用盘符 C、D、E、…表示。

光盘直径一般为 12cm，中心有一个定位孔。光盘一般分为 3 层，顶层是保护层，一般涂漆并注明光盘的有关说明信息；中间层是反射金属薄膜层；底层是聚碳酸酯透明层。记录信息时，使用激光在反射金属薄膜层上打出一系列的凹坑和凸起，将它们按螺旋形排列在光盘的表面上，称为光道。目前广泛应用的主要是只读存储光盘（Compact Disc Read-Only Memory，CD-ROM）。光盘上的信息读取是利用激光头发射的激光束对光道上的凹坑和凸起进行扫描，并使用光学探测器接收反射信号实现的。当激光束扫描至凹坑的边缘时，表示二进制数字"1"；当激光束扫描至凹坑内和凸起时，均表示二进制数字"0"。光盘的主要优点是结构原理简单、存储信息容量大、便于大量生产，且价格低廉。

U 盘采用闪存（Flash Memory）技术，通过二氧化硅形状的变化来记忆数据。由于二氧化硅稳定性大大强于磁存储介质，使得 U 盘存储数据的可靠性大大提高。同时二氧化硅还可以通过增加微小的电压改变形状，从而达到反复擦写的目的。U 盘又称为快闪存储器，其工作原理和磁盘、光盘完全不同。如果使用的闪存材质品质优良，一个 U 盘甚至能够拥有擦写百万次的寿命。从外部来看，U 盘轻便、小巧，便于携带；从内部来说，由于其无机械装置，因此结构坚固、抗振性极强。U 盘还有一个十分突出的特点就是不需要驱动器，只需用一个 USB 接口就能使用 U 盘，可以十分方便地做到文件共享与交流，即插即用，热插拔也没问题。作为新一代的存储设备，U 盘具有很好的发展前景。

8.1.3 存储器的主要技术指标

存储器的主要
技术指标

1. 存储容量

存储器中可容纳的二进制信息量称为存储容量。二进制数的基本单位是"位"，是存储器存储信息的最小单位。8 位二进制数称为一个"字节"，存储容量的大小通常是用字节来表示的。由于计算机的存储容量一般都很大，因此字节（B）的常用单位还有 KB、MB 和 GB。其中 1KB=1024B，1MB=1024KB，1GB=1024MB。存储器的存储容量越大，存储的信息量也越大。就越快。

计算机内存的最大容量由系统地址总线决定，例如地址总线为 32 位的计算机，最大寻址空间为 2^{32}=4294967296B=4194304KB=4096MB=4GB。内存的大小反映了计算机的实际装机容量，目前内存的实际装机容量通常是 4GB 或 8GB。

计算机的发展非常迅速，如果地址总线是 64 根，最大寻址空间就是 2^{64}B，将支持更大的内存。

2. 存取速度

计算机内存的存取速度取决于内存的具体结构及工作机制。存取速度通常用存储器的存取时间或存取周期来描述。所谓存取时间，就是指启动一次存储器从操作到完成操作所需要的时间；存取周期是指两次存储器访问所需的最小时间间隔。存取速度是存储器的一项重要技术指标。一般情况下，存取速度越快，计算机运行的速度越快。

3. 功耗

半导体存储器属于大规模集成电路，集成度高，体积小，因此不容易散热。在保证速度的前提下，应尽量减小功耗。由于 MOS 型存储器的功耗小于相同容量的双极型存储器，所

以 MOS 型存储器的应用比较广泛。

4. 可靠性

可靠性是指存储器对电磁场、温度变化等干扰因素的抵抗能力，通常也称为电磁兼容性。半导体存储器采用大规模集成电路工艺制造，内部连线少、体积小，易采取保护措施。与相同容量的其他类型存储器相比，半导体存储器抗干扰能力较强、兼容性较好。

5. 集成度

存储器由若干存储器芯片组成。存储器芯片的集成度越高，构成相同容量的存储器芯片数就越少。半导体存储器的集成度是指在一块数平方毫米芯片上所制作的基本存储单元数，常以"位/片"表示，也可以用"字节/片"表示。MOS 型存储器的集成度高于双极型存储器，动态存储器的集成度高于静态存储器。因此，微型计算机的主存储器大多为动态存储器。

除上述技术指标外，还有性能价格比、输入输出电平及成本价格等。其中性能价格比是一项综合性指标，对不同用途的存储器要求不同。一般对外存的要求是存储容量越大越好，对高速缓存则要求速度越快越好。

任务实施　探寻存储器近几年的热门应用

计算机中的全部信息，包括输入的原始数据、计算机程序、中间运行结果和最终运行结果都保存在存储器中。存储器根据控制器指定的位置存入和取出信息。自世界上第一台计算机问世以来，计算机的存储器件也在不断地发展、更新，从一开始的汞延迟线、磁带、磁鼓、磁芯，到现在的半导体存储器、磁盘、光盘、纳米存储等，无不体现着科学技术的快速发展。

请同学们查阅相关资料，了解存储器技术的最新发展，以及存储器当今应用的重要市场。

思考与问题

1. 目前使用的半导体存储器，主要类型有什么？按其存储信息的功能又可分为哪两大类？
2. 存储器内存的最大容量是由什么来决定的？
3. 多级存储系统是由哪 3 级存储器组成的？每一级存储器使用什么类型的存储介质？
4. 何为计算机的存储容量？存储容量的大小通常用什么来表示？

【学海领航】

"神威·太湖之光"是国内第一台全部采用国产处理器构建的超级计算机。超级计算机，被称为"国之重器"，超级计算属于战略高技术领域，是世界各国竞相角逐的科技制高点，也是一个国家科技实力的重要标志之一。

任务 8.2　认识 RAM

提出问题

你了解 RAM 的结构组成和功能吗？RAM 的存储单元有什么特点？集成 RAM 的芯片你

了解吗？RAM 的容量如何扩展？

知识准备

RAM 也叫主存，是与 CPU 直接交换数据的内存储器。RAM 在工作过程中，可以随机对各个存储单元进行"读"操作和"写"操作，因此具有随机存取的特点。RAM 通电后可在任意位置单元存取数据信息，但发生掉电时其数据随之消失，因此又具有易失性。现代的 RAM 几乎是所有访问设备中写入和读取速度最快的，但它依赖电容存储数据，由于电容或多或少存在漏电现象，所以使用过程中需要经常刷新（不断为电容充电），以弥补流失的电荷。

注意：RAM 所进行的"读"操作指"取信息"；进行的"写"操作则指"存信息"。

8.2.1 RAM 的结构组成和功能

从基本功能上看，RAM 与前面介绍的数码寄存器并无本质区别，只是 RAM 的存储容量要比数码寄存器的存储容量大得多，功能也远强于数码寄存器。因此，可把 RAM 看作是由很多数码寄存器组合起来所构成的大规模集成电路。

RAM 的结构组成和功能

RAM 主要包括存储矩阵、地址译码器和读/写控制器等。图 8.2 所示是 RAM 的典型结构。

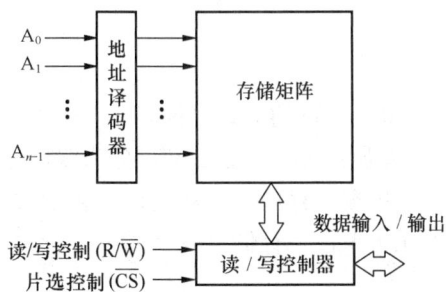

图 8.2　RAM 的典型结构

1. 存储矩阵

RAM 中的存储单元由许多基本存储电路排列成行、列矩阵，存储矩阵是存储器的主体。存储矩阵的容量由地址码的位数 N 和字长的位数 M 决定。当一个存储矩阵的地址码位数为 N，每个字长所包含的位数是 M 时，存储矩阵的容量$=N \times M$。存储矩阵的存储容量越大，存储的信息量就越多，RAM 的存储功能就越强。RAM 的存储矩阵与外面电路的连接由地址译码器输出信号控制。

2. 地址译码器

RAM 中的每个寄存器都有一个地址，CPU 是按地址来存取存储器中的数据的。地址译码器的作用，就是接收 CPU 送来的地址信号并对它进行译码，选择与此地址码相对应的存储单元，以便对该单元进行读/写操作。

3. 读/写控制器

访问 RAM 时，对被选中的寄存器，究竟是读还是写，通过读/写控制线进行控制。一般 RAM 的读/写控制线高电平为读，低电平为写；也有的 RAM 读/写控制线是分开的，一根为读，另一根为写。当 $R/\overline{W}$ = "1" 时，执行读操作，被选中单元存储的数据经数据线、数据输入/输出（Input/Output，I/O）控制线传送给 CPU；当 $R/\overline{W}$ = "0" 时，执行写操作，CPU 将数据经过数据 I/O 控制线将数据存入被选中单元。

4. 片选控制

由于受 RAM 集成度的限制，一台计算机的存储器系统往往由许多片 RAM 组合而成。CPU 访问存储器时，一次只能访问 RAM 中的某一片，即存储器中只有一片 RAM 中的一个

地址接受 CPU 访问并交换信息，而其他片 RAM 与 CPU 不发生联系。

片选用来实现上述控制。通常一片 RAM 有一根或几根片选线，当某一片的片选线接入有效电平时，该片被选中，地址译码器的输出信号控制该片某个地址的寄存器与 CPU 接通；当片选线接入无效电平时，则该片与 CPU 之间处于断开状态。片选 $\overline{CS}$ 为选择芯片的控制输入端，低电平有效。当片选 $\overline{CS}$ = "1" 时，RAM 被禁止读写，处于保持状态，I/O 接口处的三态门处于高阻状态；$\overline{CS}$ = "0" 时，RAM 可在读/写控制输入 R/$\overline{W}$ 的作用下做读出或写入操作。

5. 数据 I/O 控制

为了节省器件引脚的数目，数据的输入和输出共用相同的引脚（I/O），因此数据 I/O 控制也简称为 I/O 控制。"读"操作时 I/O 端作为输出端，"写"操作时 I/O 端作为输入端，可一线二用。RAM 通过 I/O 端与计算机的 CPU 交换数据，I/O 端数据线的条数与一个地址中所对应的寄存器位数相同。例如在 1024×1 位 RAM 中，每个地址中只有 1 个存储单元（一位寄存器），因此只有一条 I/O 引线；而在 256×4 位 RAM 中，每个地址中有 4 个存储单元（四位寄存器），所以有 4 条 I/O 引线。有的 RAM 输入线和输出线采用分开形式。RAM 的输出端一般具有集电极开路或三态输出结构，由读/写控制线控制。通常 RAM 中寄存器有 5 种输入信号和 1 种输出信号：地址输入信号、读/写控制输入信号 R/$\overline{W}$、输入控制信号 $\overline{OE}$、片选控制输入信号 $\overline{CS}$、数据输入信号和数据输出信号。

8.2.2　RAM 的存储单元

存储单元是 RAM 的核心部分，存储单元电路的形式多种多样。按工作方式的不同，其可分为静态和动态两类；按所用元件类型，又可分为双极型和单极型两种。双极型存储单元速度高，单极型存储单元功耗低、容量大。在要求存取快的场合常用双极型存储单元，单极型存储单元适用于容量大、功耗低，对速度要求不高的场合。

由于单极型存储单元应用相对较多，下面以此为例介绍 RAM 的工作原理。

1. 静态 RAM 存储单元

图 8.3 所示为 CMOS 管构成的静态 RAM 存储单元，由 6 只三极管 $VT_1 \sim VT_6$ 组成。其中 VT_1 与 VT_2、VT_3 与 VT_4 各构成一个反相器，两个反相器的输入和输出交叉连接，构成基本触发器，作为数据存储单元。VT_5、VT_6 是门控管，它们的导通或截止均受行选择线的控制。同时，VT_5、VT_6 门控管控制触发器输出端与位线之间的连接状态。

当行选择线为低电平时，VT_5、VT_6 截止，这时存储单元和位线断开，存储单元的状态保持不变；当行选择线为高电平时，VT_5、VT_6 导通，触发器输出端与位线接通，此时通过位选择线对存储单元进行操作。在读控制信号 R 的作用下，可将基本触发器存储的数据输出。如 Q = 1 时，1 位线输出 "1"，0 位线输出 "0"。根据两条线上的电位高低就可知道该存储单元的数据。在写控制信号 $\overline{W}$ 作用下，需写入的数据被送入 1 位线和 0 位线，经过 VT_5、VT_6 门控管加在反相器的输入端，将基本触发器置于所需的状态。

静态 RAM 存储单元的特点：在不断电情况下，信息可以长时间保存。

2. 动态 RAM 存储单元

一个 MOS 管和一个电容就可组成一个简单的动态 RAM 存储单元，如图 8.4 所示。动态

RAM 存储单元利用电容 C 上存储的电压来表示数据的状态，晶体管 VT 起开关的作用。

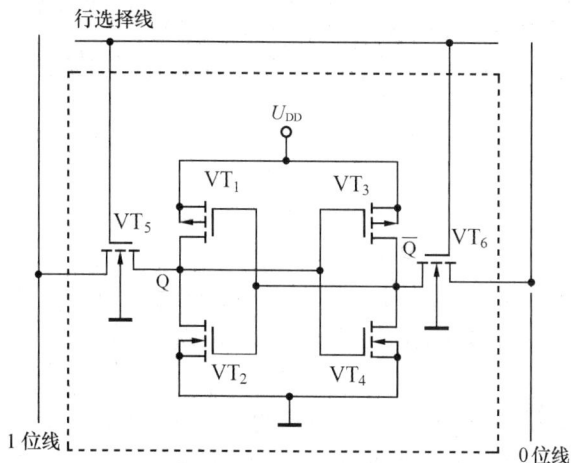

图 8.3　静态 RAM 存储单元

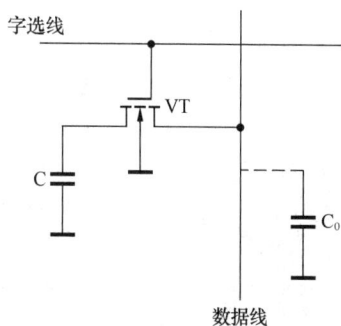

图 8.4　动态 RAM 存储单元

当存储单元未被选中时，字选线为低电平 0，VT 截止，C 和数据线之间隔离；当存储单元被选中时，字选线为高电平 1，VT 导通，可以对存储单元进行读/写操作。写入时，送到数据线上的二进制信号经 VT 存入 C 中；读出时，C 的电平经数据线读出，读出的数据经放大后，再送到输出端。同时由于 C 和数据线的分布电容 C_0 并联，C 要放掉部分电荷。为保持原有的信息，放大后的数据同时回送到数据线上，对 C 进行重写（即刷新）。对长时间无读/写操作的存储单元，C 会缓慢放电，所以存储器必须定时对所有存储单元进行刷新。

动态 RAM 存储单元的特点：存储的信息不能长时间保留，需要不断地刷新。

8.2.3　集成 RAM 芯片简介

目前 4MB 集成 RAM 芯片已得到广泛应用，其功耗低、价格便宜，适宜作为大容量的存储器。其中静态 MOS 型 RAM 集成度、功耗、成本、速度等指标介于双极型 RAM 和动态 MOS 型 RAM 之间，不仅功耗低，且不需要刷新，易于用电池作为后备电源。常见的 RAM 型号有 2114（1KB×4）、6116（2KB×8）、6264（8KB×4）、62256（32KB×8）、62010（128KB×8）等。

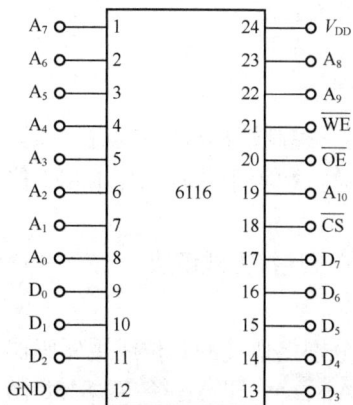

图 8.5　集成 RAM 芯片 6116 引脚排列

1. 集成 RAM 芯片 6116 引脚排列
图 8.5 所示是集成 RAM 芯片 6116 引脚排列。
引脚 $A_0 \sim A_{10}$ 是地址码输入端，$D_0 \sim D_7$ 是数据输出端，$\overline{CS}$ 是选片端，$\overline{OE}$ 是输出使能端，$\overline{WE}$ 是写入控制端。

2. 芯片工作方式和控制信号之间的关系
集成 RAM 芯片 6116 工作方式和控制信号之间的关系见表 8.1。读出线和写入线是分开的，而且写入优先。

表 8.1　集成 RAM 芯片 6116 工作方式和控制信号之间的关系

$\overline{CS}$	$\overline{OE}$	$\overline{WE}$	$A_0 \sim A_{10}$	$D_0 \sim D_7$	工作状态
1	×	×	×	高阻态	低功耗维持
0	0	1	稳定	输出	读
0	×	0	稳定	输入	写

任务实施　扩展 RAM 的容量

RAM 的扩展容量

　　实际应用中，经常需要大容量的 RAM。在单片 RAM 容量不能满足要求时，就需要对其进行扩展，将多片 RAM 组合起来，构成存储器系统（也称为存储体）。

　　存储容量的位数是由具体的 RAM 器件来决定的，可以是 4 位、8 位、16 位和 32 位 RAM 等。每个字按地址存取，一般操作顺序：先按地址选中要进行读或写操作的字，再对找到的字进行读或写操作。存储器好比宿舍楼，地址对应房间号，字对应房间数，位对应每个房间中的床位。

　　如果一片 RAM 中的字数已经够用，而每个字的位数不够用时，可采用位扩展连接方式解决。其位扩展的方法如图 8.6 所示。

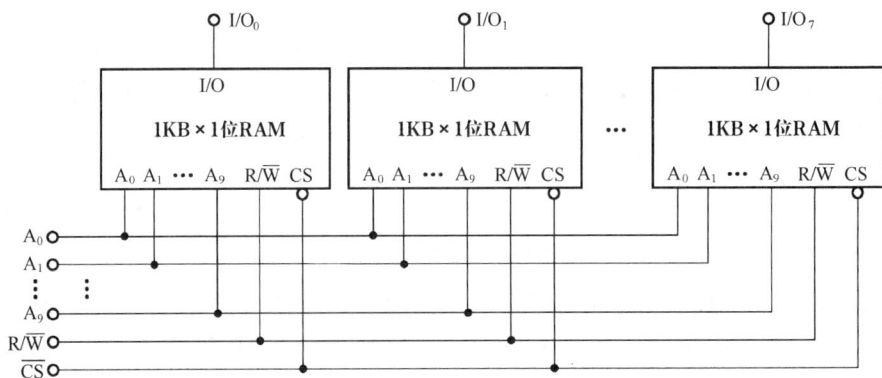

图 8.6　1KB×1 位 RAM 扩展成 1KB×8 位 RAM

　　可看出，位扩展的方法是将几片 RAM 的地址输入端、读/写控制端都对应并联在一起，各位芯片的 I/O 端串联构成输出端，位数得到扩展，扩展后的总位数等于并联几片 RAM 位数之和。

　　如果一片 RAM 中的位数够用，但字数不够用时，可采用字扩展连接方式解决。

　　字扩展的方法如图 8.7 所示。

　　把 N 个地址线并联连接，R/$\overline{W}$ 控制线并联连接，片选信号分别接地址的高位或用译码器经过译码输出，分别接各位芯片的 CS 端。其中，高位地址码 A_{10}、A_{11} 和 A_{12} 经 74LS138 译码器 8 个输出端分别接在 8 片 1KB×8 位 RAM 的片选端，以实现字扩展。

　　字、位同时扩展时，根据前述的方法连接即可，要注意片选端的连接。

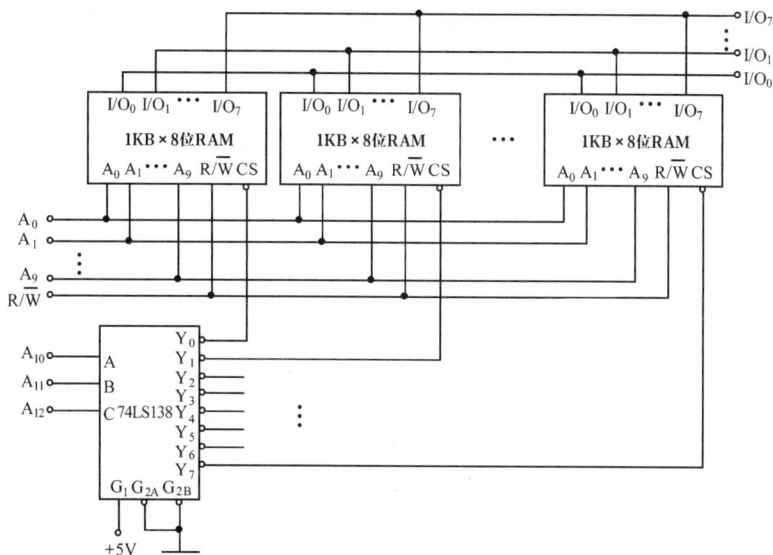

图 8.7 1KB×8 位 RAM 扩展成 8KB×8 位 RAM

思考与问题

1. 何为 RAM？其特点是什么？
2. 按工作方式的不同，RAM 的存储单元可分为哪几种类型？各具何特点？
3. 存储器的容量由什么来决定？
4. 如何扩展 RAM 的位数和字数？

任务 8.3 认识可编程逻辑器件

提出问题

你了解 ROM 的结构组成和功能吗？ROM 包括哪些类型？ROM 的存储单元有什么特点？可编程逻辑器件根据阵列和输出结构的不同可分为哪几种？

知识准备

可编程逻辑器件（Programmable Logic Device，PLD）是一种通用器件，是逻辑功能固定不变、在组成复杂数字系统时经常被用到的器件。可编程逻辑器件的逻辑功能是由用户通过对器件进行编程来设定的。可编程逻辑器件的集成度很高，足以满足一般数字系统设计的需要，因此在产品的开发、工业控制以及高科技电子产品等方面都得到了广泛的应用。

8.3.1 ROM 的结构组成和功能

ROM 是一种存放固定不变二进制数码的存储器，用来存储数据转换表或计算机操作系统程序等计算机中不需要改写的数据。正常工作时，ROM 可重复读取所存储的信息代码，但是不能改写存储的信息代码。ROM 中存储的数据能够永久保持，不会因断电而消失，具有非易失性。

1. ROM 的结构组成

ROM 通常由地址译码器、存储矩阵、读出电路（输出缓冲器）以及芯片选择逻辑电路等组成，如图 8.8 所示。

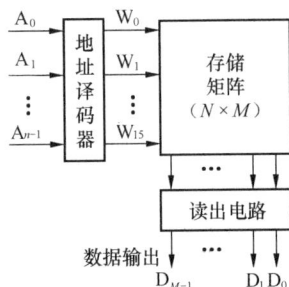

图 8.8　ROM 的结构组成

ROM 有 N 条地址输入线 $A_0 \sim A_{N-1}$，M 条数据输出线 $D_0 \sim D_{M-1}$。数据输出线上输出的是被选中的存储单元数据。

存储矩阵是 ROM 的核心部件和主体，内部含有大量的存储单元电路。存储矩阵中的数据和指令都是用一定位数表示的二进制数。ROM 中以字为单位进行存储，每个字包含 M 位二进制数。存储矩阵的存储容量反映了 ROM 存储的信息量。当地址数为 N、每个字包含的位数为 M 时，ROM 的存储容量等于 $N \times M$。

地址译码器的作用是根据输入的地址代码从 n 条地址输入线中选择一条字线，以确定与该字线地址对应的一组存储单元的位置。选择哪一条字线，取决于输入的是哪一个地址代码。

任何时刻，只能有一条字线被选中。于是，被选中的那条字线所对应的一组存储单元中的各位数码便经位线传送到数据输出线上输出。n 条地址输入线可得到 $N=2^n$ 个可能的地址。

读出电路又称输出缓冲器，它可以增加 ROM 的带负载能力，将被选中的 M 位数据输出到位上。

2. ROM 的工作原理

以图 8.9 所示的二极管 ROM 电路为例说明 ROM 的工作原理。

其中，存储矩阵有 4 条字线 $W_0 \sim W_3$ 和 4 条位线 $D_0 \sim D_3$，共有 16 个交叉点，每个交叉点都可看作一个存储单元。交叉点处接有二极管时相当于存入"1"，没有接二极管时相当于存入"0"。例如，字线 W_0 与位线有 4 个交叉点，其中只有两处接有二极管。当 W_0 为高电平、其余字线为低电平时，使位线 D_2 和 D_0 为"1"，这相当于交叉点处的存储单元存入了"1"；另外两个交叉点由于没有接二极管，位线 D_1 和 D_3 为"0"，相当于交叉点处的存储单元存入了"0"。

ROM 中存储的信息究竟是"1"还是"0"，通常在设计和制造时根据需求已经确定和写入了，而且信息一旦存入后就不能改变，即使断开电源，所存信息也不会丢失。因此，ROM 电路又称为固定 ROM。

如图 8.9 所示，输入地址码是 A_1A_0，输出数据是 $D_3D_2D_1D_0$。输出缓冲器用的是三态门，三态门有两个作用：一是提高带负载能力；二是实现对输出端状态的控制，以便和系统总线

连接。

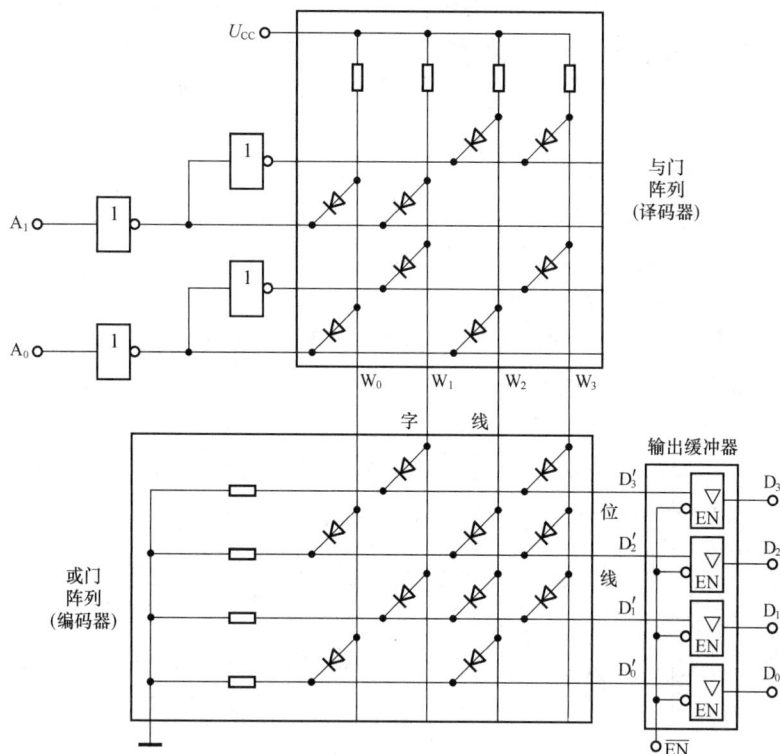

图 8.9 二极管 ROM 电路

图 8.9 所示的与门阵列组成地址译码器，与门阵列的输出表达式如下

$$W_0 = A_1 A_0 \qquad W_1 = A_1 \overline{A_0} \qquad W_2 = \overline{A_1} A_0 \qquad W_3 = \overline{A_1} \, \overline{A_0}$$

存储矩阵是一个或门阵列，每一列可看作一个二极管或门电路，构成的存放地址编号的存储单元阵列，其输出表达式为

$$D_0 = W_0 + W_2 \qquad D_1 = W_1 + W_2 + W_3 \qquad D_2 = W_0 + W_2 + W_3 \qquad D_3 = W_1 + W_3$$

对应二极管 ROM 电路的输出信号真值表见表 8.2。

表 8.2 　　　　　　　　　　　二极管 ROM 电路的输出信号真值表

A_1	A_0	D_3	D_2	D_1	D_0
0	0	1	1	1	0
0	1	0	1	1	1
1	0	1	0	1	0
1	1	0	1	0	1

从存储器角度看，$A_1 A_0$ 是地址码，$D_3 D_2 D_1 D_0$ 是数据。表 8.2 所示说明：在地址编号 00 中存放的数据是 1110；地址编号 01 中存放的数据是 0111；地址编号 10 中存放的数据是 1010；地址编号 11 中存放的数据是 0101。

从函数发生器角度看，A_1、A_0 是 2 个输入变量，D_3、D_2、D_1、D_0 是 4 个输出函数。当变量 A_1、A_0 取值为 00 时，函数 $D_3 = 1$、$D_2 = 1$、$D_1 = 1$、$D_0 = 0$；当变量 A_1、A_0 取值为 01 时，

函数 $D_3=0$、$D_2=1$、$D_1=1$、$D_0=1$；依此类推。

从译码和编码角度看，与门阵列先对输入的二进制代码 A_1A_0 进行译码，得到 4 个输出信号 W_0、W_1、W_2、W_3，再由或门阵列对 $W_0 \sim W_3$ 4 个信号进行编码，得到相应地址编号，存入存储单元中。表 8.2 所示表明：W_0 的编码是 0101；W_1 的编码是 1010；W_2 的编码是 0111；W_3 的编码是 1110。

3. 简化的 ROM 矩阵阵列图

图 8.9 所示的二极管 ROM 电路，由于元件数目众多，所以画出的电路结构比较复杂。实际应用中，为了既说明问题，又使电路结构清晰、明了，常常采用简化符号来表示连接关系。画简化图时，一般把接有二极管的存储单元用 "·" 或 "×" 表示，"·" 表示固定连接，"×" 表示逻辑连接，没有固定连接和逻辑连接处通常认为表示逻辑断开，如图 8.10（a）所示；逻辑运算关系符号如图 8.10（b）所示。

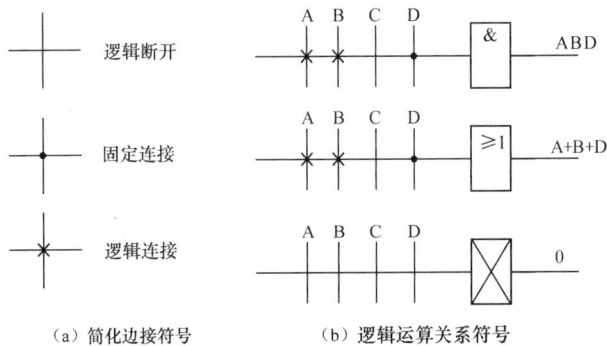

（a）简化边接符号　　　　　　（b）逻辑运算关系符号

图 8.10　可编程逻辑器件的简化连接符号和逻辑运算关系符号

8.3.2　ROM 的分类

ROM 的分类

按照存储信息的写入方式，ROM 一般可分为固定 ROM、可编程只读存储器（Programmable Read Only Memory，PROM，也称现场编程 ROM）、EPROM 和电可擦编程只读存储器（Electrically-Erasable Programmable Read-Only Memory，EEPROM）等。

1. 固定 ROM

固定 ROM 中存入数据的过程称为"编程"。固定 ROM 也称掩膜 ROM，掩膜 ROM 是由生产厂家采用掩膜工艺专门为用户制作出的一种固定 ROM。用户无法改变其内部所存储的数据，具有性能可靠、可批量生产、成本低等优点。但由于固定 ROM 使用时只能读出，不能写入，所以只能存放固定数据、固定程序或函数表等。

2. 现场编程 ROM

现场编程 ROM 也称为 PROM，采用熔丝结构。由于熔丝烧断后不可恢复，故又称作一次性 PROM。现场编程 ROM 出厂时，存储内容全为 1（或全为 0），用户可以根据自己的需要，利用专用的编程器现场将某些单元改写为"0"（或"1"）。需要改写为"0"时，就把该位上的熔丝烧断；需要改写为"1"时，则把该位的熔丝保留。现场编程 ROM 一旦进行了编程，就不能再修改。

8.3.3 ROM 的存储单元

早期制造的 PROM 存储单元是利用其内部熔丝是否被烧断来写入数据的，因此只能写入一次，应用受到很大限制。目前使用的 EPROM，用户只需将此器件置于紫外线下即可擦除，因此可多次写入。EPROM 的存储单元是通过在 MOS 管中置入浮置栅的方法实现的，如图 8.11 所示。

图 8.11（a）所示是浮置栅 MOS 管结构，图 8.11（b）所示是 EPROM 存储单元。浮置栅被包围在绝缘的二氧化硅中。写入时，在漏极和衬底之间加足够高的反向脉冲电压（−45 ∼ −30V），将 PN 结击穿，雪崩击穿产生的高能电子会穿透二氧化硅绝缘层进入浮置栅中。脉冲电压消失后，浮置栅中的电子因无放电回路被保留下来。

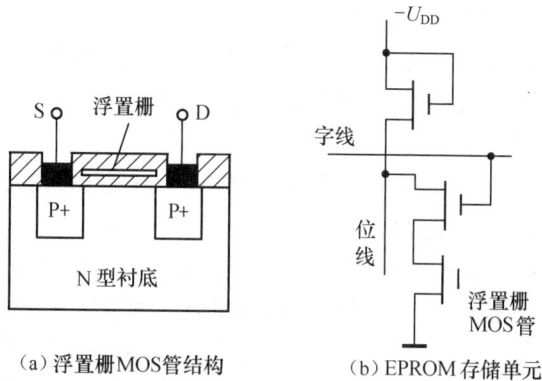

(a) 浮置栅 MOS 管结构　　(b) EPROM 存储单元

图 8.11　浮置栅 MOS 管结构和 EPROM 存储单元

当用户需要改写存储单元的内容时，要先用紫外线照射擦除。在光的作用下，浮置栅上注入的电荷会形成光电流而泄漏掉，EPROM 可恢复原来未写入时的状态，因此又可重新写入信息。EPROM 重新写入信息后，带电荷的浮置栅使 MOS 管的源极和漏极之间导通，当字线选中某一存储单元时，该单元位线即为低电平；当浮置栅中无电荷（未写入）新信息时，浮置栅 MOS 管截止，位线为高电平。

利用光照抹掉写入内容需要大约 30min 时间。为了缩短抹去时间，人们还研制出了 EEPROM。EEPROM 速度（一般指将数据写入 EEPROM 的时间）一般为毫秒数量级，其擦除过程就是改写的过程，改写以字节为单位进行。EEPROM 不但在掉电时不丢失数据，又可随时改写写入的数据，重复擦除和改写的次数高达 1 万次以上。EEPROM 既具有 ROM 的非易失性，又具备类似 RAM 的功能，可以随时改写。目前，大多数 EEPROM 的 PLD 集成芯片内部都备有升压电路。因此，只需单电源供电，便可进行读操作、写操作和擦除操作，为数字系统的设计和在线调试提供了极大方便。

8.3.4 PLD

PLD 是用户自行定义编程的一类通用型逻辑器件的总称。PLD 通常由输入缓冲、与阵列、或阵列、输出缓冲 4 个环节构成。

典型的 PLD 由一个"与"门阵列和一个"或"门阵列组成。由于任意一个组合逻辑都可以用"与或"表达式进行描述，因此 PLD 能够完成各种数字逻辑功能。PLD 的特点：与阵列

（即地址译码器）不可编程，或阵列（即存储矩阵）可编程。

PLD 根据阵列和输出结构的不同可分为可编程逻辑阵列（Programmable Logic Array，PLA）、可编程阵列逻辑（Programmable Array Logic，PAL）和通用阵列逻辑（Generic Array Logic，GAL）等。

1. PLA

PLA 是在 PLD 基础上发展起来的一种新型的 PLD，它用较少的存储单元就能存储大量的信息，可完成各种组合逻辑和时序逻辑电路的功能。PLA 的主要特点如下。

① PLA 有一个"与"阵列构成的地址译码器，是一个非完全译码器。

② PLA 中的存储信息是经过化简、压缩后装入的。

③ PLA 中的与阵列和或阵列都可编程。

PLD 中"与"阵列编程产生变量最少的"与"项，"或"阵列编程完成相应最简"与"项之间的"或"运算并产生输出。由此大大提高了芯片面积的有效利用率。

2. PAL

PAL 是 20 世纪 70 年代末由 MMI 公司率先推出的一种 PLD。PAL 采用双极型工艺制作，以及熔丝编程方式。

PAL 是 ROM 的变种，由可编程的"与"逻辑阵列、固定的"或"逻辑阵列和输出电路 3 部分组成。PAL 器件的存储单元体或阵列不可编程，地址译码器与阵列是用户可编程的。PAL 运行速度较高，开发系统完善，输出电路结构形式有多种，可以借助编程器进行现场编程，这一点很受用户欢迎。但 PAL 一般采用熔断丝双极型工艺，只能编程一次，其应用局限性较大，因此价格偏低，目前只有较少用户使用。PAL 的结构组成如图 8.12 所示。

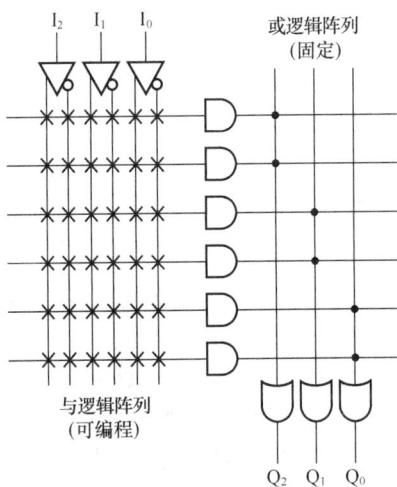

图 8.12　PAL 的结构组成

PAL 器件通过对"与"逻辑阵列编程可以获得不同形式的组合逻辑函数。另外，在有些型号的 PAL 器件中，除了设置基本的"与或"形式输出结构外，为实现时序逻辑电路的功能，又在或门和三态门之间加入 D 触发器，并且将 D 触发器的输出反馈回"与"阵列的 PAL 结构，从而使 PAL 的功能大大增加。

3. GAL

GAL 器件是从 PAL 发展过来的，GAL 的特点：与阵列可编程，或阵列固定。GAL 中采用浮栅隧道氧化层 MOS 管，实现了在很短时间内完成电擦除和电改写，而且可以多次编程。为了达到通用目的，GAL 在输出三态门之前连接一个输出逻辑宏单元（Output Logic Macro Cell，OLMC），如图 8.13 所示。

由于 OLMC 提供了灵活的输出功能，因此编程后的 GAL 器件可以替代其他所有固定输出极的 PLD。集成的 GAL16V8 芯片由 8 根输入及 8 根输出各引出两根互补的输出构成 32

列，即"与"项的变量个数为 16；8 根输出中每个输出对应一个 8 输入或门构成 64 行，"与"阵列共包括 2048 个可编程单元；GAL16V8 还有 8 个输出宏单元，每个宏单元的电路可以通过编程实现所有 PAL 输出结构实现的功能；GAL16V8 的时钟输入端与每个输出宏单元中 D 触发器时钟输入端相连，只能实现同步时序逻辑电路，而无法实现异步时序逻辑电路；GAL16V8 有 3 种工作模式，即简单型、复杂型和寄存器型。简单型工作模式下，GAL 内无反馈通路；复杂型工作模式下，GAL 内存在反馈通路；寄存器型工作模式下，至少有一个 OLMC 工作在寄存器输出模式。

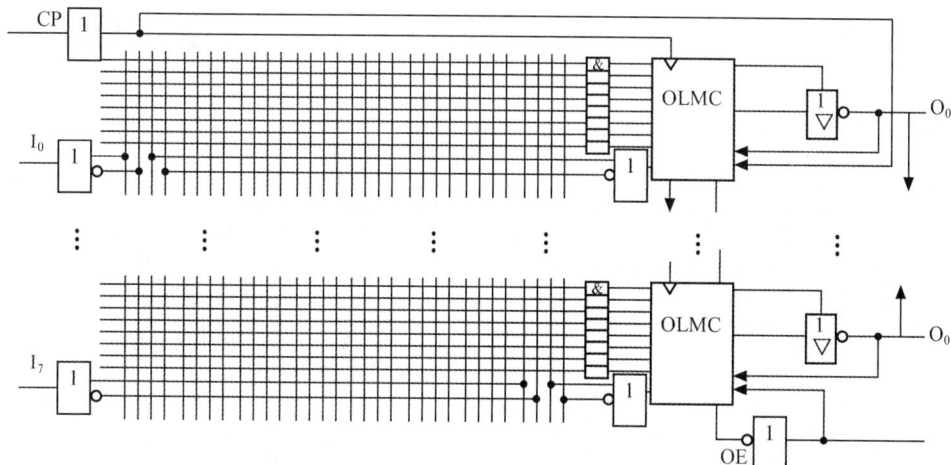

图 8.13　GAL 内部原理（局部）

普通 PLA、PAL 和 GAL 规模较小，因此难以实现复杂的逻辑。目前使用的复杂可编程逻辑器件（Complex Programming Logic Device，CPLD）和现场可编程门阵列（Field Programmable Gate Array，FPGA），虽然都是由可编程的与阵列、固定的或阵列和逻辑宏单元组成的，但集成规模要比 PLA、PAL 和 GAL 大得多，使用时也具有更强的灵活性，已成为当前研制和开发数字系统的理想器件。

任务实施　探寻 PLD

PLD 是作为一种通用集成电路产生的，其逻辑功能按照用户对器件的编程来确定。PLD 的集成度很高，足以满足设计一般数字系统的需要。

因此，数字集成电路的设计人员自行编程后，就可把一个数字系统"集成"在一片 PLD 上了，而不需要请芯片制造商设计和制作专用的集成电路芯片。

请同学们查阅 PLD 的分类和特点等相关知识。

PLD 类别	特点	应用

1. 可编程的含义是什么？有哪几种编程方式？
2. PLD 有哪几种类型？指出它们各自的特点。
3. 试述 ROM 中的地址译码器阵列和存储编码阵列的不同之处。
4. 目前使用的 EPROM，其存储单元是用什么方法实现的？
5. 为实现时序逻辑电路的功能，PAL 又设计、制造了哪些环节使 PAL 的功能大大增加？

项目实训　设计码制变换器

用 PLA 转换成四位格雷码的码制真值表见表 8.3。

表 8.3　　　　　　　　　　　用 PLA 转换成四位格雷码的码制真值表

四位二进制码				四位格雷码			
B_3	B_2	B_1	B_0	G_3	G_2	G_1	G_0
0	0	0	0	0	0	0	0
0	0	0	1	0	0	0	1
0	0	1	0	0	0	1	1
0	0	1	1	0	0	1	0
0	1	0	0	0	1	1	0
0	1	0	1	0	1	1	1
0	1	1	0	0	1	0	1
0	1	1	1	0	1	0	0
1	0	0	0	1	1	0	0
1	0	0	1	1	1	0	1
1	0	1	0	1	1	1	1
1	0	1	1	1	1	1	0
1	1	0	0	1	0	1	0
1	1	0	1	1	0	1	1
1	1	1	0	1	0	0	1
1	1	1	1	1	0	0	0

由表 8.3 所示，可得 G_3、G_2、G_1、G_0 的最简与或表达式为

$$G_3 = B_3$$
$$G_2 = B_3\overline{B_2} + \overline{B_3}B_2$$
$$G_1 = B_2\overline{B_1} + \overline{B_2}B_1$$
$$G_0 = B_1\overline{B_0} + \overline{B_1}B_0$$

根据上述逻辑关系式可画出相应的 PLA 阵列逻辑，如图 8.14 所示。

由上述二进制码转换成格雷码的 PLA 阵列逻辑可制成相应码制变换器。

实际上，PLA 是 ROM 的变种，属于特殊的 ROM，它用较少的存储单元就能存储大量的信息，并且 PLA 的存储单元体和地址译码器都是用户可编程的。

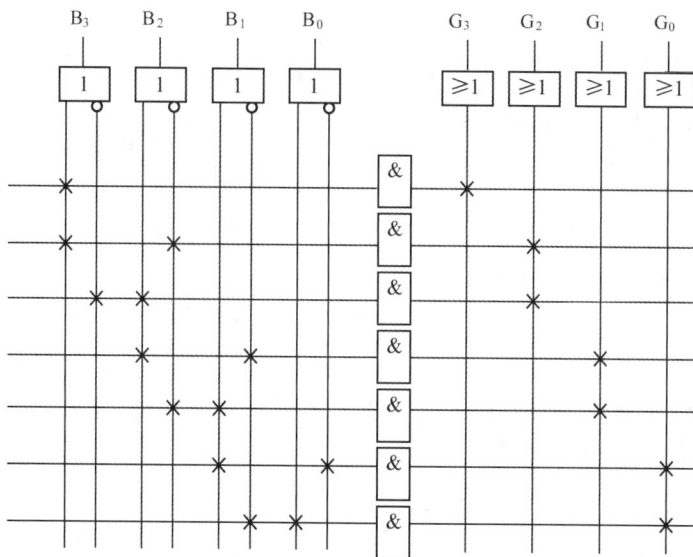

图 8.14 二进制码转换成格雷码的 PLA 阵列逻辑

项目小结

1. 存储器是一种可以存储数据或信息的半导体器件，也是现代数字系统的重要组成部分。存储器的 3 项主要性能指标是存储容量、存取速度和成本。按照所存内容的易失性，存储器可分为 RAM 和 ROM。

2. RAM 由存储矩阵、地址译码器和读/写控制器 3 个部分组成，对其任意一个地址单元均可随机实施读/写操作，由于断电后所存储的数据会丢失，所以具有易失性。

3. ROM 所存储的信息是固定的，不会因掉电而消失。根据信息的写入方式可分为固定 ROM、PROM、EPROM 和 EEPROM。当单片存储容量不够时，可用多片进行容量扩展。

4. 普通 PLA、PAL 和 GAL 具有结构简单、成本低、速度高等优点，但规模较小，因此难以实现复杂的逻辑。CPLD 和 FPGA 集成度高，有更强的灵活性，是目前研制和开发数字系统的理想器件。

项目自测题（共 80 分，100 分钟）

一、填空题（每空 0.5 分，共 23 分）

1. 一个存储矩阵有 64 行、64 列，则存储容量为_____个存储单元。

2. 存储容量的扩展方法通常有_____扩展、_____扩展和_____扩展 3 种。

3. 可编程逻辑器件一般由_____、_____、_____、_____等 4 个环节构成。按其阵列和输出结构的不同可分为_____、_____和_____等基本类型。

4. 计算机中的_____和_____统称为主存储器，_____可直接对主存储器进行访问。_____存储器一般由半导体存储器构成，通常装在计算机_____上，存取快，但容量有限；_____存储器位于内存储器与 CPU 之间，一般用来解决_____与存储容量之间的矛盾，可提高整个系统的运行速度。

5. 计算机内存储器使用的类型主要是_____存储器和_____器件。按其存储信息的功能可分为_____和_____两大类。

6. GAL16V8 主要有_____、_____、_____ 3 种工作模式。

7. PAL 的"与"阵列_____，"或"阵列_____；PLA 的"与"阵列_____，"或"阵列_____；GAL 的"与"阵列_____，"或"阵列_____。

8. 存储器的主要技术指标有_____、_____、_____、_____和集成度等。

9. RAM 主要包括_____、_____和_____等部分。

10. 当 RAM 中的片选 $\overline{CS}$ = _____时，RAM 被禁止读写，处于保持状态；当 $\overline{CS}$ = _____时，RAM 可在读/写控制输入 R/$\overline{W}$ 的作用下做读出或写入操作。

11. 按照存储信息写入方式的不同，ROM 可分为_____ROM、_____、_____和_____。

12. 目前使用的_____可多次写入的存储单元是通过在 MOS 管中置入_____的方法实现的。

二、判断题（每小题 1 分，共 7 分）

1. 可编程逻辑器件的写入电压和正常工作电压相同。 （   ）

2. GAL 可实现时序逻辑电路的功能，也可实现组合逻辑电路的功能。 （   ）

3. RAM 的片选 $\overline{CS}$ = 0 时被禁止读写。 （   ）

4. EPROM 是采用浮栅技术工作的可编程存储器。 （   ）

5. PLA 的"与"阵列和"或"阵列都可以根据用户的需要进行编程。 （   ）

6. 存储容量指的是存储器所能容纳的最大字节数。 （   ）

7. 1024B×1 位的 RAM 中，每个地址中只有 1 个存储单元。 （   ）

三、选择题（每小题 2 分，共 20 分）

1. 图 8.15 所示输出端表示的逻辑关系为（   ）。

    A. ACD   B. $\overline{ACD}$ C. B   D. $\overline{B}$

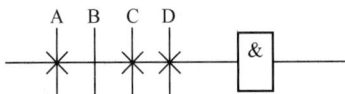

图 8.15 选择题 1 逻辑关系

2. 利用电容的充电来存储数据，由于电路本身总有漏电，因此需定期不断充电（刷新）才能保持其存储数据的是（   ）。

    A. 静态 RAM 的存储单元   B. 动态 RAM 的存储单元

3. 关于存储器的叙述，正确的是（   ）。

    A. 存储器是 RAM 和 ROM 的总称

    B. 存储器是计算机上的一种输入/输出设备

    C. 计算机停电时 RAM 中的数据不会丢失

4. 一片容量为 1024B×4 位的存储器，表示有（   ）个存储单元。

    A. 1024   B. 4   C. 4096   D. 8

5. 一片容量为 1024B×4 位的存储器，表示有（　　　）个地址。

    A. 1024　　　　　　B. 4　　　　　　　　C. 4096　　　　　　　　D. 8

6. 只能读出不能写入，但信息可永久保存的存储器是（　　　）。

    A. ROM　　　　　　B. RAM　　　　　　　C. PRAM

7. 译码矩阵固定，且可将所有输入代码全部译出的是（　　　）。

    A. ROM　　　　　　B. RAM　　　　　　　C. 完全译码器

8. 动态存储单元是靠（　　　）的功能来保存和记忆信息的。

    A. 自保持　　　　　B. 栅极存储电荷

9. 利用双稳态触发器存储信息的 RAM 称为（　　　）RAM。

    A. 动态　　　　　　B. 静态

10. 在读写的同时还需要不断进行数据刷新的是（　　　）存储单元。

    A. 动态　　　　　　B. 静态

四、简答题（10 分）

现有 1024B×4 位 RAM 集成芯片一个，该 RAM 有多少个存储单元，有多少条地址线？该 RAM 含有多少个字？其字长是多少位？访问该 RAM 时，每次会选中几个存储单元？

五、计算题（每小题 10 分，共 20 分）

1. 试用 ROM 实现下面多输出逻辑函数。

$$Y_1 = \overline{A}BC + \overline{A}\,\overline{B}C$$

$$Y_2 = A\overline{B}C\overline{D} + BC\overline{D} + \overline{A}BCD$$

$$Y_3 = ABC\overline{D} + ABCD$$

$$Y_4 = \overline{A}\,\overline{B}C\overline{D} + ABCD$$

2. 试将 1KB×1 位 RAM 扩展成 1KB×4 位的存储器。说明需要几片图 8.16 所示的 RAM，画出接线图。

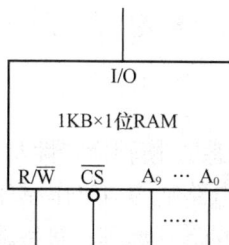

图 8.16　计算题 2 的 RAM

项目 9　数/模转换器和模/数转换器

项目导入

　　将数字量转换为模拟量，使输出的模拟量与输入的数字量成正比的电子元器件称为数/模转换器；将模拟量转换为数字量，使输出的数字量与输入的模拟量成正比的电子元器件称为模/数转换器。数/模转换器和模/数转换器是沟通数字、模拟领域的"桥梁"。

　　在计算机广泛用于工业控制、测量数据分析的今天，数/模转换器和模/数转换器成为数字系统中不可或缺的重要组成部分：在使用计算机进行工业控制过程中，它们是重要的接口电路；在数字测量仪器仪表中，模/数转换器是它们的核心电路；在非电量的测量和控制系统中，它们是必不可少的组成部分。

　　通过本项目的学习，读者应能够初步理解数/模转换和模/数转换的基本概念；熟悉数/模转换器和模/数转换器的工作原理及特点；了解常用数/模转换器和模/数转换器主要技术指标的意义。

学 习 目 标

【知识目标】

　　理解数/模转换器的基本概念；熟悉数/模转换特性及其转换公式；了解权电阻求和网络和 R-$2R$ 倒 T 形电阻网络数/模转换器的电路结构与工作原理；熟悉 DAC0832 芯片的功能。了解模/数转换器的基本概念，理解 ADC 的转换原理；熟悉逐次比较型模/数转换器和双积分型模/数转换器的电路结构、工作原理及特点；了解 ADC0809 芯片的功能。

【技能目标】

　　具有利用数字电路实验装置验证常用集成模/数转换器和数/模转换器逻辑功能的能力；初步掌握组装与调试数/模转换器的技能。

【素质目标】

　　注重培养学习能力和创新能力，坚定文化自信。

任务 9.1　认识数/模转换器

提出问题

你了解数/模转换器的结构组成及转换特性吗？数/模转换器的工作原理如何？你对集成数/模转换器 DAC0832 有哪些了解？

知识准备

在电子技术的很多应用场合中，往往需要把离散的数字量转换为连续的模拟量，称为"数/模转换"。完成数/模转换功能的电路称为数/模转换器（Digital-to-Analog Converter，DAC）。

9.1.1　数/模转换器的结构组成等

数/模转换器的输入是离散的数字量，输出则是与输入数字量成正比且连续变化的模拟量。数字量是用代码按数位组合起来表示的有权码，每位代码都有一定的位权。数/模转换器的任务：将代表每一位的代码按其位权的大小转换成相应的模拟量，然后将这些模拟量相加，得到与输入数字量成正比的总模拟量，实现数字量到模拟量的转换。这也是构成数/模转换器的基本指导思想。

1. 数/模转换器的结构组成

数/模转换器主要由数码寄存器、模拟电子开关、位权网络、求和运算放大器和基准电压（或恒流源）组成，如图 9.1 所示。

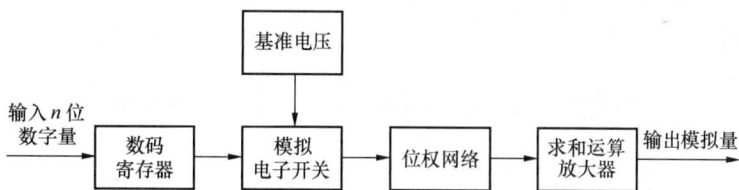

图 9.1　数/模转换器电路的组成

其中，存于数码寄存器的数字量的各位数码，分别控制对应位的模拟电子开关，使数码为 1 的位在位权网络上产生与其位权成正比的电流值，再由求和运算放大器对各电流值进行求和，并转换成电压值。

2. 数/模转换器的分类

按位权网络的不同，数/模转换器可分为 T 形电阻网络、倒 T 形电阻网络、权电阻网络等。按模拟电子开关的不同，数/模转换器又可分为 CMOS 开关型和 TTL 开关型。其中 TTL 开关型数/模转换器又分为电流开关型和发射极耦合逻辑（Emitter Coupled Logic，ECL）电流开关型两种，在对速度要求不高的情况下一般可选用 CMOS 开关型数/模转换器。如对转换速度要求较高，应选用电流开关型数/模转换器或转换速度更高的 ECL 电流开关型数/模转换器。

3. 数/模转换器的转换特性

转换特性是指输出模拟量和输入数字量之间的转换关系。对于有权码，先将每位代码按其位权的大小转换成相应的模拟量，然后相加，即可得到与数字量成正比的总模拟量，即输出模拟量与输入数字量成正比。当输入为 n 位二进制代码 $d_{n-1}, d_{n-2}, \cdots, d_1, d_0$ 时，输出对应的模拟电压（或电流）为

$$u_o（或 i_o）= k_u（或 k_i）(d_{n-1} \cdot 2^{n-1} + d_{n-2} \cdot 2^{n-2} + \cdots + d_1 \cdot 2^1 + d_0 \cdot 2^0) \quad （9.1）$$

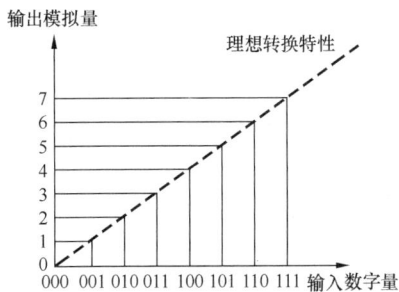

图 9.2　数/模转换器的转换特性曲线

式（9.1）中，k_u 或 k_i 为电压或电流的转换系数，$2^{n-1}, 2^{n-2}, \cdots, 2^1, 2^0$ 是由 n 位二进制代码 D 从高位到最低位的位权。

当转换系数 k_u（或 k_i）=1、n=3 时，根据式（9.1）可得数/模转换器的转换特性曲线如图 9.2 所示。

由图 9.2 所示可知，数/模转换器电路的功能就是将输入数字量转换成与其成正比的输出模拟量。在转换过程中，将输入的二进制数字信号转换成模拟信号，以电压或电流的形式输出。

4. 数/模转换器的主要技术指标

（1）分辨率

分辨率指数/模转换器模拟输出所能产生的最小电压变化量与满刻度输出电压之比。对于一个 n 位的数/模转换器，最小输出电压变化量是指对应输入的数字量最低位为 1、其他位均为 0 时的输出电压；满刻度输出电压指的是对应的输入数字量各位全为 1 时的最大输出电压，即

$$分辨率 = \frac{U_{LSB}}{U_{FSR}} = \frac{1}{2^n - 1} \quad （9.2）$$

分辨率与数/模转换器的位数有关，例如一个 8 位的数/模转换器和一个 10 位的数/模转换器，分辨率分别为

$$8 位数/模转换器的分辨率 = \frac{1}{2^8 - 1} = \frac{1}{255} \approx 0.004$$

$$10 位数/模转换器的分辨率 = \frac{1}{2^{10} - 1} = \frac{1}{1023} \approx 0.001$$

可见，位数 n 越大，分辨率的数值越小，电路的分辨能力越强。因此，有时也用输入数字量的有效位数来表示分辨率的高低。

（2）绝对精度和非线性度

绝对精度（或绝对误差）是指输入端加给定数字量时，数/模转换器输出的实际值与理论值之差。一般来说，绝对精度应低于 $U_{LSB}/2$。

在满刻度范围内，偏离理想转换特性的最大值称为非线性误差。它与满刻度之比称为非线性度，常用百分比来表示。

（3）建立时间

建立时间指输入数字量发生满刻度变化时，输出模拟量达到满刻度值的 $+\frac{1}{2} U_{LSB}$ 所需的时间。建立时间反映了数/模转换器电路转换的速度。

除此之外，在选用数/模转换器器件时，还需要考虑其电源电压、输出方式、输出值范围

及输入逻辑电平等参数。

9.1.2   数/模转换器的工作原理

1. 权电阻网络数/模转换器

（1）电路结构

权电阻网络数/模转换器电路如图 9.3 所示，其译码器由权电阻网络构成。

n 位二进制数字量是以并行输入方式加到数/模转换器输入端的，每一位输入数码 d_i 控制一个电子开关 S_i。当 $d_i = 1$ 时，电子开关 S_i 接通基准电源 U_R；当 $d_i = 0$ 时，S_i 接地。

权电阻网络数/模转换器

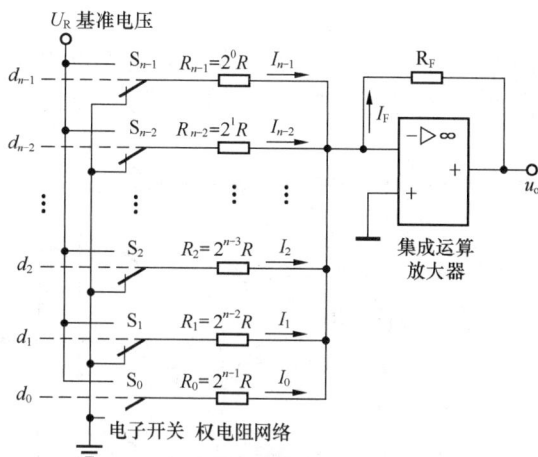

图 9.3   权电阻网络数/模转换器电路

权电阻网络中的电阻值规律：从最低有效位（Least Significant Bit，LSB）到最高有效位（Most Significant Bit，MSB），每一个位置上的电阻值都是相邻高位电阻值的 2 倍。

（2）工作原理

权电阻网络和集成运放构成加法电路，当 $d_i=1$ 时，S_i 接通 U_R，电阻 R_i 中流过电流 I_i；$d_i=0$ 时，S_i 接地，电阻 R_i 两端电压为 0V，电流为 0A。

当 $d_0=1$ 时，流过该支路的电流 $I_0 = \dfrac{U_R}{R_0} = \dfrac{U_R}{2^{n-1}R}$。

当 $d_{n-1}=1$ 时，流过该支路的电流 $I_{n-1} = \dfrac{U_R}{R_{n-1}} = \dfrac{U_R}{R}$。

权电阻网络流入集成运放的电流 I 为各支路电流之和，因此

$$I = I_0 d_0 + I_1 d_1 + I_2 d_2 + \cdots + I_{n-2} d_{n-2} + I_{n-1} d_{n-1}$$

$$= \frac{U_R}{2^{n-1}R} d_0 + \frac{U_R}{2^{n-2}R} d_1 + \cdots + \frac{U_R}{2R} d_{n-2} + \frac{U_R}{R} d_{n-1}$$

$$= \frac{U_R}{2^{n-1}R}(d_0 2^0 + d_1 2^1 + \cdots + d_{n-2} 2^{n-2} + d_{n-1} 2^{n-1})$$

$$= \frac{U_R}{2^{n-1}R} \sum_{i=0}^{n-1}(d_i \cdot 2^i)$$

$$I = \frac{U_R}{2^{n-1}R}D \qquad (9.3)$$

式（9.3）是权电阻网络的电流转换特性方程，其中 $\frac{U_R}{2^{n-1}R}$ 为电流转换系数。

根据集成运放的求和运算关系，当 $R_F = \frac{R}{2}$ 时，输出电压 $u_o = -\frac{U_R}{2^n}D$，对应的电压转换系数为 $\frac{U_R}{2^n}$。

2. $R\text{-}2R$ 倒 T 形电阻网络数/模转换器

（1）电路形式

图 9.4 所示为 $R\text{-}2R$ 倒 T 形电阻网络数/模转换器，其由 $R\text{-}2R$ 电阻网络、电子开关、基准电压 U_R 及集成运放构成，$R\text{-}2R$ 倒 T 形电阻网络的电阻均为 R 和 $2R$，与权电阻网络不同。

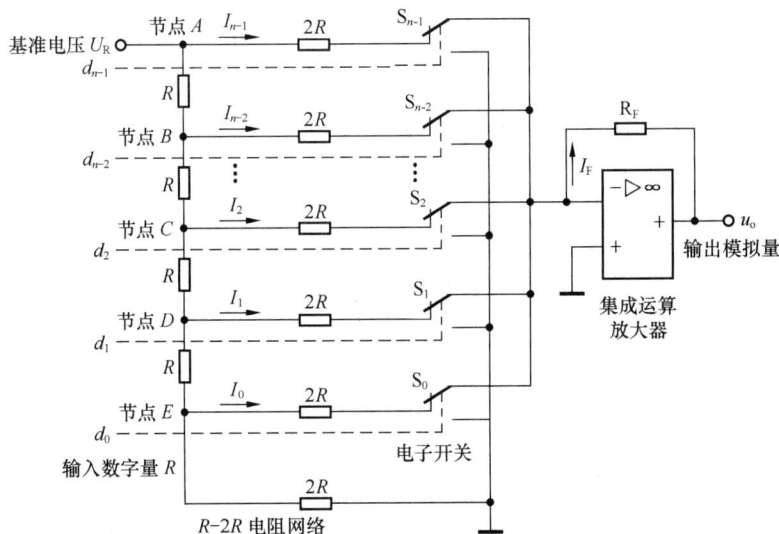

图 9.4　$R\text{-}2R$ 倒 T 形电阻网络数/模转换器

（2）工作原理

图 9.4 所示的 $R\text{-}2R$ 倒 T 形电阻网络有 n 个节点，由电阻构成梯形结构，从每个节点向左或向下看，每条支路的等效电阻均为 $2R$。从基准电压 U_R 中流出的电流由节点 $A\rightarrow$ 节点 $B\rightarrow\cdots\cdots\rightarrow$ 节点 $E\rightarrow$ 地的过程中，每经过一个节点，就有 1/2 的电流流入电子开关，所以流入各电子开关的电流比例关系和二进制数各位的位权相对应，流入集成运放的电流和输入数码的值呈线性关系，从而实现了数/模转换。另外，无论输入数字量是 0 还是 1，电子开关的右边均为 0 电位，所以在电路工作过程中，流过 $R\text{-}2R$ 倒 T 形电阻网络的电流大小始终不变。$R\text{-}2R$ 倒 T 形电阻网络数/模转换器的输出电压为

$$u_o = -i_F R_F = -i R_F = -\frac{U_R R_F}{2^n R}D$$

如果取 $R_F = R$，则输出电压 $u_o = -\frac{U_R}{2^n}D$，显然这时的输出电压仅与基准电压 U_R 和电阻

R_F 有关,从而降低了对 R、$2R$ 等其他参数的要求,非常有利于集成化。

由于流过 $R\text{-}2R$ 倒 T 形电阻网络各支路的电流恒定不变,故在电子开关状态变化时,不需要电流建立时间,而且这种数/模转换器中采用了高速电子开关,所以转换很快,被广泛采用。

9.1.3　集成数/模转换器 DAC0832

DAC0832 是目前国内用得较普遍的数/模转换器。它是采用 CMOS 工艺制成的双列直插式单片 8 位电流输出型数/模转换器。当对 DAC0832 输入 8 位数字量后,通过外接运放,即可获得相应的模拟电压。

DAC0832 由输入数据寄存器、数/模转换器寄存器和数/模转换器 3 个部分组成,内部采用倒 T 形电阻网络。输入数据寄存器和数/模转换器寄存器用来实现两次缓冲,在输出的同时,可接收下一组数据,从而提高了转换速度。当采用多位芯片同时工作时,可用同步信号实现各片模拟量的同时输出。

DAC0832 内部结构如图 9.5 所示。

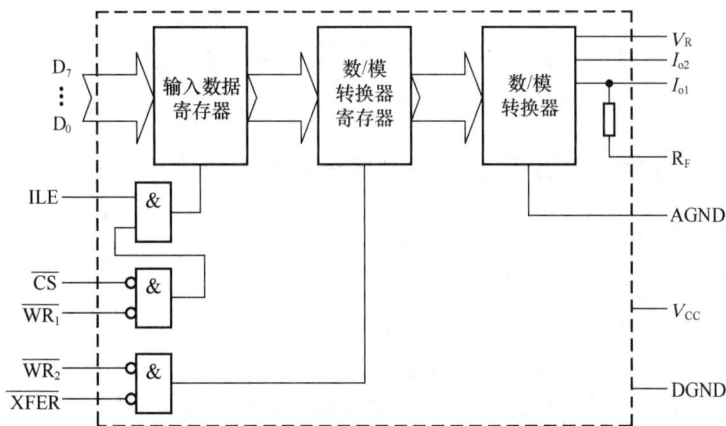

图 9.5　DAC0832 内部结构

DAC0832 的主要特性:当芯片的控制端处于有效电平时,为直通工作方式。DAC0832 中无运算放大器,而且是电流输出,使用时必须外接运算放大器。芯片中已设置 R_F,只要将引脚 9 接到运算放大器的输出端即可。若运算放大器增益不够,还需外加反馈电阻。

DAC0832 外部引脚排列如图 9.6 所示。各引脚作用如下。

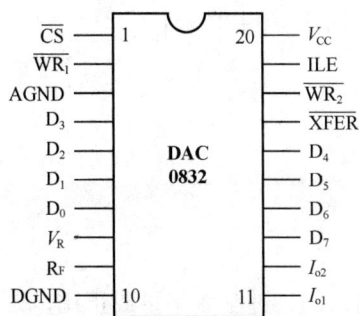

图 9.6　DAC0832 外部引脚排列

$\overline{CS}$ 为片选信号输入端,低电平有效。与 ILE 相配合,可对写信号 $\overline{WR_1}$ 是否有效起控制作用。

ILE 接允许输入锁存的信号,高电平有效。当 ILE 为高电平、$\overline{CS}$ 为低电平、$\overline{WR_1}$ 输入低电平时,输入数据进入输入数据寄存器;当 ILE $= 0$ 时,输入数据寄存器处于锁存状态。

$\overline{WR_1}$ 接写信号 1,低电平有效。当 $\overline{WR_1}$、$\overline{CS}$、ILE 均有效时,可将数据写入 8 位输入数据寄存器。

$\overline{WR_2}$ 接写信号 2,低电平有效。当 $\overline{WR_2}$ 有效时,在 $\overline{XFER}$ 数据传送信号作用下,可将锁存在输入数据寄存器中

的 8 位数据写入数/模转换器寄存器。

$\overline{\text{XFER}}$ 接数据传送信号，低电平有效。当 $\overline{\text{WR}_2}$、$\overline{\text{XFER}}$ 均为 0 时，数/模转换器寄存器处于寄存状态；$\overline{\text{WR}_2}$、$\overline{\text{XFER}}$ 均为 1 时，数/模转换器寄存器处于锁存状态。

V_R 是基准电源输入端，它与数/模转换器内部的倒 T 形电阻网络相连，接入的电压可在 ±10V 范围内调节。

$D_0 \sim D_7$ 是 8 位数字量输入端，D_7 为最高位，D_0 为最低位。

I_{o1} 接数/模转换器的电流输出 1，当数/模转换器寄存器电位全为 1 时，输出电流为最大；当数/模转换器寄存器各位全为 0 时，输出电流为零。

I_{o2} 接数/模转换器的电流输出 2，它使 $I_{o1}+I_{o2}$ 恒为常数。一般在单极性输出时 I_{o2} 接地，在双极性输出时接运算放大器。

R_F 接反馈电阻。在 DAC0832 内有反馈电阻，可用作外部运放的反馈电阻。

V_{CC} 是电源输入线（+5～+15V）；DGND 为数字"地"；AGND 为模拟"地"。

当 DAC0832 的控制端恒处于有效电平时，芯片为直通工作方式。

集成数/模转换器芯片在实际电路中应用很广，它不仅可用作计算机系统的接口电路，还可利用其电路结构特征和输入、输出电量之间的关系构成数控电流源、电压源、数字式可编程增益控制电路和波形产生电路等。

任务实施　求解权电阻网络数/模转换器电路的参数

在图 9.3 所示的权电阻网络 DAC 电路中，设基准电源 $U_R=-10V$，反馈电阻 $R_F=R/2$，输入二进制数 D 的位数 $n=6$，试求以下参数。

① 当 LSB 由 0 变为 1 时，输出电压 u_o 的变化量。

② 当 $D=110101$ 时，输出电压 u_o 的值。

③ 当 $D=111111$ 时，输出电压（最大满刻度输出电压）u_o 的值。

【分析】① 当 LSB 由 0 变为 1 时，输出电压的变化量就是输入 $D=000001$ 所对应的输出电压，其值为

$$u_o = u_{\text{LSB}} = \frac{-U_R R_F}{2^{n-1} \cdot R}(2^0 \times 1) = \frac{-(-10\text{V}) \times R/2}{2^5 \cdot R} = \frac{10}{2^6}\text{V} \approx 0.16\text{V}$$

② 当 $D=110101$ 时

$$u_o = \frac{-U_R}{2^n}D = \frac{-(-10\text{V})}{2^6}(2^5 \times 1 + 2^4 \times 1 + 2^3 \times 0 + 2^2 \times 1 + 2^1 \times 0 + 2^0 \times 1)$$

$$= \frac{10\text{V}}{2^6} \times 53 \approx 8.28\text{V}$$

③ 当 $D=111111$ 时

$$u_o = \frac{-U_R}{2^6}(2^6 - 1) = \frac{10\text{V}}{64} \times 63 \approx 9.84\text{V}$$

通过权电阻网络数/模转换器电路，使输出的模拟电压与输入的二进制数字量成正比，从而实现了数/模转换。

权电阻网络数/模转换器电路的优点是电路简单、概念清楚。缺点是权电阻的种类多、阻值范围宽、精度要求很高。因此，权电阻网络数/模转换器电路仅应用于位数 n 较小的场合。

思考与问题

1. 试述数/模转换器电路转换特性的概念，并写出其转换表达式。

2. 已知某数/模转换器电路的最小分辨电压 U_{LSB}=40mV，最大满刻度输出电压 U_{FSR}=0.28V，该电路输入二进制数字量的位数 n 应是多少？

3. 什么是数/模转换器电路的绝对精度、非线性度及转换速度？

4. DAC0832 采用了什么制造工艺？内部主要由哪几部分组成？

5. R–$2R$ 倒 T 形电阻网络具有哪些特点？

【学海领航】

查询资料了解张连钢从普通码头技术工人到全国敬业奉献模范的不凡历程，激发学习能力和创新能力，坚定文化自信，发扬爱国、奉献、奋斗、创新、勇攀高峰的时代精神，培养工匠精神和创新思维。

任务 9.2　认识模/数转换器

提出问题

你了解模/数转换器的结构组成及转换原理吗？模/数转换器的主要技术指标有哪些？你理解逐次比较型模/数转换器电路的工作原理吗？双积分型模/数转换器的结构组成和工作原理你理解和掌握多少？你对 ADC0809 了解多少？

知识准备

模/数转换器（Analog-to-Digital Converter，ADC）是一种系统，可把连续时间和连续幅度的模拟信号转换为离散时间和离散幅度的数字信号。

9.2.1　模/数转换器的转换原理

模/数转换器的作用是将时间连续、幅值也连续的模拟量转换为时间离散、幅值也离散的数字量，因此，在模/数转换过程中，只能在一系列选定的瞬间对输入模拟量采样后再转换为输出数字量，通过采样、保持、量化和编码 4 个步骤完成。在实际电路中，这些过程有的是合并进行的，例如，取样和保持、量化和编码往往都是在转换过程中同时实现的。

模/数转换器
的基本概念和
转换原理

1. 采样保持电路

所谓采样就是采集模拟信号的样本。

采样将时间上、幅值上都连续的模拟信号，通过采样脉冲的作用，转换成时间上离散、幅值上仍连续的离散模拟信号。所以采样又称为波形的离散化过程。

采样过程是通过模拟电子开关 S 实现的。模拟电子开关每隔一定的时间（周期 T）就会闭合一次，当一个连续的模拟信号通过这个电子开关时，就会转换成若干个离散的脉冲信号。

采样保持电路如图 9.7 所示。其中电子开关 S 受时钟脉冲 CP 控制，C 是存储电容，输入的模拟量为 $u_i(t)$。

当 CP=1 时，电子开关 S 接通，$u_i(t)$ 信号被采样，并送到电容 C 中暂存；当 CP=0 时，电子开关 S 断开，前面采样得到的电压信号在电容 C 上保持。

随着一个一个固定时间间隔的 CP=1 信号的到来，电路不断对模拟电压信号进行采样，输出电压就转换成在时间上离散的模拟量 $u_i'(t)$。

采样保持电路中输入模拟电压采样保持前后的波形如图 9.8 所示。

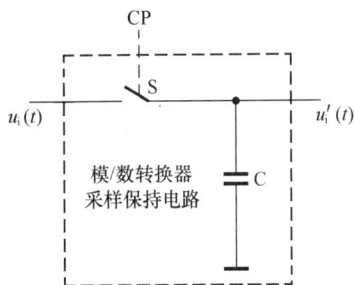

图 9.7　采样保持电路

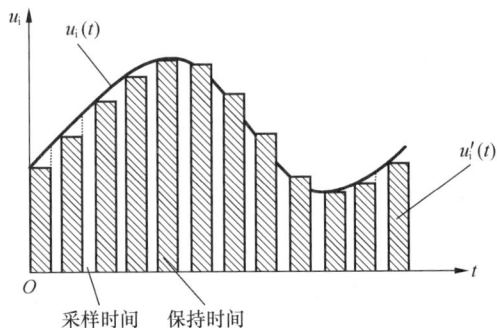

图 9.8　采样保持前后的波形

为了保证采样后的模拟信号 $u_i'(t)$ 能够基本上真实地保留原始模拟信号 $u_i(t)$ 的信息，采样信号的频率必须至少为原始模拟信号中最高频率成分 f_{imax} 的 2 倍。这是采样保持电路的基本法则，称为采样定理。

采样保持电路的电子开关特性应尽量趋于理想化，以保证最大限度不失真地恢复输入电压 $u_i(t)$。

2. 量化编码电路

量化的概念：数字信号不仅在时间上是离散的，而且数值大小的变化也是不连续的。因此，任何一个数字信号的大小只能是某个规定的最小数量单位的整数倍。在模/数转换过程中，必须把采样后离散的模拟输出电压，按某种近似方式归化到相应的离散电平上，离散电平为最小数量单位的整数倍，这一转换过程称为数值量化，简称量化。量化后的数值还要通过编码过程用一个二进制代码表示出来，这个经编码后得到的二进制代码就是模/数转换器的数字输出量。

显然，量化编码电路的作用是先将幅值连续、可变的采样信号量转化成幅值有限的离散信号量，再将量化后的信号用对应量化电平的一组二进制代码表示。量化过程中所取的最小数量单位称为量化当量，用 δ 表示。δ 是数字量最低位为 1 时所对应的模拟量，即 U_{LSB}。量化的方法常采用两种近似量化方式：舍尾取整法和四舍五入法。

① 舍尾取整法。以 3 位模/数转换器为例，设输入信号 $u_i(t)$ 的变化范围为 0～8V，采用舍尾取整法时，若取 $\delta=1V$，则量化中不足量化单位部分统统被舍弃，如 0～1V 的小数部分的模拟电压都当作 0δ，用二进制数 000 表示；1～2V 之间的小数部分也被舍弃，对应的模拟电压当作 1δ，用二进制数 001 表示；……这种量化方式的最大误差为 δ。

② 四舍五入法。采用四舍五入法时，若取量化单位 $\delta=(8/15)$V，量化过程中将不足半个量化单位的部分舍弃，对于等于或大于半个量化单位的部分按一个量化单位处理。即将(0～8/15)V 的模拟电压都当作 0δ 对待，用二进制数 000 表示；而(8/15～24/15)V 的模拟电压均当作 1δ，用二进制数 001 表示；……

例如，已知 $\delta=1$V，若采样电压 = 2.5V，用舍尾取整法得到的量化电压是 2V；若采用四舍五入法，得到的量化电压则是 3V。

从上述分析可得，δ 的数值越小，量化的等级越细，模/数转换器的位数就越多。

在量化过程中，由于取样电压不一定能被 δ 整除，所以量化前后不可避免地存在误差，此误差称为量化误差，用 ε 表示。量化误差属原理误差，无法消除。但是，各离散电平之间的差值越小，量化误差就越小。

采用舍尾取整法时，最大量化误差为

$$|\varepsilon_{\max}| = \delta = 1U_{\text{LSB}}$$

采用四舍五入法时，最大量化误差为

$$|\varepsilon_{\max}| = \frac{1}{2}\delta$$

显然四舍五入法的量化误差比舍尾取整法的量化误差小，故被多数模/数转换器所采用。

若要减小量化误差，则需要在测量范围内减小量化最小数量单位 δ，增加数字量 D 的位数和模拟电压的最大值 U_{imax}。四舍五入法的 δ 为

$$\delta = \frac{2U_{\text{imax}}}{2^{n+1}-1}$$

如 $u_i=0～10$V，$U_{\text{imax}}=1$V，若用模/数转换器电路将它转换成 $n=3$ 的二进制数，采用四舍五入法，其量化当量为

$$\delta = \frac{2U_{\text{imax}}}{2^{n+1}-1} = \frac{2\text{V}}{2^4-1} = \frac{2}{15}\text{V}$$

根据量化当量，取 $\frac{1}{2}\delta$ 为最小比较电平之后，相邻比较电平之间相差 δ，得到各级的比较电平为 $\frac{1}{15}$V、$\frac{3}{15}$V、$\frac{5}{15}$V、$\frac{7}{15}$V、$\frac{9}{15}$V、$\frac{11}{15}$V、$\frac{13}{15}$V。

9.2.2　模/数转换器的主要技术指标

1. 相对精度

相对精度是指模/数转换器实际输出数字量与理论输出数字量之间的最大差值。通常用最低有效位 U_{LSB} 的倍数来衡量。如相对精度不大于 $U_{\text{LSB}}/2$ 时，说明实际输出数字量与理论输出数字量的最大误差不超过 $U_{\text{LSB}}/2$。

在满刻度范围内，偏离理想转换特性的最大值称为非线性误差。非线性误差与满刻度时最大值之比称为非线性度，常用百分比表示。

2. 分辨率

分辨率是指模/数转换器输出数字量的最低位变化一个数码时，对应输入模拟量的变化量。通常用模/数转换器输出的二进制位数来表示。位数越多，误差越小，转换精度越高。

模/数转换器的
主要技术指标

3. 转换速度

转换速度指模/数转换器完成一次转换所需要的时间，即从转换开始到输出端出现稳定的数字信号所需要的时间。转换速度反映了模/数转换器转换的快慢程度。

此外，模/数转换器还有输入电压范围等参数。选用模/数转换器时必须根据参数合理选择，否则可能达不到技术要求，或者不经济。

9.2.3 逐次比较型模/数转换器电路组成及工作原理

1. 电路组成

逐次比较型模/数转换器是集成模/数转换器芯片中使用较多的一种，其电路组成如图 9.9 所示。

逐次比较型模/数转换器电路内部包括电压比较器、逻辑控制器、移位寄存器、数码寄存器、数/模转换器等。由于内部有数/模转换器，因此可使用在输出接有数据总线的场合。逐次比较型模/数转换器电路通过对输入量进行多次比较，最终得到输入模拟电压量化编码输出。

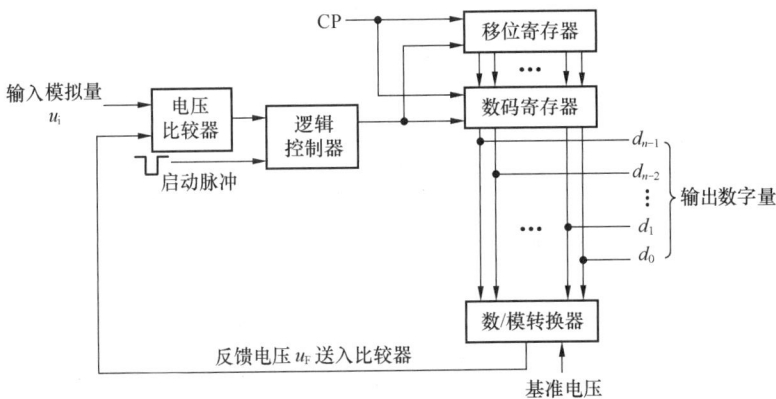

图 9.9 逐次比较型模/数转换器电路组成

2. 工作原理

模/数转换开始前，各寄存器首先清零。转换开始后，在时钟脉冲 CP 作用下，逻辑控制器首先使数码寄存器最高有效位置 1，使输出数字为 100 到 0。

这个数码经数/模转换器转换后产生相应的模拟电压 u_F，回送到电压比较器中与输入模拟量 u_i 进行比较，当 $u_i \geq u_F$ 时，电压比较器输出 0，逻辑控制器控制寄存器保留最高位 1，次高位置 1；当 $u_i \leq u_F$ 时，电压比较器输出 1，逻辑控制器控制寄存器最高位置 0，次高位置 1。数码寄存器内数据经数/模转换器电路转换后输出反馈信号再到电压比较器，进行第二次比较，并将比较结果送入逻辑控制器，送入 0 时保留寄存器中高两位的值，并将第三位置 1；若送入 1 则保留最高位，次高位置 0，第三位置 1；数码寄存器内数据经数/模转换器电路后输出反馈信号到电压比较器……经过逐次比较，直至得到数码寄存器中最低位的比较结果。比较完毕，数码寄存器中的状态就是所要求的模/数转换器输出数字量。

逐次比较型模/数转换器在逐次比较过程中，将与输出数字量对应的离散模拟电压 $u_i'(t)$ 和不同的参考电压做多次比较，使转换所得的数字量在数值上逐次逼近输入模拟量对应值，因此也称为逐次逼近型模/数比较器。

逐次比较型模/数转换器具有转换快的特点，因此得到了广泛应用。

9.2.4　双积分型模/数转换器结构组成及工作原理

双积分型模/数转换器的基本原理是对输入模拟电压 u_i 和参考电压各进行一次积分，先将模拟电压 u_i 转换成与其大小相对应的时间间隔 T，再在此时间间隔内用计数率不变的计数器进行计数，计数器所计下的数字量正比于输入模拟电压 u_i。

1. 结构组成

由电容和运放构成的积分器是双积分型模/数转换器的核心部分，其输入端所接开关 S_1 由定时信号控制。当定时信号为不同电平时，极性相反的输入电压 u_i 和参考电压 $-U_R$ 将分别加到积分器的输入端，进行两次方向相反的积分，积分时间常数 $\tau = RC$。

过零比较器用来确定积分器的输出电压过零时刻。当积分器输出电压大于 0 时，过零比较器输出为低电平；当积分器输出电压小于 0 时，过零比较器输出为高电平。过零比较器的输出信号接至时钟控制逻辑门作为关门和开门信号。

图 9.10 所示为双积分型模/数转换器结构组成。

由此可知，其由电子开关、积分器、过零比较器、逻辑控制器、计数器等组成。

计数器由 $n+1$ 个触发器 $FF_0 \sim FF_{n-1}$ 串联组成。触发器 $FF_0 \sim FF_{n-1}$ 组成 n 位计数器，对输入时钟脉冲 CP 进行计数，以便把与输入电压平均值成正比的时间间隔转变成数字信号输出。当计数到 2^n 个时钟脉冲时，$FF_0 \sim FF_{n-1}$ 均回到 0 态，而 FF_n 翻转到 1 态，逻辑控制器输出 $Q_n = 1$ 后开关 S_1 位置发生转换。

时钟脉冲源采用标准周期，作为测量时间间隔的标准时间。当积分器输出 $U_o = 1$ 时，门打开，时钟脉冲通过门加到触发器 FF_0 的输入端。

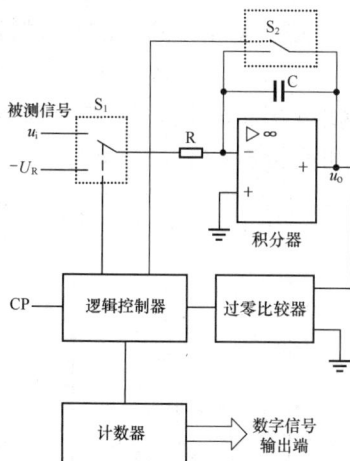

图 9.10　双积分型模/数转换器结构组成

2. 工作原理

双积分型模/数转换器在积分前，计数器应先清零，然后闭合电子开关 S_2，随后把 S_2 打开，把电容 C 上储存的电荷电压释放掉。

在采样阶段，开关 S_1 与被测电压接通，S_2 打开。被测电压被送入积分器进行积分，积分器输出电压小于 0，过零比较器输出高电平 1，逻辑控制器控制计数器开始计数，对被测电压的积分持续到计数器由全 1 变为全 0 的瞬间。当计数器为 n 位时，计数时间 $T_1 = 2^n T_C$（T_C 是时钟脉冲的周期）。这时积分器的输出电压为

$$u_{o1} = -\frac{1}{C} \int_0^{T_1} \frac{u_i}{R} dt = -\frac{T_1}{RC} u_i$$

当计数器由全 1 变为全 0 时，进入比较阶段，逻辑控制器使 S_1 与参考电压 $-U_R$ 相接，这时积分器对 $-U_R$ 反向积分，电压 u_o 逐渐上升，计数器又从 0 开始计数。当积分器积分至 $u_o = 0$

时，过零比较器输出低电平 0，逻辑控制器封锁 CP 脉冲，使计数器停止计数，若计数器的输出数码为 D，此时积分器的输出电压与计数器的输出数码之间的关系为

$$-\frac{T_1}{RC}u_i + \frac{1}{C}\int_0^{T_2}\frac{U_R}{R}\mathrm{d}t = \frac{1}{RC}(T_2U_R - T_1u_i) = 0$$

而 $T_2 = D \cdot T_C$，所以

$$D = \frac{T_1 u_i}{T_C U_R} = \frac{2^n}{U_R}u_i$$

即计数器输出的数码与被测电压成正比，可以用来表示模拟量的采样值。

双积分型模/数转换器的转换精度很高，但转换速度较慢，不适用于高速应用场合。但是双积分型模/数转换器的电路不复杂，在数字万用表等对速度要求不高的场合下，仍然得到了较为广泛的使用。

9.2.5 集成模/数转换器 ADC0809 简介

ADC0809 芯片内部包括模拟多路转换开关和模/数转换两大部分。

模拟多路转换开关由 8 路模拟开关和 3 位地址锁存器和译码器组成，地址锁存器允许信号 ALE 对 3 位地址信号 ADDC、ADDB 和 ADDA 进行锁存，然后由译码器选通其中一路模拟信号加到模/数转换部分进行转换。模/数转换部分包括比较器、逐次逼近寄存器 SAR、256R 电阻网络、树状电子开关、控制与时序逻辑电路等，另外具有三态输出锁存缓冲器，其输出数据线可直接连 CPU 的数据总线。

ADC0809 是具有 28 个引脚的集成芯片，其引脚排列如图 9.11 所示。

ADC0809 是采用 CMOS 工艺制成的 8 位模/数转换器，内部采用逐次比较结构形式。各引脚的作用如下。

$IN_0 \sim IN_7$：8 个模拟信号输入端。由地址译码器控制，将其中一路送入模/数转换部分进行转换。

A、B、C：模拟信道的地址选择。

ALE：地址锁存器允许信号，高电平时可进行模拟信道的地址选择。

START：启动信号。上升沿将寄存器清零，下降沿开始进行转换。

EOC：模/数转换结束，高电平有效。

CP：时钟脉冲输入。

OE：输出允许。高电平时将转换结果送到数字量输出端口。

$D_0 \sim D_7$：数字量输出端口。

V_{R+}：正参考电压输出。

V_{R-}：负参考电压输出。

V_{CC}：电源端。

GND：接地端。

图 9.11 ADC0809 引脚排列

ADC0809 内部由树状开关和 256R 电阻网络构成 8 位数/模转换器，其输入为逐次逼近寄

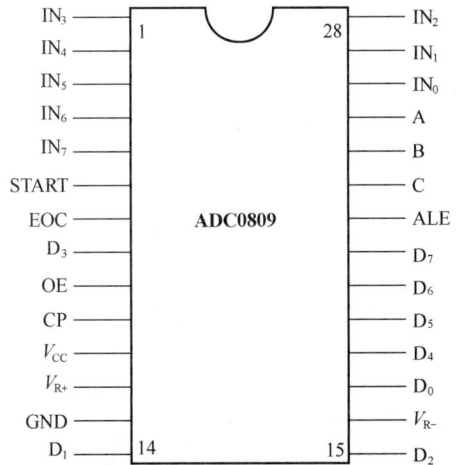

存器 SAR 的 8 位二进制数，输出为 U_{ST}，转换器的参考电压为 U_{R+} 和 U_{R-}。

比较前，SAR 为全 0，转换开始，先使 SAR 的最高位为 1，其余仍为 0，此数字控制树状开关输出 U_{ST}，U_{ST} 和模拟输入 U_{IN} 送入比较器进行比较。若 $U_{ST} > U_{IN}$，则比较器输出逻辑 0，SAR 的最高位由 1 变为 0；若 $U_{ST} \leqslant U_{IN}$，则比较器输出逻辑 1，SAR 的最高位保持 1。此后，SAR 的次高位置 1，其余较低位仍为 0，而以前比较过的高位保持原来值。再将 U_{ST} 和 U_{IN} 进行比较。此后的过程与上述类似，直到最低位比较完为止。

转换结束后，SAR 的数字送入三态输出锁存缓冲器，以供读出。

任务实施　求解 ADC0809 的输出数字量

已知 ADC0809 的输入模拟电压满量程为 5V，当输入电压分别为 1.25V、3.4V 时，求对应的输出数字量。

【解】输入模拟电压与输出数字量对应的十进制数成正比，即 $u_i = k_u \cdot D_{10}$。

而　　　$(11111111)_2 = (255)_{10}$

因此　　$5/255 = 1.25/D_{10}$

所以　　$D_{10} \approx 64$

故输出数字量　$D = 01000000$

同理　　　$5/255 = 3.4/D_{10}$

可得　　　$D_{10} \approx 173$

故输出数字量　$D = 10101101$

思考与问题

1. 何为采样定理？采样保持电路的作用是什么？
2. 模/数转换器的量化分别采用哪两种方式？它们的量化当量 δ 各按什么公式选取？
3. 两种量化方式的量化误差各在什么范围内？哪种量化方式精度高一些？

项目实训　运用仿真软件 Multisim 8.0 分析模/数转换器电路

1. 实验目的

（1）学习仿真软件 Multisim 8.0（或 10.0）的使用方法。
（2）了解模/数转换器的作用及基本工作原理。
（3）熟悉和掌握模/数转换器的使用方法。

2. 实验内容

模/数转换器电路分析。

（1）按图 9.12 所示连接模/数转换器电路。

其中：

VIN——模拟信号输入端；

$D_0 \sim D_7$——二进制数码输出端；

VREF+——上基准电压输入端（与输入模拟信号的振幅大约相等）；

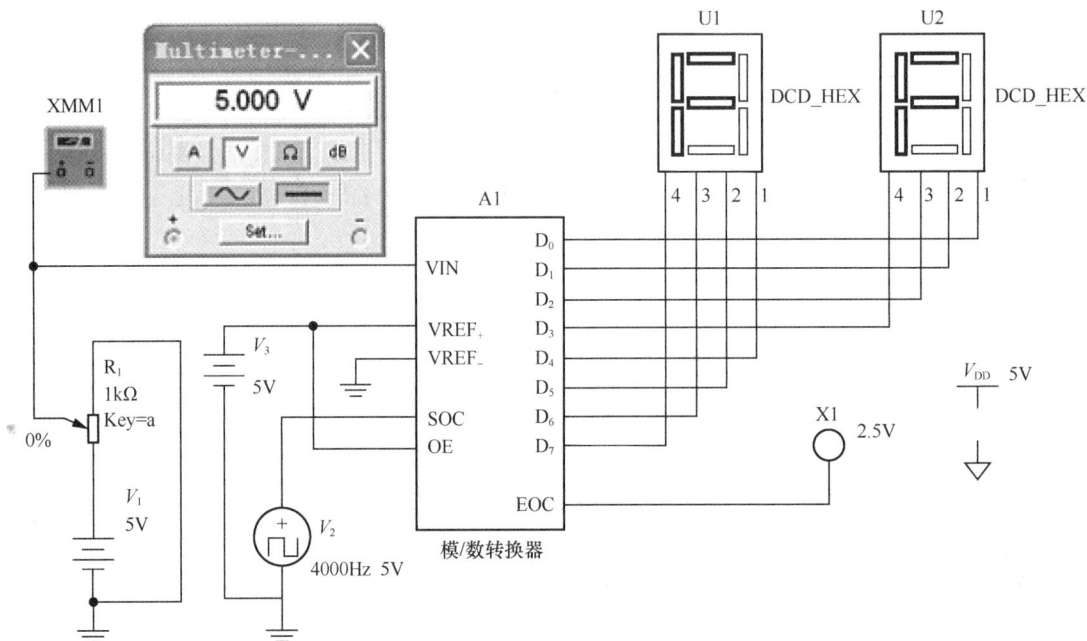

图 9.12　模/数转换器电路

VREF₋——下基准电压输出端（一般接地）；

SOC——时钟脉冲信号输入端；

OE——三态输出允许端；

EOC——转换周期结束指示端（输出正脉冲）。

该电路输入模拟电压 VIN 可通过改变电位器 R_1 的电阻值提供，变化范围为 0 ~ 5V；输出的二进制数码与输入 VIN 有如下关系

$$输出的二进制数码 = [VIN \times 255/(VREF_+ - VREF_-)]$$

注意：输出的二进制数码需用带译码器的七段LED以十六进制形式显示。如：当VIN=1V时，输出为$(51)_D=(33)_H=(00110011)_B$。

（2）运行该电路，调节电位器 R_1 的阻值，用数字万用表的电压挡观察输入和输出信号，熟悉、掌握该电路的使用方法。

（3）回答下列问题。

① 图 9.12 所示电路对应每位数字输出的电压是多少？

② 该模/数转换器的分辨率是多少？

③ 测量表 9.1 中所列参数并填写表 9.1。

表 9.1　　　　　　　　　　　　　　实验数据记录表

输入电压/V	输出数码（十六进制）	
	计算值	实测值
0.250		
0.100		
2.250		
4.750		

项目小结

1. 数/模转换器和模/数转换器作为模拟量和数字量之间的转换电路,在信号检测、控制、信息处理等方面发挥着越来越重要的作用。

2. 数/模转换器的基本思想是权电流相加。电路通过输入的数字量控制各位电子开关,决定是否在电流求和点加入该位的权电流。倒 T 形电阻网络是应用较为广泛的数/模转换器。

3. 模/数转换器须经过采样、保持、量化、编码 4 个步骤才能完成。采样、保持由采样保持电路完成,量化和编码则在转换过程中实现。

4. 可供我们选择使用的集成模/数转换器和数/模转换器芯片种类很多,应通过查阅手册,在理解其工作原理的基础上,重点把握集成芯片的外部特性以及与其他电路的接口方法。

项目自测题（共 85 分,100 分钟）

一、填空题（每空 0.5 分,共 21 分）

1. 数/模转换器电路的作用是将_____量转换成_____量。模/数转换器电路的作用是将_____量转换成_____量。

2. 数/模转换器电路的主要技术指标为_____、_____和_____及_____;模/数转换器电路的主要技术指标为_____、_____和_____。

3. 数/模转换器通常由_____、_____和_____ 3 个基本部分组成。为了将模拟电流转换成模拟电压,通常在输出端外加_____。

4. 按位权网络的不同,数/模转换器可分为_____网络、_____网络和_____网络等。按模拟电子开关的不同,数/模转换器又可分为_____开关型和_____开关型。

5. 模/数转换的量化方式有_____和_____两种。

6. 在模/数转换过程中,只能在一系列选定的瞬间对输入模拟量_____后再转换为输出数字量,通过_____、_____、_____和_____ 4 个步骤完成。

7. _____型模/数转换器转换速度较低,_____型模/数转换器转换速度高。

8. _____型模/数转换器内部有数/模转换器,因此_____快。

9. _____电阻网络数/模转换器中的电阻只有_____和_____两种,与_____网络完全不同。而且在这种数/模转换器中又采用了_____,所以_____很快。

10. ADC0809 采用_____工艺制成的_____位模/数转换器,内部采用_____结构形式。DAC0832 采用的是_____工艺制成的双列直插式单片_____位数/模转换器。

二、判断题（每小题 1 分,共 9 分）

1. 数/模转换器输入数字量的位数越多,分辨能力越低。　　　　　　　　　　（　　）

2. 原则上说,$R\text{-}2R$ 倒 T 形电阻网络数/模转换器输入和二进制位数不受限制。（　　）

3. 若要减小量化误差 ε,就应在测量范围内增大量化当量 δ。　　　　　（　　）

4. 量化的两种方法中舍尾取整法较好些。　　　　　　　　　　　　　　　　（　　）

5. ADC0809 二进制数输出是三态的,允许直接连 CPU 的数据总线。　　　　（　　）

6. 逐次比较型模/数转换器转换速度较慢。　　　　　　　　　　　　　　　　（　　）

7. 双积分型模/数转换器中包括数/模转换器,因此转换速度较快。　　　　　（　　）

8. δ 的数值越小，量化的等级越细，模/数转换器的位数就越多。 （   ）

9. 在满刻度范围内，偏离理想转换特性的最大值称为相对精度。 （   ）

三、选择题（每小题 2 分，共 20 分）

1. 模/数转换器的转换精度取决于（   ）。

    A. 分辨率   B. 转换速度   C. 分辨率和转换速度

2. 对 n 位数/模转换器来说其分辨率，可表示为（   ）。

    A. $\dfrac{1}{2^n}$ B. $\dfrac{1}{2^{n-1}}$ C. $\dfrac{1}{2^n-1}$

3. R-$2R$ 倒 T 形电阻网络数/模转换器中，基准电压 U_R 和输出电压 u_o 的极性关系为（   ）。

    A. 同相   B. 反相   C. 无关

4. 采样保持电路中，采样信号的频率 f_S 和原始模拟信号中最高频率成分 f_{imax} 之间的关系必须满足（   ）。

    A. $f_S \geqslant 2f_{imax}$ B. $f_S < f_{imax}$ C. $f_S = f_{imax}$

5. 如果 $u_i = 0 \sim 10V$、$U_{imax} = 1V$，若用模/数转换器电路将它转换成 $n = 3$ 的二进制数，采用四舍五入法，其量化当量为（   ）。

    A. $\dfrac{1}{8}V$ B. $\dfrac{2}{15}V$ C. $\dfrac{1}{4}V$

6. DAC0832 属于（   ）网络数/模转换器。

    A. R-$2R$ 倒 T 形电阻   B. T 形电阻   C. 权电阻

7. 和其他模/数转换器相比，双积分型模/数转换器转换（   ）。

    A. 较慢   B. 很快   C. 极慢

8. 如果 $u_i = 0 \sim 10V$、$U_{imax} = 1V$，若用模/数转换器电路将它转换成 $n = 3$ 的二进制数，采用四舍五入法的最大量化误差为（   ）。

    A. $\dfrac{1}{15}V$ B. $\dfrac{1}{8}V$ C. $\dfrac{1}{4}V$

9. ADC0809 输出的是（   ）。

    A. 8 位二进制数码   B. 10 位二进制数码   C. 4 位二进制数码

10. ADC0809 属于（   ）模/数转换器。

    A. 双积分型   B. 逐次比较型

四、计算题（共 35 分）

1. 图 9.13 所示电路中 $R = 8k\Omega$、$R_F = 1k\Omega$、$U_R = -10V$。

（1）在输入 4 位二进制数 1001 时，网络输出 u_o 是多少？（5 分）

（2）若 $u_o = 1.25V$，则可以判断输入的 4 位二进制数是多少？（10 分）

2. 在倒 T 形电阻网络数/模转换器中，若 $U_R = 10V$，输入 10 位二进制数字量为 1011010101，其输出模拟电压为何值（已知 $R_F = R = 10k\Omega$）？（6 分）

3. 已知某一数/模转换器电路的最小分辨电压 $U_{LSB} = 40mV$，最大满刻度输出电压 $U_{FSR} = 0.28V$，该电路输入二进制数字量的位数 n 应是多少？（6 分）

4. 图 9.14 所示的权电阻网络数/模转换器电路中，若 $n = 4$、$U_R = 5V$、$R = 100\Omega$、$R_F = 50\Omega$，试求此电路的电压转换特性。若输入四位二进制数 1001，则它的输出电压 u_o 为多少？（8 分）

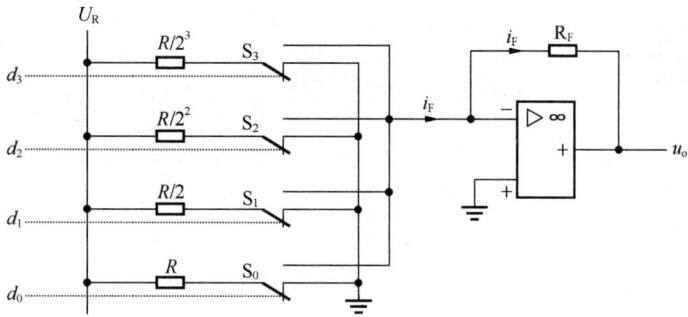

图 9.13　计算题 1 电路

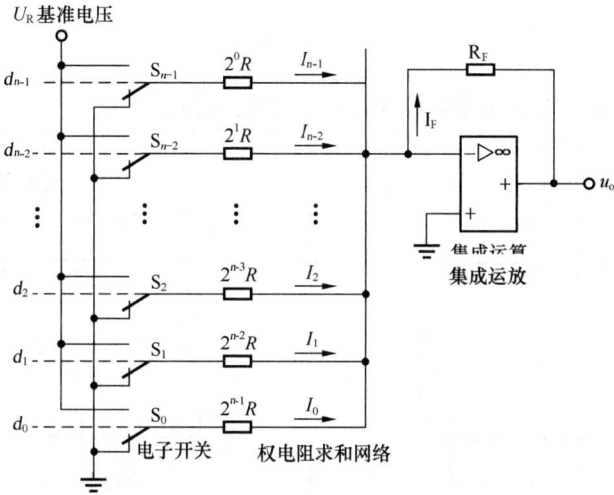

图 9.14　计算题 4 电路

附录

一、常用 74LS 系列部分集成电路引脚排列（俯视图）

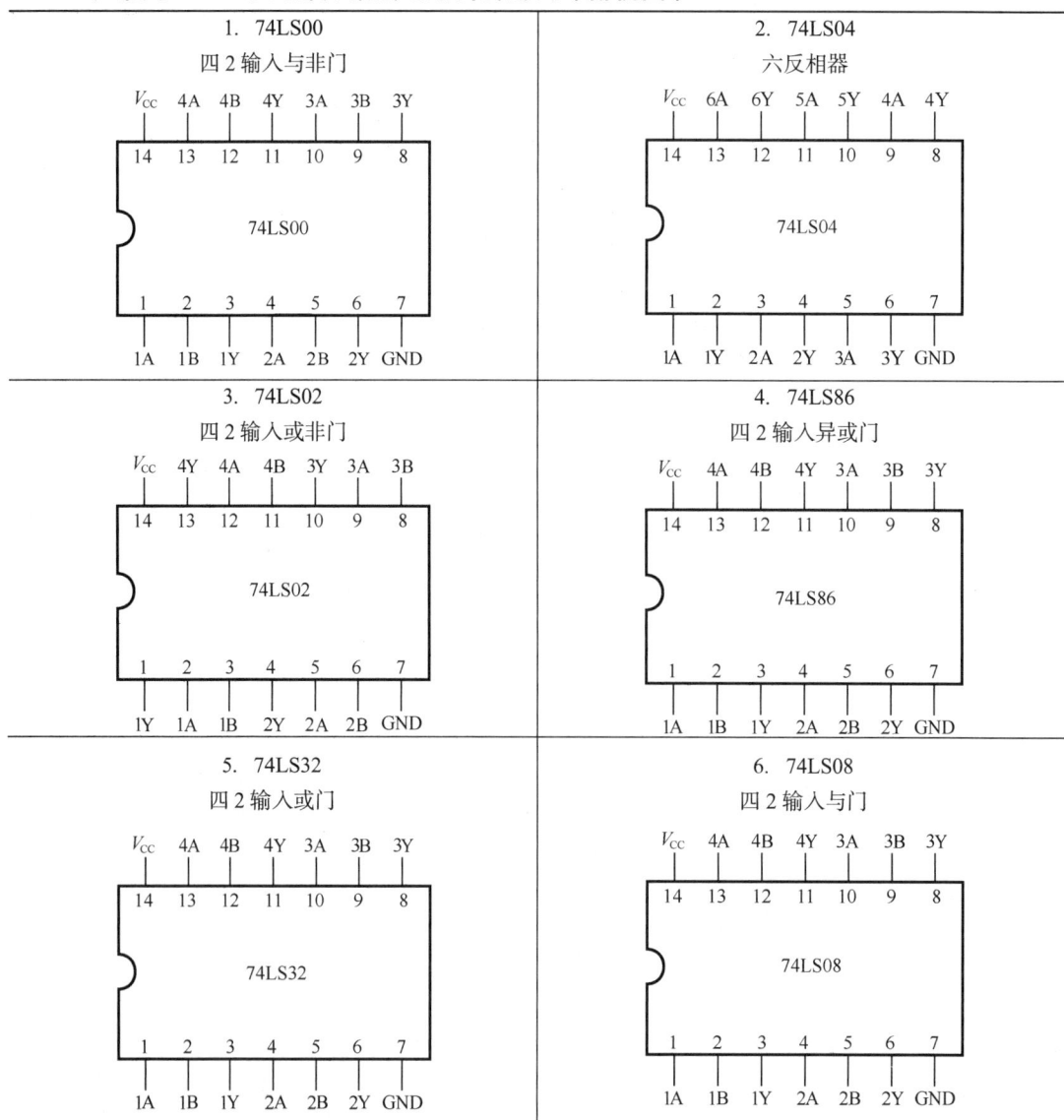

1. 74LS00
四 2 输入与非门

V_{CC}	4A	4B	4Y	3A	3B	3Y
14	13	12	11	10	9	8

74LS00

1	2	3	4	5	6	7
1A	1B	1Y	2A	2B	2Y	GND

2. 74LS04
六反相器

V_{CC}	6A	6Y	5A	5Y	4A	4Y
14	13	12	11	10	9	8

74LS04

1	2	3	4	5	6	7
1A	1Y	2A	2Y	3A	3Y	GND

3. 74LS02
四 2 输入或非门

V_{CC}	4Y	4A	4B	3Y	3A	3B
14	13	12	11	10	9	8

74LS02

1	2	3	4	5	6	7
1Y	1A	1B	2Y	2A	2B	GND

4. 74LS86
四 2 输入异或门

V_{CC}	4A	4B	4Y	3A	3B	3Y
14	13	12	11	10	9	8

74LS86

1	2	3	4	5	6	7
1A	1B	1Y	2A	2B	2Y	GND

5. 74LS32
四 2 输入或门

V_{CC}	4A	4B	4Y	3A	3B	3Y
14	13	12	11	10	9	8

74LS32

1	2	3	4	5	6	7
1A	1B	1Y	2A	2B	2Y	GND

6. 74LS08
四 2 输入与门

V_{CC}	4A	4B	4Y	3A	3B	3Y
14	13	12	11	10	9	8

74LS08

1	2	3	4	5	6	7
1A	1B	1Y	2A	2B	2Y	GND

续表

7. 74LS125
三态门

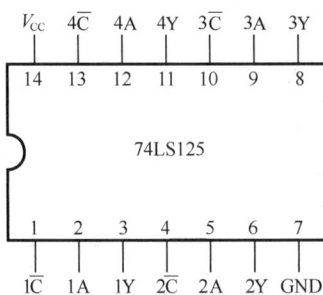

8. 74LS20
双 4 输入与非门

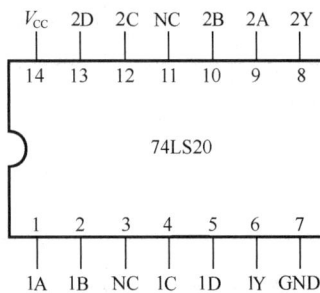

9. 74LS74
双 D 触发器

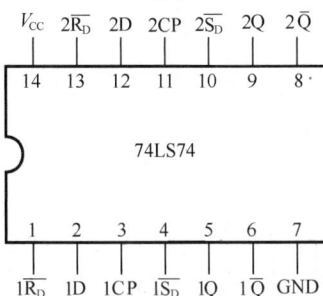

10. 74LS112
双 JK 触发器

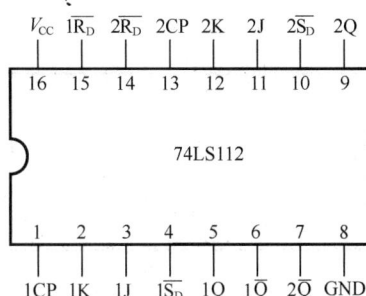

11. 74LS138
3 线-8 线译码器

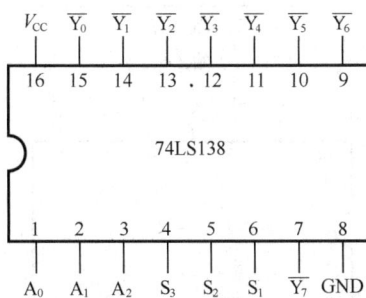

12. 74LS151
八选一数据选择器

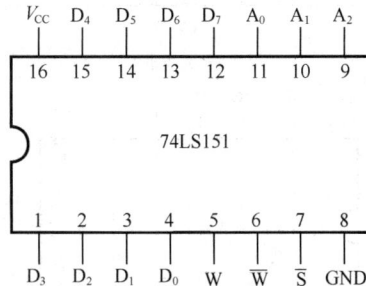

13. 74LS153
四选一数据选择器

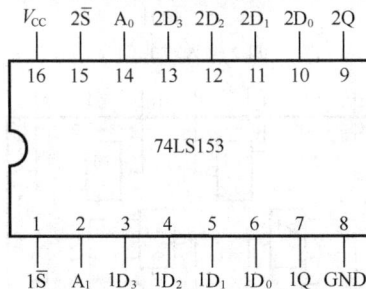

14. 74LS139
双 2 线-4 线译码器

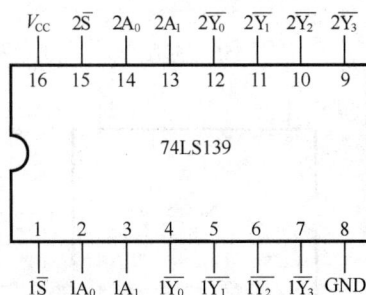

15. 74LS161	16. 74LS290
4 位二进制同步计数器	二-五-十进制异步计数器

V_{CC} CO Q_A Q_B Q_C Q_D T(S_2) $\overline{LD}$

16 15 14 13 12 11 10 9

74LS161

1 2 3 4 5 6 7 8

$\overline{CR}$ CP A B C D P(S_1) GND

V_{CC} $R_{0(2)}$ $R_{0(1)}$ $\overline{CP}_B$ $\overline{CP}_A$ Q_A Q_D

14 13 12 11 10 9 8

U

74LS290

1 2 3 4 5 6 7

$S_{9(1)}$ NC $S_{9(2)}$ Q_C Q_B NC GND

17. 74LS194	18. 74LS47
4 位双向移位寄存器	BCD 码七段译码器

V_{CC} Q_A Q_B Q_C Q_D CP S_1 S_0

16 15 14 13 12 11 10 9

74LS194

1 2 3 4 5 6 7 8

$\overline{CR}$ D_R A B C D D_L GND

V_{CC} f g a b c d e

16 15 14 13 12 11 10 9

74LS47

1 2 3 4 5 6 7 8

B C LT $\overline{RBI}$ D A GND

BI/RBO

二、常用 CC40 系列部分集成电路引脚排列（俯视图）

1. CC4011	2. CC4071
四 2 输入与非门	四 2 输入或门

V_{CC} 4A 4B 4Y 3Y 3A 3B

14 13 12 11 10 9 8

CC4011

1 2 3 4 5 6 7

1A 1B 1Y 2Y 2A 2B GND

V_{CC} 4A 4B 4Y 3Y 3A 3B

14 13 12 11 10 9 8

CC4071

1 2 3 4 5 6 7

1A 1B 1Y 2Y 2A 2B GND

3. NE555	4. CC4001
555 定时器	四 2 输入或非门

V_{CC} D TH CO

8 7 6 5

NE555

1 2 3 4

V_{SS} $\overline{TR}$ OUT R

14 13 12 11 10 9 8

V_{DD}

≥1 ≥1

≥1 ≥1

V_{SS}

1 2 3 4 5 6 7

5. CC4030
四 2 输入异或门

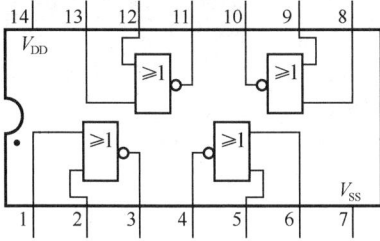

6. CC4044
RS 触发器

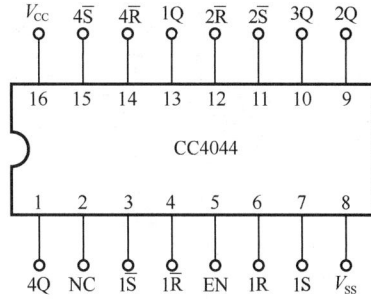

7. CC4027
双 JK 触发器

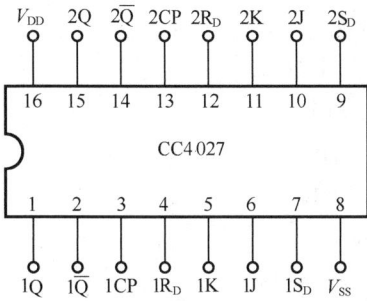

8. CC40192
十进制计数器

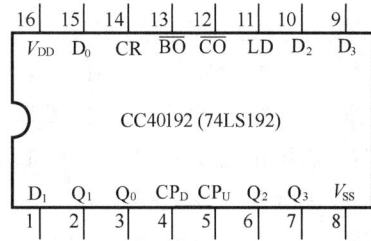

9. CC40194
双向移位寄存器

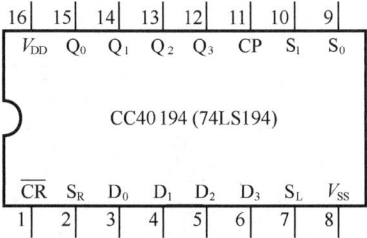

10. CC7555
555 定时器

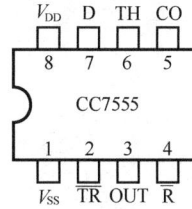

11. CC4081
四 2 输入与门

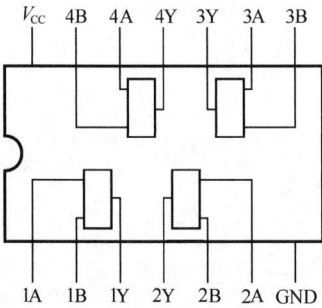

12. CC4012
双 4 输入与非门

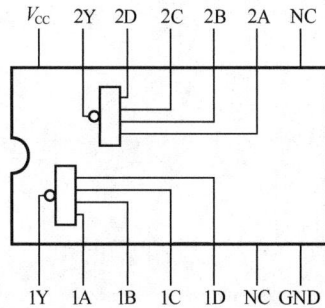

参考文献

[1] 曾令琴. 电工电子技术[M]. 5 版. 北京: 人民邮电出版社, 2021.

[2] 曾令琴. 模拟电子技术微课版教程[M]. 北京: 人民邮电出版社, 2016.

[3] 曾令琴. 电子技术基础微课版[M]. 4 版. 北京: 人民邮电出版社, 2019.

[4] 唐庆玉. 电工技术与电子技术[M]. 北京: 清华大学出版社, 2007.

[5] 邱寄帆, 唐程山. 数字电子技术[M]. 北京: 人民邮电出版社, 2006.

[6] 吕国泰, 吴项. 电子技术[M]. 2 版. 北京: 高等教育出版社, 2001.

[7] 陈梓城. 模拟电子技术基础[M]. 北京: 高等教育出版社, 2003.

[8] 李景宏. 数字逻辑与数字系统[M]. 4 版. 北京: 电子工业出版社, 2014.